数学名著译丛

数 学

——它的内容,方法和意义

第一卷

〔俄〕A.D.亚历山大洛夫 等 著

孙小礼 赵孟养 裘光明 严士健 译

科学出版社

北 京

图字:01-2000-2677 号

内 容 简 介

　　本书是前苏联著名数学家为普及数学知识撰写的一部名著,用极其通俗的语言介绍了现代数学各个分支的内容,历史发展及其在自然科学和工程技术中的应用.本书内容精练,由浅入深,只要具备高中数学知识就可阅读.全书共20章,分三卷出版.每一章介绍数学的一个分支,第一卷的内容包括数学概观、数学分析、解析几何和代数.

　　本书可供高等院校理工科师生、中学教师和学生、工程技术人员和数学爱好者阅读.

Originally published in Russian under the title "Mathematics, Its Essence, Methods and Role" by A. D. Aleksandrov.
Copyright © 1956, Publishers of the USSR Academy of Sciences, Moscow. All right reserved.

图书在版编目(CIP)数据

　　数学——它的内容,方法和意义(第1卷)/(俄罗斯)亚历山大洛夫等著;孙小礼等译.—北京:科学出版社,2001
　　(数学名著译丛)
　　ISBN 978-7-03-009596-1

　　Ⅰ.数⋯　Ⅱ.①亚⋯②孙⋯　Ⅲ.数学　Ⅳ.O1

中国版本图书馆 CIP 数据核字(2001)第 044592 号

责任编辑:林　鹏　刘嘉善　李静科 / 责任校对:陈玉凤
责任印制:吴兆东 / 封面设计:张　放

科　学　出　版　社 出版
北京东黄城根北街 16 号
邮政编码:100717
http://www.sciencep.com

北京虎彩文化传播有限公司 印刷
科学出版社发行　　各地新华书店经销
*
2001 年 11 月第 一 版　　开本:850×1168　1/32
2023 年 5 月第二十次印刷　　印张:10 1/4
字数:269 000
定价:49.00元
(如有印装质量问题,我社负责调换)

重 印 说 明

数学是研究现实世界的空间形式和数量关系的科学，它在自然科学和技术的各个部门有着广泛的应用，对人类认识自然和改造自然起着重要的作用. 近年来，随着科学技术的迅速发展，数学的研究范围不断地扩大，内容日益丰富，已发展成为分支众多的庞大系统. 由于数学的理论具有高度抽象的形式，它的许多较新的分支不易为非专业的人员所理解. 为使读者能在较短的时间内用较少的精力获得关于数学的起源、现状及发展的基本知识，苏联的数学家们编写了这部著作.

本书包括数学的20个分支，分别由前苏联第一流数学家撰写，对于数学的各个分支、内容及方法，它们赖以建立的基础以及它们的发展过程作了简明而系统的论述. 书中并阐述了数学的哲学，数学的发展对科学文化的影响，以及数学在物理和工程技术方面的应用. 各个学科的科学家及工程技术人员都会在本书中找到有用的内容，而对于一些年青的数学家来说，本书也可开扩其眼界，使他们了解数学的全貌.

本书叙述由浅入深，内容融汇贯通，而其所要求的预备知识并不很多，只要具备高中的数学知识就可理解本书的大部分内容.

本书中译本于20世纪50年代末出版，受到广泛的欢迎，至今仍有许多读者要求重印. 因纸型已毁，现据原译本做了一些必要的修改，重新排印.

当然，本书问世已有40余年. 在这期间，数学发展突飞猛进，有许多新的内容，新的概念，本书未能包括. 但是，对于了解数学的基本内容和历史发展，本书仍不失为一部优秀的参考读物. 至于想要了解数学最新发展的读者，可参阅其他有关著述.

科学出版社

· i ·

目　　录

第　一　卷

原　序

数学,由于实际的需要在古代便已经产生了,现在发展成为分支众多的庞大系统. 数学正如其他科学一样,反映了物质实际的规律,并成为理解自然和征服自然的有力武器. 但由于数学本身的高度抽象性,致使它的新的部门比较难为非专业的人所理解.正因为数学的这种抽象特征,所以还在古代便产生了认为数学与物质实际无关的唯心概念.

在编写这本书时,作者们是从这样的共同愿望出发,即要向苏联知识界的相当广大的阶层介绍每个数学分支的内容与方法,它的物质基础及发展道路.

读者只要具备中等学校数学课程的知识就能阅读本书;但三卷中每卷材料的难易程度是不一致的. 要想初步认识高等数学的原理,可读前面几章;但要全部理解以后各章,则需要参考相应的教科书. 对全书而言,则基本上只有那些在运用数学分析方法(微分法与积分法) 已有某些经验的读者才容易理解. 对于这类读者——自然科学与工程专业界人士及数学教师——引导他们熟悉更新的数学分支的那些章节是特别重要的.

自然,要在一部书里概括数学研究的丰富内容(即使是它几个主要方向的),是不可能的,因此在选材方面就必须有某些自由.但总的说来, 这部书应当能使读者对近代数学的情况及其发生与整个发展的前景大致有一个概念. 因此在一定程度上也考虑到那些已知道书中所用的事实材料的基本部分的人. 这本书当能帮助我们的某些青年数学工作者消除他们有时常有的某些眼界的狭隘性.

本书各章由不同的作者写成,作者的姓名分载于目录中. 但作为一部完整的著作来说,则是一个集体劳动的产物. 它的总的计划、材料的选择、各章文稿的内容,都经过集体讨论,并在热烈地交换意见的基础上加以改善. 苏联很多城市的数学家在有关的讨论会上对本书的初稿发表了宝贵的意见,这些意见和建议,作者们都曾加以考虑.

一部分作者也直接参加了其他各章的最后定稿工作:第二章的绪论部分基本上是 Б. Н. 杰龙涅写的;Д. К. 法捷耶夫积极地参加了第四章及第二十章的编写工作.

除了各章的作者外,还有以下同志参加了工作:Л. В. 康托罗维奇写了第十四章第四节,О. А. 拉得任斯卡雅写了第六章第六节,А. Г. 波斯特尼可夫写了第十章第五节,О. А. 俄列尼克参加了第五章文稿的编写工作,Ю. В. 普罗霍罗夫参加了第十一章文稿的最后校订工作.

В. А. 扎尔加列尔写了第一、二、七及十七等章的若干节. 文稿的最后校订是由 В. А. 扎尔加列尔及 В. С. 维金斯基在 Т. В. 洛果兹金娜及 А. П. 列奥诺娃的参与下完成的.

插图的主要部分是由 Е. П. 谢金绘制的.

编辑委员会

秦元勋　译

第一章 数 学 概 观

对于任何一门科学的正确概念，都不能从有关这门科学的片断知识中形成，尽管这些片断知识足够广泛．还需要对这门科学的整体有正确的观点，需要了解这门科学的本质．本章的目的就是给出关于数学的本质的一般概念．为了这个目的，没有很大必要去详细考察新的数学理论，因为这门科学的历史和初等数学就已经提供了足够的根据来作出一般的结论．

§1. 数 学 的 特 点

1. 甚至对数学只有很肤浅的知识就能容易地察觉到数学的这些特征：第一是它的抽象性，第二是精确性，或者更好地说是逻辑的严格性以及它的结论的确定性，最后是它的应用的极端广泛．

抽象性在简单的计算中就已经表现出来．我们运用抽象的数字，却并不打算每次都把它们同具体的对象联系起来．我们在学校中学的是抽象的乘法表——总是数字的乘法表，而不是男孩的数目乘上苹果的数目，或者苹果的数目乘上苹果的价钱等等．

同样地在几何中研究的，例如，是直线，而不是拉紧了的绳子，并且在几何线的概念中舍弃了所有性质，只留下在一定方向上的伸长．总之，关于几何图形的概念是舍弃了现实对象的所有性质只留下其空间形式和大小的结果．

全部数学都具有这种抽象的特征．关于整数的概念和关于几何图形的概念——这只是一些最原始的数学概念．之后才是其他许多达到象复数、函数、积分、微分、泛函、n 维甚至无限维空间等等这样抽象程度的概念．这些概念的抽象化好象是一个高于一个，一直高到这样的抽象程度，以致看上去已经失去了同生活的一切联系，以致"凡夫俗子"除了感到"莫名其妙"以外什么也不能理解．

事实上情形当然不是这样．虽说 n 维空间的概念的确非常抽象，但它却有完全现实的内容，要了解这内容并不那么困难．在这本书里将要特别强调和解释上面列举的那些抽象概念的现实意义，并且使读者相信这些概念全都是既从它们自身的起源方面也从实际应用方面同生活联系着的．

不过，抽象并不是数学独有的属性，它是任何一门科学乃至全部人类思维都具有的特性．因此，单是数学概念的抽象性还不能说尽数学的特点．

数学在它的抽象方面的特点还在于：第一，在数学的抽象中首先保留量的关系和空间形式而舍弃了其他一切．第二，数学的抽象是经过一系列阶段而产生的；它们达到的抽象程度大大超过了自然科学中一般的抽象．我们将以数学的基本概念：数与形为例来详细解释这两点．最后——这也是惹人注意的——数学本身几乎完全周旋于抽象概念和它们的相互关系的圈子之中．如果自然科学家为了证明自己的论断常求助于实验，那末数学家证明定理只需用推理和计算．

当然，数学家们为了发现自己的定理和方法也常常利用模型，物理的类比，注意许多单个的十分具体的实例等等．所有这些都是理论的现实来源，有助于发现理论的定理，但是每个定理最终地在数学中成立只有当它已从逻辑的推论上严格地被证明了的时候．如果一个几何学家报告一条他所发现的新定理时，只限于在模型上把它表示出来，那么任何一个数学家都不会承认这条定理是被证明了．对于证明一个定理的要求从中学的几何课程中就可以很好地了解到了，这种要求贯穿在全部数学中．我们可以极精确地测量成千个等腰三角形的底角，但这并不能给我们以关于等腰三角形两底角相等的定理的数学证明．数学要求从几何的基本概念推导出这个结果(现在在几何的严格叙述中基本概念的性质是精确地表述在公理中)，并且总是这样的：证明一个定理对于数学家来说就是要从这个定理中引用的那些概念所固有的原始性质出发,用推理的方法导出这个定理. 这样看来,不仅数学的概念是抽象的、思辨的,而且数学的方法也是抽象的、思辨的.

数学结论本身的特点具有很大的逻辑严格性. 数学推理的进行具有这样的精密性,这种推理对于每个只要懂得它的人来说,都是无可争辩和确定无疑的. 数学证明的这种精密性和确定性人们从中等学校的课程中就已很好地懂得了. 数学真理本身也是完全不容争辩的. 难怪人们常说:"像二乘二等于四那样的证明". 这里,数学关系式 $2 \times 2 = 4$ 正是取作不可反驳、无可争辩的范例.

但是数学的严格性不是绝对的,它在发展着;数学的原则不是一劳永逸地僵立不动了,而是变化着的并且也可能成为甚至已经成为科学争论的对象.

归根到底,数学的生命力的源泉在于它的概念和结论尽管极为抽象,但却如我们所坚信的那样,它们是从现实中来的,并且在其他科学中,在技术中,在全部生活实践中都有广泛的应用;这一点,对于了解数学是最主要的.

数学应用得非常广泛也是它的特点之一.

第一,我们经常地、几乎每时每刻地在生产中、在日常生活中、在社会生活中运用着最普通的数学概念和结论,甚至并不意识到这一点. 例如,我们计算日子或开支时就应用了算术,而计算住宅的面积时就运用了几何学的结论. 当然,这些结论都是十分简单的,不过,记起这一点是有益的:在古代某个时候,这些结论曾经是当时正在萌芽中的数学的一些很高的成就.

第二,如果没有数学,全部现代技术都是不可能的. 离开或多或少复杂的计算,也许任何一点技术的改进都不能有;在新的技术部门的发展上数学起着十分重要的作用.

最后,几乎所有科学部门都多多少少很实质地利用着数学. "精确科学"——力学、天文学、物理学、以及在很大的程度上的化学——通常都是以一些公式来表述自己的定律(这是每个从中学毕业的人都早已懂得的),都在发展自己的理论时广泛地运用了数学工具. 没有数学,这些科学的进步简直是不可能的. 因此,力学、天文学和物理学对数学的需要恰好也总是在数学的发展上起了直接的、决定性的作用.

在其他科学中数学起着较小的作用. 但是就在这些领域中,它也有重要的应用. 当然,在研究像生物现象和社会现象那样复杂的现象时,数学方法本质上不能起像在物理学中所能起的那样的作用. 数学的应用总是只有与具体现象的深刻理论相结合才有意义,在这些现象的研究中尤其如此. 记住这一点是很重要的,这样才不致迷惑于毫无实在内容的公式游戏. 但是无论如何,数学几乎在所有科学中,从力学到政治经济学,都有着这样那样的应用.

我们来回忆几个在精确科学和技术中特别出色的数学应用的例子.

太阳系最远的行星之一的海王星是在 1846 年在数学计算的基础上被发现的. 天文学家阿达姆斯和勒未累分析了天王星的运动的不规律性,得出结论说:这种不规律性是由其他行星的引力而发生的. 勒未累根据力学法则和引力法则计算出这颗行星应该位于何处,他把这结果告诉了观察员,而观察员果然从望远镜中在勒未累所指出的位置上看到了这颗星. 这个发现不仅是力学和天文学特别是哥白尼体系的胜利,而且也是数学计算的胜利.

另一个同样令人信服的例子是电磁波的发现. 英国物理学家马克斯威尔概括了由实验建立起来的电磁现象规律,把这些规律表述为方程的形式. 他用纯粹数学的方法从这些方程推导出可能存在着电磁波并且这种电磁波应该以光速传播着. 根据这一点,他提出了光的电磁理论,这理论以后被全面地发展和论证了. 但是,除此以外,马克斯威尔的结论还推动了人们去寻找纯电起源的电磁波,例如,由振动放电所发射的电磁波. 这样的电磁波果然被赫芝所发现. 而不久之后,波波夫就找到了电磁振荡的激发、发送和接收的办法,并把这些办法带到许多应用部门,从而为全部无线电技术奠下基础. 在已成为公共财富的无线电的发现中, 纯粹数学推论的结果也起了巨大的作用.

科学就是这样从观察, 比如观察到由电流而引起磁针偏转, 进入概括, 进入现象的理论, 进入规律的提出以及它们的数学表达式. 新的结论从这些规律中产生, 而最后, 理论又体现在实践中, 实践也给予理论以向前发展的新的强有力的动力.

特别值得注意的是, 没有从自然科学或技术方面来的直接推动, 而仅从数学本身内部产生的最抽象的数学体系, 甚至也有极有价值的应用. 例如, 虚数在代数中出现了, 在很长一段时间中它们的实在意义却没有被理解, 这一情况可以从它们的名称中看出. 但是以后, 就在上世纪初对它们给予了几何的解释 (见第四章 §2), 从而虚数在数学中完全站住了, 并且建立了复变数 (就是 $x+y\sqrt{-1}$ 形式的变数) 函数的广泛理论. 这种所谓 "虚" 变数的 "虚" 函数的理论完全不是虚假的, 而是解决许多技术问题的很现实的工具. 比如, 茹可夫斯基关于机翼上升力的基本定理正好就是以这个理论作为工具来证明的. 又如, 就是这个理论在解决提坝渗水问题时也显示了它的用处, 至于这个问题的意义在巨大的水电站建设时代是很显然的.

非欧几里得几何是另一个同样光辉的例子[1]. 它是从欧几里得时代起的几千年来人们想要证明平行公理的企图中, 也就是说, 从一个只有纯粹数学趣味的问题中产生的. 罗巴切夫斯基创立了这门新的几何学, 他自己谨慎地称之为 "想象的", 因为还不能指出它的现实意义, 虽然他相信是会找到这种现实意义的. 他的几何学的许多结论对大多数人来说非但不是 "想象的", 而且简直是不可想象和荒诞的. 可是无论如何罗巴切夫斯基的思想为几何学的新发展以及各种不同的非欧几里得空间的理论的建立打下了基础; 后来这些思想成为广义相对论的基础之一, 并且四维空间非欧几里得几何的一种形式成了广义相对论的数学工具. 于是, 至少

---

1) 我们只在这里指出这个例子, 不进行解释, 读者可以在第三卷第十七章找到这个例子的解释.

看来是不可理解的抽象数学体系成了一个最重要的物理理论发展的有力工具. 同样地, 在原子现象的近代理论中, 在所谓量子力学中, 实际上都运用着许多高度抽象的数学概念和理论, 比如, 无限维空间的概念等等.

不必陷于例子的列举; 我们已经足够地强调了数学在日常生活实践中, 在技术中, 在科学中都有最广泛的应用, 并且只从数学本身内部生长起来的理论在精确科学和许多技术问题中也有其应用. 除了数学的抽象性、严格性和它的结论的确定性以外, 数学的另一个特征便是如此.

2. 注意了所有这些数学的特点, 我们当然还没有阐明数学的本质, 毋宁说只是指出了数学的外表特征. 问题在于要解释这些特点. 为此至少应该回答下列问题:

抽象的数学概念反映什么东西? 换句话说, 数学的现实对象是怎样的?

为什么抽象的数学结论如此令人确信无疑, 而原始的概念又如此显然? 换句话说, 数学方法的基础是什么?

为什么数学尽管如此抽象, 却有最广泛的应用, 而不是空洞的抽象把戏? 换句话说, 数学的意义从何而来?

最后, 什么样的力量推动数学发展, 使它把抽象性和应用的广泛统一起来? 换句话说, 数学发展过程的内容是什么?

回答了这些问题, 我们就可以得到关于数学的对象, 关于它的方法的根据, 关于它的意义和发展的一般概念, 也就是说抓住了它的本质.

唯心主义者和形而上学者们不但在解决这些问题方面陷于混乱, 而且简直是把数学翻转过来完全加以歪曲. 例如, 看到数学结论的高度抽象性和明确性, 唯心主义者们就想象说, 数学是从纯粹思维中产生的.

事实上数学没有给唯心主义和形而上学以任何根据; 恰好相反, 客观地考察一下全部数学的关系和发展, 它正可以给辩证唯物主义提供又一个光辉明证, 并且每一步都反驳了唯心主义和形而上学. 我们只要试图从最一般的特点上来回答前面所提出的关于数学本质的问题, 就会相信这一点的. 我们也相信对于这些问题的答案已经包含在由马克思主义经典作家所建立的关于数学以及关于科学和认识一般的本质的原理中了. 为了预先解释这些问题, 考察一下算术和初等几何的基础就够了. 我们就要开始讨论它们. 进一步深入到数学中去, 当然可以加深和发展已经得到的结论, 但无论如何不会改变这些结论.

§2. 算　　术

1. 关于数的概念(我们现在说的只是正整数)——这个我们如此习惯的概念, 形成却很慢. 我们根据不久以前还处于原始公社制度各个不同阶段的那些民族进行计算的情况就可以判定这一点. 有些民族甚至还没有大于二或三的那些数的名称, 有些民族虽然还可以往下多数几个数, 但无论如何还是很快就完结了, 他们把较大的数简单地称作"许多"或"无数地". 由此可见明显地划分开来了的各个数是人们逐渐地积累起来的.

起初, 人们没有数的概念, 即使他们能够用自己的方式判断出在实践中遇到的这一物体集合或那一物体集合的大小. 应该认为, 数已被他们直接了解为物体集合的不可缺的性质, 但是他们还没有明显地把数分离出来. 我们已经这样地习惯于计算, 以至不见得能表明它, 却可以理解它[1].

在更高的发展阶段上, 数已被指明为物体集合的性质, 但是还没有把它当作"抽象的数", 当作同具体物体无关的一般的数而与物体集合分离开来, 这可以从有些民族给予数的名称中看出来, 例如: "手"就是五, "整个人"就是二十等等. 这里五不是抽象地被理

---

1) 因为, 任一物体集合, 比如有一群绵羊或者一堆木柴, 可以从其全部具体性及复杂性中直接地被感觉出来, 而从其中分离出个别性质和关系则是经过一定分析的结果. 原始的思维还不能作出这样的分析, 而只是整体地看待客体. 正如一个不懂音乐的人欣赏音乐作品, 分不出其中细致的旋律、曲调等等, 但一个音乐家甚至能够很容易地分析复杂的交响乐.

解，而是简单地理解为"就是象手上的指头那样多"，而二十被理解为"就是象一个人身上所有的手指和脚指那样多"等等．这和有些民族还没有比如"黑色的"、"坚硬的"、"圆的"等等概念的情形完全一样．为了说明一个物体是黑色的，他们把它，例如与老鸦比较；而为了说明有五个东西，他们就把这些东西直接地与手比较．常常是这样，即数有不同的名称，用于不同种类的物体，一些是用来计算人的，另一些是用来计算船只的等等，共达数十种不同的数．这里不是抽象的数，这些"有名数"好象是分别属于一定种类的物体的．有一些民族根本没有数的独立名称，例如没有"三"字，但是他们能够说"三个人"，在"三处地方"等等．

　　正如我们常常说这个或那个物体是黑色的，但是很少说"黑"本身，因为这个概念比较抽象[1].

　　物体的数目是物体的某个集合的性质，数本身，换句话说即"抽象的数"，是一种脱离了具体物体集合的象"黑"、"坚硬性"等那样本身已经可以设想的性质．就象黑是具有煤的颜色的各种物体的公有性质一样，数"五"是所有包含象手上的指头那样多个物体的集合的公有性质．于是等数性由简单的比较建立起来了，取出集合的一个物体，我们就弯一个手指头，就这样地用手指头一个个数出它们．完全不利用数，就用把两个集合的物体逐一比较的办法一般地即可以断定它们的物体数是否相等．例如，客人入座了，没有作任何计算，可是如果女主人少摆了一付餐具，她却能很容易地查出来，因为一个客人还没有餐具．

　　这样一来，可以提出数的下述定义：每一个单个的数，象"二"、"五"等等，是物体集合的一种性质．这种性质对于所有那些物体集合之间可以将其物体逐一对比的集合来说是共同的，对于那些不能将其物体逐一对比的集合来说是不同的．

---

　　1) 关于物体性质的概念，比如物体的颜色或数目，其形成过程，可以分成三个阶段，当然这些阶段的划分也不能太严格．在第一阶段，性质是由物体的直接比较确定的：就是象老鸦这个样子；就是象手上的指头那样多．在第二阶段，出现了形容词：黑色的石头，同样地出现了数词：五株树等等．在第三阶段，性质脱离了物体，可以变成为性质"本身"，象"黑"，象抽象的数"五"等等．

为了要发现这种共同性质，并且把它明显地分出来，也就是为了建立这个数或那个数的概念并给于它名称象"六"、"十"等等，就必须在不少物体集合之间进行比较、人们世世代代地进行计算，千百万次地重复这同一种运算，于是在实践中发现了数及数之间的关系.

2. 对于数进行计算、运算，也正是对具体物体作实在计算的反映. 这也可以从数的名称中明显地看出. 例如，有些印第安人把数"二十六"说成"我们在两个十上面加上六". 显然，这里反映出计算物体的具体方法. 尤其明显的是数的加法相当于把两个或多个物体集合堆放在一起成为一个总合. 同样地容易看出减法、乘法和除法的具体意义(特别是乘法，可以看出它的产生无非是由于把两个或三个或更多的相同的集合加起来).

在计算过程中，人们不仅发现和掌握了单个的数之间的关系，比如，二加三等于五，并且还逐渐地建立起一般规律. 在实践中发现：和数与几个被加数的顺序无关，也就是对一定物体计算的结果与这计算按怎样的顺序进行无关(后面这种情形具体表现在"序"数与"量"数相一致：第一、第二等等与一、二等等相一致). 因此数不是一个个无关的而是处在相互关联之中.

一个数在其名称及写法上甚至可通过其他数表示出来. 例如，"二十"表示"二个十"，按照法文，80——"四-二十"(quatrevingt)，90——"四-二十-十"，又如，罗马数字 VIII，IX 表示 $8=5+3$，$9=10-1$.

总之，不单是产生了一些单个的数，而且产生了具有一定关系和规律的数的系统.

算术的对象正是具有一定关系和规律的数的系统[1]. 单个的抽象数本身不具有那种包含很多内容的性质，关于它，一般地没有多少可说的. 如果我们问，比如，数 6 的性质，那末可以指出 $6=5+1$，$6=3\cdot2$ 以及 6 是 30 的因子等等. 但是这里数 6 处处与

---

1) "算术"(Арифметика) 这个字起源于希腊字"计算的艺术"("Арифмое"——数，"Техне"——艺术).

其他数关联着[1]，因此，这个数的性质正是在它同其他数的关系之中．尤其明显的是，任一种算术运算都确定数之间的一种联系，或者换个说法，确定数之间的一种关系．

因此，算术研究的是数之间的关系．但是数之间的关系是物体集合之间的现实的量的关系的抽象形态，所以我们可以说：算术是关于现实的量的关系的科学，但是这种关系是抽象的，也就是说是在纯粹形式上加以研究的．

算术，正如我们所看到的，不是象唯心主义者们企图捏造的那样从纯粹思维中产生出来的，而是反映现实物体的特定的性质；它是由于许多世代的长期实际经验而产生的．

8. 社会实践愈是宽广和复杂，它就提出愈广泛的任务．不但需要指出物体的量并以关于它们的数的思想来表示，这就已经要求形成数的概念和数的名称，而且需要学习计算所有较大的集合（比如牲畜群、交换物、到指定期限前的天数等等），要把计算的结果确定下来和告诉别人，这就正是要求数的名称以及数字符号更加完善．

看来从文字产生之初就开始引进的数字符号在算术的发展上起了巨大的作用．并且这是引进一般数学符号和公式的第一步．下一步，即引进算术运算的符号和未知数的字母符号 (x)，则是很晚才完成的．

数的概念，象任何抽象概念一样，没有一种直接的模型，不能把它表示出来，只能加以思索．但是思想是在语言中形成的，所以没有名称也就没有概念．符号也就是名称，只不过是无声的，而且是书写出来的，它把思维在能看见的形式上再现出来．例如，如果我说"七"，你想象什么呢？大概不是七个什么样的物体，而首先是数字"7"，它成为抽象数"七"的物质的外壳．又如，18273 这样一

---

1) 也可以从最一般的说法中理解这一点．任一种脱离了具体基础的抽象——例如数就舍弃了具体的物体集合——"本身"是没有意义的，它只存在于与其他概念的关系中．这些关系已经包含在某种说明中，也包含在很不完全的定义中．抛开这些关系，它就失去内容和意义，也就是说，根本不存在．抽象数的概念的内容包含在数的系统的规律和关系中．

个数, 显然, 说出它比写出它更难, 并且已经不可能完全准确地想象出物体集合的模型. 所以, 符号可以帮助建立那样一些不能从简单的观察和直接计算中发现的数的概念, 虽然不是一下子就可以做到. 在这方面有很实际的必要性: 由于国家的出现, 就需要征收捐税, 征集军队并装备军队等等, 就要求对很大的数字作运算.

因此, 第一, 数字符号的作用就在于它们给出了抽象数概念的简单的具体化身[1]. 数学符号的作用一般也就是这样: 它们给出了抽象数学概念的具体化身. 例如, "+"表示相加, x——未知数, a——某一个定数等等. 第二, 数字符号给出了非常简单地实现各种数字运算的可能性. 谁都知道, "笔算"比"心算"容易. 数学符号和公式一般也有这样的意义: 他们使得用计算即用一种几乎是机械的动作来代替一部分推理成为可能, 而且, 如果计算过程被书写下来, 它已有一定的可靠性. 这里一切都看得见, 一切都可以检验, 一切都由精确的规则所确定. 为了举例, 可以回想起"进点"[2]的加法或任一种代数变换, 比如"移项到等式另一边并变号".

从上面所讲的可以看出: 如果没有合适的数字符号就不能将算术推向前进. 尤其是如果没有专门的符号和公式简直就不可能有现代数学.

自然, 人们远不是很快就能够建立起现代的、这样方便的数字书写法. 从古时候起各民族随着文化的启蒙出现了各种数字符号, 但是这些符号不仅在图样方面而且在许多原则方面都很少和我们现在的符号相象; 例如, 并不是处处都用十进位系统(比如, 在古巴比仑十进位系统和六十进位系统是混用的). 在附表上提供了一

---

1) 值得注意的是, 如我们所看到的, 关于数的概念是这样困难地经过很长时间才建立起来, 而现在这概念连小孩都很容易掌握了. 为什么呢? 首先, 当然是因为小孩听见和看见大人怎样经常不断地运用数字, 于是他们也跟着学会了. 其次是因为——这一点正是我们要注意的——小孩已有现成的字和数字符号, 他们先学会了数的外形, 然后才掌握它的意思.

2) "进点"是在作加法时为了不忘进位而常用的一个方法. 例如 $\dfrac{\begin{array}{r}36\\+28\end{array}}{\dot{6}4}$ 在 6 与 8 的下面写上 4, 再在它前面注一小点表示要进一位. ——译者注

各民族的数字符号

	斯拉夫数字 基利尔文	斯拉夫数字 古斯拉夫文	中国数字 古体	中国数字 商业用	中国数字 科学上用	希腊数字	阿拉伯数字	格鲁吉亚 亚数字	埃及数字 象形文字	埃及数字 僧侣用[1]	罗马数字	马雅部族数字
0				〇	〇							
1	ᾱ	ᾱ	一	〡	一	ᾱ	١	ა	│	丨	I	•
2	ᾱ̄	ᾱ̄	二	〢	二	β̄	٢	ბ	││	ч	II	••
3	γ̄	γ̄	三	〣	三	γ̄	٣	გ	│││	₥	III	•••
4	δ̄	δ̄	四	メ	≣	δ̄	٤	დ	││││	ᵐᵐᵐ	IV	••••
5	ε̄	ε̄	五	⅄	〦	ε̄	٥	ე	│││││	↗	V	─
6	ϛ̄	ς̄	六	亠	〧	ϛ̄	٦	ვ	│││ │││	⌐	VI	∸
7	ζ̄	ζ̄	七	≛	〨	ζ̄	٧	ზ	│││ ││││	∿	VII	∺
8	η̄	η̄	八	文	〩	η̄	٨	თ	││││ ││││	⌐	VIII	∷∷
9	θ̄	θ̄	九	夂	川	θ̄	٩	ი	│││ ││││││	₹	IX	∷∷∷
10	ῑ	ῑ	十	十	一〇	ῑ	١٠	კ	∩	∕	X	═
20	κ̄	κ̄	二十	廿	二〇	κ̄	٢٠	ლ	∩∩	∖	XX	
30	λ̄	λ̄	三十	卅	三〇	λ̄	٣٠	მ	∩∩∩	Ⅻ	XXX	
100	ρ̄	ρ̄	百	ᔆ	一〇〇	ρ̄	١٠٠	ნ	ℓ	⌐	C	
1000	͵α	͵α	千	千	一〇〇〇	͵α	١٠٠٠	პ	𓆼	₹	M	

选自巴什马科娃和尤士吉维奇的文章"计算系统的产生"(《初等数学百科全书》第一卷,1951,莫斯科版).

1)僧侣用文字是古代埃及象形文字简化而来的.——译者注

些不同民族的数字符号作为例子．其中，我们看到，古希腊人，以后还有俄罗斯人用的是字母符号．我们现代的"阿拉伯"数字和数字书写的一般方法是起源于印度的，十世纪时阿拉伯人把它们从印度传入欧洲，在欧洲经历好几个世纪最终地固定了下来．

我们的符号系统的第一个特点在于它是十进位系统．但是这一特点不是十分重要的，因为也可能很成功的采用，比如说十二进位系统，这时只须引进十和十一的特别符号就行了．

我们的符号系统的主要特点在于它是"位置的"系统，就是说在这种符号系统中，同一个数字由于它所在位置不同而有不同的值．例如，在872这个符号中，数字3表示三百，而7表示七十．这种书写方法不但简短，而且大大地便于计算．罗马符号就没有这样方便：同一个数372的罗马写法是：CCCLXXII，而乘上一个较大的数，按罗马写法就非常不方便．

数字的位置书写法要求用某种方法表明某一位是缺位，因为如果不表明它，我们将会把比如，三百零一和三十一混淆起来．在缺位处放上一个零；我们就可以区分301和31．在后期的巴比仑楔形文字中已经出现了零的萌芽形式．系统地引进零则是印度人的成就[1]；这个成就使得印度人有可能贯彻我们现在所用的数字书写的位置系统．

但是这种情形很少：把零引进数的系统中，它也成为一个数．零本身就是什么也没有——在梵文中（古印度文）它被称为："空的"(gūnga)．但是在和其他数的关系中零获得了内容，获得了一定的性质，例如任何一个数加上零仍等于这个数，但乘上零就等于零了．

4．现在回到古代算术．流传到现在的最古老的巴比仑和埃及数学书本要追溯到纪元前一千多年以前．在这些书本和有一些较迟的书本里包含了各种各样的算术问题并带有解答，甚至于还有象解某些二次甚至三次的方程或者级数这样一些现在属于代数

---

1) 记载有零的最初的印度人手稿是九世纪末的，其中写有270这个数字，跟我们用的符号完全一样．但是，零的引进在印度大概还要早一些——在六世纪的时候．

范围的问题（当然，所有这些都是出现在具体问题和数字的例子中）．从巴比仑流传到现在的还有数字的平方表、立方表和倒数表．有人推测，那时已经积累起一些与实际问题没有直接关系的数学兴趣．

不管怎样，算术在古巴比仑和埃及得到了很好的发展．但是它还不是关于数的数学理论，而是各种计算规则和各种问题的解答的汇集．这样，现在在初级中学讲授的算术，能使所有不专门从事数学的人也都了解．这是完全合理的，不过算术在这种形式上终究还不是数学理论，因为其中没有关于数的普遍定理．

向理论算术的过渡是逐渐进行的．

我们已经讲过符号给出了运用大数的可能性，这些大数已经无法一目了然地表示物体集合的形式，也无法从一开始依序地数到它们．如果一些未开化民族的数字到3，10，100等就中断了，而把再大些的数字统统叫作不确定的"许多"，那末在中国、巴比仑和埃及，符号已提供了有超过万甚至百万以上的数的可能性．这里就已显示出数列无限延续下去的可能性．但是人们不是很快就明确意识到它的，究竟是在什么时候，我们现在也弄不清楚．阿基米德(纪元前287—212年) 早在他卓越的著作《数砂法》中就指明了命名大量砂粒的数目的方法，这些砂多到可以填满恒星大球．命名和书写这样一种数的可能性在当时还需要很详细的解释．

希腊人在纪元前三世纪就已经明确意识到两种重要思想：首先是，数列可以无限地延续下去，其次是，不但可以运用任何给定的数，而且还可以讨论一般的数，建立和证明关于数的普遍定理．这是前人大量运用具体数的经验的概括．正是从这个经验中表现出关于数一般讨论的普遍规律和方法．于是产生了向更高程度抽象的过渡：从单个给定的(虽然也是抽象的)数过渡到一般的数，到任何可能的数．

我们用对已有的数加上一的方法就从逐一计算物体的简单过程继而得到数字形成的无限过程的观念．数列已被认为是可以无限地延续下去的，随之在数学中出现了无限这个概念．当然，我们实际上不能用逐个加一的方法得到数列中任意大的数，因为纵使把一百年的时间压缩得几乎比一秒钟的四十分之一还短，谁又能数到一万亿呢？但是问题不在这里．一的逐个迭加过程，任意大的物体集合的形成过程原则上是无限的，就是说，存在着数列无限延续下去的潜在可能性．对计算的实际局限性这里不予考虑．关于数的普遍定理已经涉及到这个可以无限延续下去的数列．

关于任何数的某一种性质的普遍定理已经隐讳地包含了关于单个数的性质的无限多的判断，它在质上比某些可以对单个数进行检验的特称判断更丰富，因此，普遍定理必须要用从数列形成规律本身出发的一般推理方法来加以证明．这里揭露了数学的深刻特点：数学不但以一些给定的量的关系作为自己的对象，而且还以一般的可能的量的关系，也即以无限性作为自己的对象．

在纪元前三世纪写成的著名的欧几里得的《原本》一书中，已有许多关于正整数的普遍定理，特别是有一条关于一定存在着任意大的素数的定理[1]．

于是算术变为数的理论．它已经舍弃了具体的局部的问题而进入抽象概念和推理的范围．它成为"纯粹"数学的一部分．更正确地说，它也是具有在第一节中讲过的全部特点的纯粹数学本身诞生的契机．诚然，应该指出，纯粹数学是同时从算术和几何中产生的．此外，在算术的一般法则中已有代数的萌芽，代数以后从算术中分离出来．关于这一点我们下面将要讲到．

现在只剩下对我们的全部结论作出总结了，因为我们虽然是很粗浅地，但毕竟是研究了从数的概念萌芽开始的理论算术的产生过程．

5. 因为理论算术的产生是数学产生的一部分，所以很自然地可以期望我们关于算术的许多结论也能用来说明关于一般数学的普遍问题．我们在这里重新提出这些问题，并把它们用之于算术．

(1) 算术的抽象概念是怎样产生的？反映了现实界中的什么东西？

---

1) 注意,除了 1 以外那些只有被它自己或 1 来除才没有余数的正整数,叫作素数.

前面说过的关于算术的萌芽的所有的话，就回答了这个问题．算术的概念反映了物体集合的量的关系．这些概念是在分析和概括大量实际经验的基础上加以抽象化而产生的，并且它们是逐渐地产生的；最初是与具体对象相联的数，然后是抽象的数，最后才是关于一般的数、关于任何可能的数的概念．每一阶段都是以应用先前的概念而积累起来的经验作准备的(顺便提一下，数学概念形成的基本规律之一也是如此：数学概念是以应用先前的抽象概念积累起来的经验为基础，通过一系列的抽象与概括过程而产生的).

算术概念产生的历史证明：那种认为这些概念是从"纯粹思维"，从"原始直观"，从"先验形式的直观"或者从什么别的东西产生的那种唯心主义观点是完全错误的．

(2) 为什么算术结论如此令人信服和确定不移?

历史也给我们回答了这个问题．我们看到：算术结论本身的建立是缓慢地和逐渐地；它们反映了在许多世代的长期过程中积累起来的并且因此凝固在人们意识中的经验．它们在语言中固定下来了：在数字的名称中，在符号中，在对数字的同一种运算的经常重复中，以及在它们经常的实际应用中固定下来了．因此它们获得了明显性并令人信服．逻辑推理方法本身也有同样的产生过程．并且重要的不但是可重复性本身，而且是现实关系所客观具有的并且反映在算术的基本概念和逻辑推论的法则中的稳定性和明确性．

算术的令人信服的根源就在这里．它的结论逻辑地从其基本概念中推导出来，而逻辑方法和算术概念两者都是以数千年的实践为基础，以我们周围世界的客观规律性为基础在人们意识中形成和巩固起来的．

(3) 为什么算术尽管其概念是抽象的，却能有这样广泛的应用?

答案很简单，算术的概念和结论概括了大量的经验，在抽象的形式中表现出现实界的那些经常和到处碰到的关系．计算的对象既可以是房间里的东西, 也可以是星球, 是人, 是原子…… 算术舍弃了所有局部的和具体的东西, 而抽取了某些普遍的性质. 正是因为它仅仅抽取普遍的性质, 所以它的结论才能运用到这样大量的情况中去. 因之, 正是算术的抽象性保证了广泛应用的可能性(这里重要的是, 这种抽象性不是空洞的, 而是从长期实际经验中提取出来的). 对于全部数学, 对于任何抽象概念和理论也都是这样. 理论应用的可能性取决于其中所概括的原始材料的广泛程度.

同时, 任一抽象概念, 包括关于数的概念, 由于它本身特有的抽象性, 所以在其意义上是有局限的. 第一, 在应用到任一具体对象时, 它只反映了对象的一个方面, 因此只能给出关于对象的很不全面的观念. 例如, 常有这样的情况: 有了一些数据但是关于事情的本质却说明得很少. 第二, 不能没有任何条件地到处应用抽象概念, 不能把算术运用到任一具体问题, 而不判断一下, 在这里运用算术是否有意义. 比如, 我们说到加法时, 只是想象地把对象联合起来, 而对于这些对象本身当然什么事情也没有发生. 但是如果我们把加法运用于对象的实际联合, 如果我们实际上把对象置放在一起, 比如把它们放成一堆或都摆在桌上, 那末这里发生的不是抽象的加法, 而是现实的过程. 这个过程不但不限于是算术的加法, 而且可能使算术加法根本不适用. 例如. 物体迭放在一堆可要折坏; 野兽放在一起可能会有这个把那个吃掉的情况; "加在一起的"物质可能发生化学反应: 一公升水和一公升酒精混合以后由于两种液体的相互溶解得出的不是 2 公升而是 1.9 公升的混合物.

还需要其他的例子吗? 这样的例子可以举出随便多少来.

总之, 真理是很具体的; 正是由于数学的抽象性, 记住这一点就特别重要.

(4) 最后, 我们提出的末了一个问题是关于数学发展的动力问题.

对于算术来说, 这个问题的回答从算术产生的历史上也可以清楚地得出．我们看到：人们在实践中掌握了计算，形成了数的概念；然后实践又要求要有表示数的符号，并提出更困难的任务．一句话，社会实践是算术发展的动力．并且实践同概括了实践经验的抽象思维处在经常的相互作用之中．在实践的基础上产生的抽象概念成为实践的重要工具，并在应用中日趋完善．舍弃次要的东西有助于揭露事物的本质，并且在抽象过程中分离出来和保存下来的普遍性质和关系——在算术中即数量的关系——对于保证问题能有一般解决来说是起决定性作用的．

此外，思维常常超出实践提出的任务的直接要求以外很远．比如，象关于百万或十亿这样一些大数的概念虽然是在计算的基础上产生的，但是这些概念却先于运用这些数字的实际需要．这种例子在科学史上是不少的；只要提起我们曾说到过的虚数就够了．对于实践和抽象思维，实践和理论之间的相互作用的全面认识来说，所有这些只是普遍原理的特殊情况．

§3. 几　　何

1. 几何产生的历史本质上同算术产生的历史相似．最初的一些几何概念和知识也要追溯到史前时期，也是在实践活动的进程中产生的．

人从自然界本身提取出几何的形式．月亮的圆形和镰刀形，湖的水平面，光线或整齐的树木的直，都是早在人类以前就存在的，以后也时时刻刻呈现在人们面前．当然，我们在自然界中很少看到十分直的线，尤其是三角形和正方形．很明显，人们建立起关于这些图形的观念首先是因为他们主动地领会了自然界，并且按照自己实践的要求制造出具有越来越规则的形状的物体．人们建筑自己的住所，磨光石头，圈出一小块土地，拉紧自己弓上的弦，制造陶器，改善陶器，并相应地建立起各种概念，比如制造出来的器皿是圆形的，拉紧了的弦是直的．总之，起初是把形式赋予原材料，而以后就意识到形式是从属于原材料的，也是可以脱离开原材料独立地加以考察的．人们意识到物体的形式，就能够改进自己的手工品，并且能够更明确地把形式概念本身分离出来．这样，实践活动成了建立几何抽象概念的基础．需要制造成千个具有直的边沿的东西，拉紧成千条绳子．在地上划出大量直线，才能得出关于一般直线的清晰的概念，把直线看作所有这些特殊情形的共同的性质．现在我们周围尽是人们制造出来的具有直的边沿的各种物体，我们自己学会了划直线，所以我们从小就能有关于直线的清晰的概念．

关于几何量的概念——长度、面积、体积——也同样是从实线活动中产生的．人们为了自己的实际目的去测量长度，确定距离，用眼睛估计面积和体积．在这里最简单的一般规律，最初的一些几何关系，例如长方形的面积等于它的两边的乘积等渐渐地被人们发现了．对于庄稼人来说，为了估量播种面积和预计收成，知道这样一些几何关系是很有用的．

几何就是这样从实践活动及生活里的问题中产生出来的．正如古希腊的学者罗德的欧第姆在纪元前四世纪所写的："几何是埃及人发现的，从测量土地中产生的．因为尼罗河水泛滥，经常冲去界限[1]，所以这种测量对埃及人是必需的．这门科学和其他科学一样，是从人类的需要产生的，对于这一点是没有什么可惊异的．任何新产生的知识都是从不完善的状况过渡到完善的状况．知识通过感性的感觉而产生，逐渐成为我们考察的对象，而最后变成理性的财产．"

当然，土地测量不是激起古人建立几何学的唯一课题．从流传至今的断简残篇中可以判断这些课题的性质和古代埃及人和巴比仑人是怎样解决这些课题的．流传至今的一本最古的埃及人的著作是纪元前一千七百多年写出来的——这是一本由某个姓阿赫美斯的人写成的"文牍员"（皇官）手册．在书中汇集了计算容器和仓库的容量、土地面积、土工作业的多少等等一系列课题．

---

1) 这里指的是地界．顺便指出，几何 (геометрия) 这个字译意就是测地术 (按希腊文"гв"——土地，"метрео"——量度)．

埃及人和巴比仑人会测定最简单的面积和体积，知道圆周对直径的很精确的比率，并且甚至能够计算球的表面积，总之，他们已经有了不少几何知识．但是，可以断定，他们还没有作为一门有自己的定理和证明的理论科学的几何学．正象当时的算术一样，几何基本上是从经验中提取出来的一些规则的汇集．并且，几何一般地并没有从算术中划分出来．几何问题在计算上同时也是算术问题．

纪元前七世纪时几何从埃及传到希腊，在希腊，伟大的哲学唯物主义者法勒斯、德莫克利特和其他人又将它进一步发展了．毕达哥拉斯——唯心主义的宗教哲学学派的奠基人——的门生们也对几何作出了卓越的贡献．

几何是朝着积累新的事实和阐明它们相互间关系的方向发展的．这些关系逐渐地转变为从一些几何原理得到另一些原理的逻辑推论．用这种方法首先形成了关于几何定理及其证明的概念本身，其次阐明了那些可以从中推导出其他原理的基本原理，就是说阐明了几何的公理．

几何就是这样逐渐地转变成为数学理论．

大家知道，纪元前五世纪时几何的系统的叙述就在希腊出现了，但是它们没有流传到我们手里，显然是因为它们都被欧几里得（纪元前三世纪）的《原本》一书所排除了．在这部作品中几何已被表述为如此严密的系统，以致直到罗巴切夫斯基以前，即两千多年以来原则上已不能对它的原理添加什么新东西；而老版的吉谢列夫的著名中学教科书，也和全世界其他许多老版教科书一样，不过都是欧几里得的著作的通俗改写本而已．象欧几里得的《原本》——这一位希腊天才的完美的创造物——这样长命的书在世界上是很难找到几本的．当然，数学向前发展了，我们对几何基础的认识也更加深刻了，可是欧几里得的《原本》在许多方面仍不失为纯粹数学著作的典范．在这部著作中，欧几里得对过去的发展作了总结，把他那个时候的数学表述为一门独立的理论科学，也就是说归根到底表述为我们现在所理解的那样．

2. 几何产生的历史对于那些从算术产生的历史中得出的结论提供了根据. 我们看到几何是从实践中产生的, 它向数学理论的转变在很久以前就发生了.

几何从事于"几何物体"和图形的研究, 研究它们的量的关系和相互位置. 但是几何物体不是什么别的东西, 正是舍弃了其他性质比如密度、颜色、重量等等, 而仅仅从它的空间形式[1]的观点来加以考察的现实的物体. (几何图形是更一般的概念, 其中甚至舍弃了空间的延伸. 例如, 曲面只有二维, 线只有一维, 而点根本没有维. 点是关于线的顶端, 关于精确到极限位置的抽象概念, 所以点已不能再划分为几部分. 顺便提一下, 欧几里得已定义了所有这些概念.)

这样, 几何以舍弃了所有其他性质, 换句话说, 即采取"纯粹形式"的现实物体的空间形式和关系作为自己的对象. 正是这种抽象程度把几何同其他也是研究物体的空间形式和关系的科学区别开来. 例如, 在天文学中, 研究物体的相互位置, 但只是天体的相互位置, 在测地学中研究地球的形式, 在结晶学中研究晶体的形式等等. 在所有这些情形中, 研究具体物体的形式和位置是与它们的其他性质关联着或者相互依赖着的.

抽象引起了几何的思辨方法, 对于没有任何厚度的直线, 对于"纯粹形式"是不能做实验的. 只有用推理的方法从一些结论导出另一些新结论. 所以, 几何定理应该由推理来证明, 否则这定理就不属于几何, 就与"纯粹形式"无关.

几何的原始概念的明显性, 推理的方法, 它的结论的令人信服都象在算术中那样有同样的起源. 几何概念的性质, 如同概念本身一样, 是人们从周围自然界中抽象出来的. 人们许多次地划直线, 然后才能够领会通过任意两点可以划一条直线这个公理; 人们千百万次地把各种物体相互搬挪和迭合, 然后才能够把这种情况概括为几何图形迭加的概念, 并且把这个概念应用到定理的证明上(例如在两个三角形相等的著名定理中所作的那样).

---

1) 在形式中也包括大小.

最后谈谈几何的普遍性. **球的体积等于 $4\pi R^3/3$, 不管 研究的是球形容器, 是钢球, 是星球, 还是水滴等等.** 几何能**够把**所有物体的共有的东西划分出来, 是因为任一现实的物体都多少具有一定的形式、大小以及相对于其他物体的位置. 所以不难理解, 几何的应用几乎也和算术一样广泛. 测量零件或看图样的工人, 测定离目的地的距离的炮兵, 测量土地面积的农民, 估计土方体积的建筑师——他们全都利用几何的初等原理. 领航员、天文学家、测地学家、工程师、物理学家都需要很精确的几何结论.

著名的结晶学家和几何学家费德洛夫的研究工作提供了用抽象几何解决自然科学中重要问题的鲜明例子. 他首先提出了要找晶体的所有可能对称形式的问题, 这是理论结晶学的基本问题之一. 为了解决这个问题, 费德洛夫舍弃了晶体的全部物理性质, 而只是把它当作几何物体的规则系统 (代替具体的原子系统) 来加以考察. 这样一来, 问题就在于只要寻求那些几何物体系统所有可能的对称形式. 费德洛夫把这个纯粹几何问题解决得很彻底, 找出它们全部的对称形式是 230 种. 同时, 可能的对称形式问题的解决也是对几何的巨大贡献, 为许多几何研究工作奠下了基础.

在这个例子里, 如同在几何的全部历史上一样, 我们看到了几何发展的主要动力. 这就是——实践和抽象思维的相互作用. 由观察晶体而产生的晶体对称问题是抽象地提出的, 并且引起了一门新的数学理论——规则系统理论, 或者是所谓费德洛夫群[1]. 以后这理论本身不但在晶体的观察中得到光辉的确证, 而且成为结晶学发展的普遍指南, 它还推动了实验方面以及纯粹数学方面的研究工作.

§4. 算术和几何

1. 到现在为止, 我们分别地考察了算术和几何以及它们彼此间的关系, 从而数学理论间的一般关系我们都没有加以注意. 然而这关系却有特别重大的意义. 理论彼此间的渗透把数学推向前进, 并揭示出这些理论所反映的现实界关系的丰富多采.

算术和几何不仅互相应用, 而且是产生进一步的一般概念、方

---

1) 见第三卷第十五章.

法和理论的来源. 归根到底算术和几何是数学成长的两个根源. 它们之间的相互作用在它们本身刚刚萌芽的时候就有了. 简单的长度测量就已经是算术和几何的结合. 测量物体长度的时候, 我们把某种长度单位置放在物体上面, 然后数一数一共置放多少次; 第一步手续(置放)是几何的, 第二步(计算)是算术的. 又如走路时数脚步, 每数一步都结合了这两种手续.

任何一种量的度量一般地都把计算同对这一种量所实行的某种专门手续结合起来. 提起用量杯测量液体或者用摆的振荡次数来测量时间这两个例子就足够了.

但是在测量的时候发现: 一般说来所选用的单位不能在被测的量上置放整数次, 所以在测量时不能满足于简单计算有多少单位. 这时必须把单位加以分划, 以便利用单位的一部分来更准确地表示量, 就是说不是用整数, 而是用分数来表示量. 分数事实上就这样产生了, 正如从有关的历史材料和其他材料的分析中所指明的那样: 它们是从连续量的分割和比较中, 即从度量中产生的. 人们度量的最初一些量就是几何量: 长度、播种面积、液体和散粒体的体积. 我们已经在分数的产生过程中看到算术和几何的相互作用. 这种相互作用引起了分数这个重要新概念的出现, 引起了数的概念从整数到分数的推广(或者象数学家所说的, 推广到用整数之比来表示的有理数). 分数不是也不能从整数的分割中产生, 因为整的对象要用整数来计算. 三个人, 三支箭等等——这是完全有意义的, 但是两个三分之一的人或三分之一支箭都是毫无意义的; 甚至用三个三分之一支箭也不能射中一只鹿, 因为要达到这目的必须用整的箭.

2. 在与算术和几何的相互作用密切有关的数的概念的发展过程中, 分数的出现只是第一步. 下一步是不可通约的线段的发现. 两个线段叫作不可通约的, 就是如果没有一个线段能够在这两个线段上面都置放整数次, 换句话说, 就是这两个线段的比不能用普通分数来表示, 也即不是整数之比.

起初人们简直没有很多地考虑是否任一长度都可由分数表

示. 如果分割和度量达到过于细小的程度时，那末这些细小的部分就简单地给略掉了，因为度量的无限精确在实际上是没有意义的. 德莫克利特甚至提出了这样的概念，即几何图形是由特种原子组成的. 按照德莫克利特的说法，线段是原子的行列，因此线段之比就是它们之中的原子数目的比，也就是说可以明显地用分数来表示. 这个概念，在我们看来，可能是非常奇怪的，但是对测定面积和体积却很有用处. 面积的计算就是由原子所组成的行列的总和，体积就是原子层的总和. 德莫克利特用这种方法求出了，比如说，圆锥体的体积. 懂得积分概念的读者容易发觉：在这个方法中已包含了用积分法来确定面积和体积的征兆. （此外，当我们想象德莫克利特那个时代时，应该努力摆脱那些已被数学的发展所证实的在现在已成为习惯的概念. 在德莫克利特的时代，几何图形脱离现实还没有达到我们现在这样的程度. 因此，既然德莫克利特设想物体由原子所组成，自然应该认为几何图形也是由原子所组成的.）

但是，线段由原子组成这个概念与毕达哥拉斯定理（即勾股定理）发生了矛盾，因为从这个定理推出不可通约线段的存在；例如，正方形的对角线与它的边是不可通约的，就是说它们的比不能用整数的比来表示.

我们来证明，正方形的边和对角线的确不可通约. 设 a——正方形的边，b——正方形的对角线，那末按照毕达哥拉斯定理 $b^2 = a^2 + a^2 = 2a^2$，所以，$\left(\dfrac{b}{a}\right)^2 = 2$.

但是却没有这样一个分数，它的平方等于 2. 因为，假定不然，令 p 和 q 表示两个整数并且有 $\left(\dfrac{p}{q}\right)^2 = 2$，我们当然可以假设 p 和 q 已经没有公共因子，因为有的话这分数可以把它约掉. 但是如果 $\left(\dfrac{p}{q}\right)^2 = 2$，那末 $p^2 = 2q^2$，所以 p^2 可以被 2 除尽. 在这种情况下 p^2 就可以被 4 除尽，因为它是整数的平方. 因此 $p^2 = 4q_1$，即 $2q^2 = 4q_1$ 且 $q^2 = 2q_1$. 由此可见，q 也可以被 2 除尽，这个结果当

然与 p 和 q 没有公共因子的假设矛盾. 这个矛盾证明: 关系式 $\frac{b}{a}$ 不能用有理数来表示. 正方形的对角线和边是不可通约的.

这个发现对希腊学者们造成了极大的印象. 现在, 我们已习惯于无理数, 不费力地运用平方根或其他的根, 不可通约线段的存在也毫不使我们困窘. 但是在纪元前五世纪, 这种线段的发现对于希腊学者却完全是另外一种样子. 要知道他们没有无理数的概念, 类似 $\sqrt{2}$ 这样的符号他们也没有写过, 因此对他们说来, 所得到的结果就意味着正方形的对角线和边的比根本不能用任何数表示出来.

不可通约线段的存在, 对希腊人揭露了一个包含在连续性中的秘密——莫基于连续性和运动的一种辩证矛盾的表现. 许多知名的希腊哲学家从事于对这个矛盾的探讨, 他们中埃利亚的齐诺尤以自己的悖论著称.

希腊人建立了线段 (及一般的量) 之间的比的理论[1], 估计到有不可通约线段存在, 在欧几里得的《原本》一书中叙述了它, 在现在的中学几何课程中也以简化的形式讲述它. 但是希腊人并不能提升到这样的思想, 即理解到一个线段对另一个被取作单位的线段、即随便一个线段长度之比也可以看作是数并这样来把数的概念本身加以推广, 因为无理数的概念在他们那里还没有产生[2]. 这个工作是在较晚时期由东方的数学家们完成的; 而关于实数的不直接依据于几何的严格的数学的一般定义只是不久以前 (在上世

---

1) 这个理论是纪元前四世纪的希腊学者欧朵克斯创造的.

2) 由于关于量的度量的学说不属于算术的范围, 而进入了几何的范围, 所以在希腊人那里几何就是全部数学. 比如解二次方程这样一些问题, 我们现在是用代数来处理的, 而他们却是从几何上提出和加以解决的. 欧几里得的《原本》一书中包含不少这样的课题, 并且看来这部书当时给人们提出的不仅是我们现在所理解的几何的概要, 而且也是一般数学的概要. 几何的这种统治地位一直继续下来, 直到笛卡儿就反过来使几何从属于代数了. 而几何的统治地位的痕迹还保留在象二次和三次的名称"平方"和"立方"中: "a 立方"——这就是边为 a 的立方体.

纪七十年代)才给出的[1]. 从线段之比的理论建立的时候起经历了这么长的时间就说明: 抽象概念的产生和精确地形成是多么困难.

3. 为了说明实数概念的特征, 牛顿在他的《数学原理》中写道:"我们与其把数理解为单位的集合, 不如把数理解为某个量对另一个被取作单位的量的抽象的比." 这个数(即比)可以是整数、是有理数, 或者当给定的量与单位不可通约时, 是无理数.

实数按其原来的意义无非就是一个量对另一个被取作单位的量的比; 在特殊情形下——是线段的比, 也可能是面积、重量等等的比.

从而实数是脱离了具体性质来加以考察的一般量的比.

正如抽象的整数不是单个的, 而是处在相互关系中、在整数的系统中才成为数学的对象一样, 抽象的实数也只是处在相互关系中, 即在实数的系统中才有自己的内容并且成为数学的对象.

在实数理论中, 也和在算术中一样, 首先要定义数的运算: 加、减、乘、除, 以及用"大于"和"小于"来表示的数之间的关系. 这些运算和关系反映出各种量的现实关联, 例如, 加法反映了线段的相加. 中世纪的东方数学家为抽象的实数的运算奠定了基础. 以后逐渐地提出了实数系统的最重要的性质——它的连续性. 实数系统——这是连续变化着的量的一切可能值的抽象模型.

这样, 正如整数的算术一样, 实数的算术以连续量的现实的量的关系作为自己的对象, 它是在普遍的形式上完全脱离任何具体性来研究这些连续量的. 正因为在实数的概念中提出了为所有连续量所共有的东西, 所以它有这样广泛的应用: 各种不同的量, 比如长度、重量、电流强度、能等等的值都可以由数来表示, 而各量之间的依存和联系关系, 可以用它们的数值之间的依存关系来刻划.

---

1) 这里说的不是描述性的定义,而是在研究实数性质时作为证明的直接基础的定义. 当然,这样的定义在比较晚的时候才产生,这时数学的发展,主要是无穷小量的分析,要求有相应的实数"变量 a" 的定义. 这个定义在上世纪七十年代由德国数学家魏尔斯特拉斯、戴德金和康托尔分别在不同形式中给出.

为了能够使关于实数的一般概念成为数学理论的基础，就必须给出它们的数学形式的定义．这可以用各种方法作出来，但是，大概从量的度量过程本身引出来是最自然不过的，量的度量过程也正好是关于数的概念的概括的实际起源．我们将要讨论线段的长度，当然，读者容易看出，如果讨论任何其他的可以无限分割的量也是一样的.

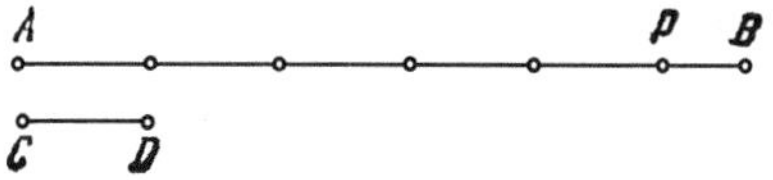

图 1

　　假定我们用取为单位的线段 CD 来度量线段 AB（图1）．我们将 CD 放在 AB 上，比如从 A 点放起，它还能接着放．设它在 AB 上共放了 n_0 次．而线段 AB 还有剩余 PB，那末可以将 CD 分成十分并以这十分之一段去量剩余的线段 PB．设这十分之一段在 PB 上共放了 n_1 次．如果在这之后还有剩余，那末可以将这十分之一段再分成十分，即把 CD 分成一百分，再重复进行同样的手续……度量的过程或者结束，或者继续下去．但是不论哪种情况我们都将得出结果：整线段 CD 在 AB 上放了 n_0 次，它的十分之一——n_1 次，百分之一——n_2 次，等等．一句话，我们将得到 AB 对 CD 的比并带有很大的准确性，准确到十分之一，百分之一等等．这个比本身应该是带有整数 n_0，十分之一数 n_1 等等的十进位小数．这个小数

$$\frac{AB}{CD}=n_0.n_1 n_2 n_3\cdots\cdots$$

可能是无穷的，则意味着度量的无限精确的可能性．

　　因此，线段（和一般量）的比总能以（有穷的或无穷的）十进位小数来表示．但是在十进位小数中已经没有具体量本身的痕迹．所以它正是给出了抽象的比，即实数．所以实数形式上可以由有穷的或者无穷的十进位小数来定义[1].

　　为了把工作进行到底，还需要定义对小数的运算（加法等等）．这是用这样的方法完成的，即使得定义出来的对小数的运算与对量的运算相适应．这样，当线段相加时就是把它们的长度加起来，线段 $AB+BC$ 的长度等于 AB 和 BC 的长度的和．定义对实数的运算有这样一种困难，即这些数一般说来是无穷小数，而普通已知的运算规则是属于有穷小数的．因为这个缘故，对无穷小数的运算的严格定义是用以下方法作出的．例如，我们要把 a 和 b 两个数相加．就取两个具有相同准确位数的小数，比如，都准确到百万分之一，然后将它们加起来．这时得到的和 $a+b$ 也有相应的准确度（准确到百万分

————————————

　　1) 不考虑那些带有循环节 9 的小数，按照已知的规则可以把它们和没有循环节 9 的相应小数看成同一个数，从 $0.13999\cdots=0.14000\cdots$ 这个例中可以明显地看出这个规则.

之二,因为 a 和 b 的误差可能要加起来). 这样一来, 我们就可以定义具有任意准确度的两个数的和, 并且在这样的意义下它们的和是完全确定的, 虽然在计算的每一步上只知道它带有某种准确度. 但是, 这符合于事情的本质, 因为每一个量 a 和 b 都被度量到某种准确程度, 而以无穷小数来表示的精确值是作为量之值的可能无限精确化的结果而得出的.

"大于", "小于" 等关系可以随后通过加法来定义: 如果有这样一个数 c, 使得 $a=b+c$ (这里说的是正数), 那末 $a>b$.

实数序列的连续性表现在这里: 如果数 a_1, a_2, … 是递增的, 而 b_1, b_2 …

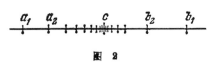

图 2

是递减的, 并且 b_i 总是比 a_i 大, 那末无论如何在这两串数之间总有某个数 c 存在. 如果直线上的点按一定的规则与数相对应, 那末从直线上所画的可以很清楚地看出这一点 (图 2). 显然, 数 c 的存在和对应于它的点正好表示数列中不会有间断, 这就是数列的连续性.

4. 在算术和几何相互作用的例子中已经可以看出, 数学的发展是在交织着许多对立面的斗争过程中进行的, 这些对立面是: 具体与抽象, 特殊与一般, 形式与内容, 有限与无限, 连续与不连续等等.

例如, 我们试着在实数概念的建立中探讨一下具体与抽象的对立. 正象我们所看到的, 实数反映可以无限精确化的度量过程, 或者稍微理解得不同一点, 即反映量的绝对的无限的精确值. 这与下述情况相适应, 即在几何中完全舍弃了具体对象的现实形式和大小的可变性和不确定性, 而考察物体的理想的精确形式和大小. 前面我们讨论的正是理想线段的度量问题.

但是理想的精确几何形式和量的绝对精确值都是一种抽象. 任何具体的对象都没有绝对精确的形式, 正象任何具体的量既不能绝对精确地度量出来, 也没有绝对精确的值一样. 例如, 如果把尺的长度精确到超过原子大小的限度以外就没有意义了. 量的精确化超过一定限度, 总是要产生质的变化, 使量一般地失去它原来的意义. 比如, 气体的压力不能精确到超过一个分子的撞击力的限度以外, 当精确到电子的电荷大小的程度时, 电荷就不再是连续的. 因为自然界中的对象没有理想的精确形式, 所以关于正方形的对角线与边的比是 $\sqrt{2}$ 的断言, 即不能从直接的度量中绝对精确地得出来, 也不能对任一个具体的现实的正方形有绝对精确的意义.

正如我们所看到的, 关于正方形的对角线和边的不可通约性的结论是从毕达哥拉斯定理推导出来的. 这是从经验材料的发展中得出的理论性结论; 它是把逻辑应用于从经验中提取出来的原始几何前提的结果.

这样, 不可通约线段的概念, 尤其是实数的概念不是经验事实的简单的直接的反映, 而是比经验事实更进了一步. 但是, 这是可以理解的. 实数不是反映某种给定的具体的量, 而是反映脱离了任何具体性的一般的量, 换句话说, 它是反映了现实的各种特殊量的共同性质. 这种共同性质就在于这些量的值一般地可以精确确定, 并且如果舍弃具体的量, 那末可能精确化的限度(这限度依赖于量的各种具体性质)就将成为不确定的并且会消失掉.

所以, 脱离开量的个别性质来考察量的数学理论, 必然应该考察量之值的无限精确化的可能性, 因而应该得出实数的概念. 并且数学反映的只是各种不同量的共同性质, 不能顾及每个具体情况的特点. 正象列宁所说的:"任何个别都不能完全地列入一般之中……"[1] 数学分离出共同的性质, 考察那些它所制造的、明显地划分出来的各种抽象体系, 而不管这些抽象体系运用的现实界限. 其所以这样正是因为这些界限不具有一般性; 它们依赖于被考察的现象的具体性质, 依赖于这些现象的质的变化. 所以, 在应用数学的时候, 必须检验应用这个或那个理论本身的根据, 比如, 把物质当作连续体加以考察, 并且以连续量来描绘物质的性质, 只有舍弃物质的原子结构时才能允许, 而这只有在一定条件下和某种限度内才是可能的.

但是尽管如此, 实数是对现实的连续量和过程进行数学研究的经过检验的有力工具. 实数理论由实践, 由它在物理、技术和化学中的广阔的应用得到了论证. 实践证明: 实数概念正确地反映

---

1) 列宁, 哲学笔记, 363 页, 人民出版社, 1957 年版.

了量的共同性质. 但是这种正确性不是没有界限的；不能把实数理论看作某种绝对的、能够完全脱离现实界而无限抽象地发展的东西. 实数概念本身将继续发展，实际上它还远不是绝对终结了的.

5. 上述的许多种对立中的另一种对立——连续与不连续的对立，它的作用也可以在数的概念的发展的例子中加以探讨. 我们已经看到，分数是从连续量的分割产生的.

关于分割的问题有一个十分值得深思的笑话. 老奶奶买了三个马铃薯，要把它们平分给两个孙女儿. 怎么办呢？回答是：必需作成马铃薯羹.

但是，这个笑话揭露了事情的本质. 单个的对象在这样的意义下是不可分的，即分割开来的对象几乎再也不是它本来的样子了，这从"三分之一个人"或"三分之一支箭"的例子中可以看得很清楚. 相反地，连续的和均匀的量或物容易分开来也容易结合起来，而不失去它的本性. 马铃薯羹正好就是这种均匀物的很好的例子，这种东西虽然不是划分开了的，但是实际上却容易分成许多任意小的部分. 长度、面积、体积都具有这样的性质，连续性就其概念本身来说就是这样一种实际上不是划分开了的，但却具有无限分割的可能性的东西.

这样，我们碰到了两个对立面：一方面是不可分的，单个的，就是说，不连续的对象，另一方面是完全可分的，但并不是划分成各个部分的，而是连续的物体. 当然，这种对立总是统一的，因为既没有绝对不可分的对象，也没有完全连续的对象. 但是对象的这两个方面不仅是现实的，而且常常在某些情况下一个方面表现为决定性的，在另一些情况下——另一方面是决定性的.

数学，既然使形式脱离它们的内容，因之也就把连续和不连续这两种形式明显地分割开来.

单位是单个物体的数学模型，而单位的总和就是不连续物体的集合的数学模型. 这就是所谓排除了其他一切性质的纯粹不连续性的模型，就是纯粹形式的不连续性. 连续的几何图形成为连续性的基本的、原始的数学模型,最简单的情形就是直线.

从而,在我们面前有两个对立面:不连续性和连续性,以及它们的抽象数学模型:整数和几何延伸性. 度量就是这两个对立面的统一:连续的东西用单个的单位来度量. 但是只有不可分的单位是不行的;必须引进原单位的分数部分. 这样就产生了分数;数的概念正是由于上述对立面的统一才得到发展.

进一步在更高的抽象阶段上,出现了不可通约线段的概念,以及随之而来的是作为量的无限精确值的抽象模型的实数概念. 但是这个概念不是一下子就形成的, 它的长期发展道路经历了连续与不连续这两个对立面的斗争.

前面已经讲过,德莫克利特认为几何图形是由原子组成的,从而把连续归结为不连续. 但是不可通约线段的发现迫使人们放弃这个观念. 此后,人们就不再认为连续量由单个的元素——原子或点所组成. 当时人们不会用数来表示这种量,因为这时除了整数和分数以外还不知道有其他的数.

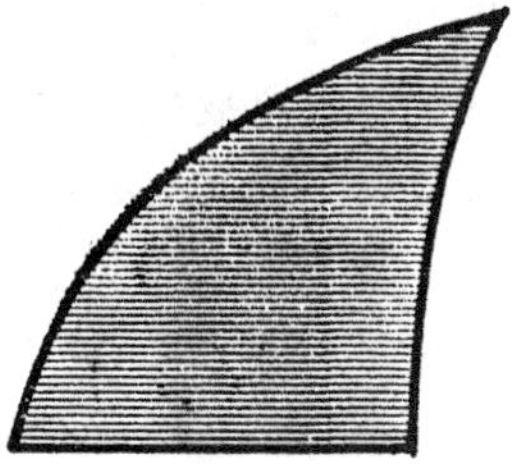

在十七世纪,当微分和积分演算的基础已经奠立的时候, 数学中重新出现了连续与不连续的矛盾. 这里说的是关于无穷小. 在一些观念中,它们被理解为连续量的实际的"实在的"无穷小的"不可分的"部分,与德莫克利特的原子

图 3

相似,不过这时认为它们的数目有无穷多. 面积和体积的计算——积分——被理解为无穷多个这种无穷小的部分的总合. 例如, 面积被理解成"组成这块面积的那些线条的总合"(图3). 连续再度被归结为不连续,不过已是在更复杂的形式上,更高的程度上. 但是这个观点不能令人满意,而和这个观点相对立有基本上由牛顿提出的关于连续变量的概念,关于把无穷小量理解为无限减少的变量的概念. 在十九世纪的前半叶,当严格的极限理论已经建立起来的时候,这个概念占了上风. 现在线段不是由点或"不可分的"部分组成,而是被理解为一种延伸性,一种连续的介质,只能于

其中固定变量的单个点、单个值. 数学家当时也讲"延伸性"了. 在连续和不连续的统一中, 连续性重又居于统治地位.

但是分析的发展要求变量理论的进一步精确化, 首先是把实数看作变量的任何可能值的一般定义的进一步精确化. 在上世纪的七十年代实数的理论产生了, 它把线段表示为点的集合, 相应地, 把变量变动的区间表示为实数的集合. 连续性重又由单个的不连续的点组成, 而连续性的性质则表现在组成它的点的集合的构造中. 这个概念使数学得到很大成就, 因而取得优势. 但是在这个概念中毕竟也发现了它本身的深刻困难, 这困难引起了在新的阶段上重新回到纯粹连续性概念的企图. 也可以用其他方法来改造把线段看作点的集合的概念. 对于数、变量、函数等概念, 许多新的观点在产生. 理论正在继续发展, 并且应该期望它的进一步发展.

6. 算术与几何的相互作用不仅在实数概念的建立中起了作用. 几何与算术, 或者更正确地说, 与代数的这种相互作用也表现在数学中负数和复数 (即 $a+b\sqrt{-1}$ 形式的数) 概念的确立上. 负数以直线上从零起向左排列的点来表示. 复数则代表平面上的点. 正是这种几何表示法使虚数在数学中巩固下来, 而在这以前它们一直是不可理解的.

量的概念进一步发展: 例如, 出现了表示有方向线段的向量及其他更一般的量 (张量), 在这些量中代数重新与几何结合起来.

各种数学理论的结合总是起了或者正在起着重要的、有时是决定性的作用. 我们将在解析几何, 微分和积分演算, 复变数函数理论, 最新的所谓泛函分析以及其他理论的产生的例子中进一步看到这一点. 在数论本身, 也即关于整数的学说中, 很成功地应用了与连续性紧密有关的许多方法——无穷小量分析的方法和几何方法, 产生了这个理论的称作"解析数论"和"数的几何"的庞大章节.

根据一定的观点, 从数学的基础中可以看到来自几何和算术的那些概念——连续性和代数运算 (作为算术运算的推广) 的一般概念的结合．但是我们不能在这里讲这些困难的理论．本节的目的只要建立起关于概念之间相互作用的最一般的概念，在算术和几何的相互作用的例子中，在数的概念的发展的例子中建立起关于在数学中对立面斗争和统一的最一般观念．

§5. 初等数学时代

1. 数学的发展不能归结为一些新定理的简单积累，而包含有数学的根本变化，可以说是质的变化．但是这些质的变化不是用破坏和取消原有理论的方式进行的，而是用深化和推广原有理论的方式，用以前的发展作准备而提出新的概括理论的方式进行的．

从最一般的观点来看，数学的历史可以分为四个基本的、在质上不同的阶段．当然，精确划分这些阶段是不可能的，因为每一个相继的阶段的本质特征多少都是逐渐形成的，不过这些阶段的区别和它们之间的过渡能够十分明显地表示出来．

第一个阶段（或时期）——这是数学作为一门独立的、纯粹理论的科学的萌芽时期．这个时期从最古的时代起，终止于纪元前五世纪，也许更早一些；这时在希腊最后地形成了具有理论和证明之间的逻辑关系的"纯粹"数学（特别是在纪元前五世纪出现了几何的系统的阐述，例如，希约斯的希波克拉特所著的"原理"）．这个时期是算术和几何形成的时期，我们已经足够详尽地考察过了．当时数学是作为与实践直接有关的，从经验中提取出来的许多单个法则的总合而建立起来的．这些法则还没有形成统一的具有逻辑关联的系统．数学的具有定理的逻辑证明的理论性质随着材料的积累形成得非常缓慢．算术和几何还没有分开，彼此紧密交错着．

第二个时期可以称之为初等数学即常量数学的时期；这个时期的基本的、最简单的结果成为现在中学课程的内容．这个时期延续了将近两千年，由于"高等"数学的建立而终止于十七世纪．在本节我们较详细地讲一讲这个时期．在下一节叙述第三和第四个时期——分析的建立与发展的时代和现代数学时期.

2. 初等数学时期也可以分成基本内容不同的两个部分:几何发展的时期(到纪元二世纪)和代数优先发展的时期(从二世纪到十七世纪). 又可以按照历史条件的不同把它分成三个时期,分别称为"希腊的"、"东方的"和"欧洲文艺复兴时代的"时期. 希腊时期正好和希腊文化普遍繁荣的时代一致;起始于纪元前七世纪,到纪元前三世纪,到最伟大的古代几何学家欧几里得、阿基米德、阿波洛尼的时代达到了自己的顶峰,而终止于纪元六世纪. 数学,特别是几何学在希腊达到惊人的繁荣. 我们知道很多希腊数学家的名字和工作成果,虽然他们的原著流传到现在的并不多. 同时值得注意的是,在纪元一世纪,兴盛的罗马并没有在数学上作出什么贡献,而那时被他们奴役的希腊,科学却更为繁荣.

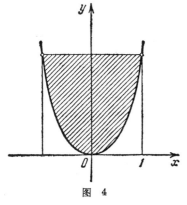

图 4

希腊人不仅在欧几里得的《原本》中所讲到的和现在中学课程内容的范围内发展了初等几何并把它导向完整的系统,还得到许多非常重要的结果.例如,他们研究了圆锥曲线:椭圆,双曲线,抛物线;证明了某些属于所谓射影几何初步的定理;以天文学的需要为指南,建立了球面几何(在纪元一世纪)以及三角学的原理,并计算出最初的一些正弦表(吉巴尔赫——纪元前二世纪,克拉夫基·托勒密——纪元二世纪[1]);确定了一系列复杂图形的面积和体积,比如,阿基米德确定了抛物线弓形的面积,证明它等于包住这个弓形的长方形面积的 2/3 (图 4). 希腊人甚至已经知道了这样一条定理:在所有具有给定表面积的物体中,球有最大的体积,但是这个定理的证明没有保留下来,而这个证明

---

1) 托勒密认为地球是宇宙的中心,星球围绕着地球运动,他是作为这样一个体系的创造者而著名的. 这个体系已被哥白尼推翻了.

是这样困难,可能希腊人未必掌握了定理的完全的证明;这个证明是在十九世纪用积分演算第一次作出来的.

在算术和代数初步的领域中,希腊人也作了不少工作. 正象前面已经指出过的,他们奠立了数论的基础. 例如,他们对素数的研究(欧几里得的关于存在着无限多个素数的定理和寻找素数用的"爱拉托斯芬的筛子")以及解整数方程(丢番图,公元246—330年左右)都是属于这方面的.

我们已经说过,希腊人发现了无理量,但是是在几何上把它们当作线段加以考察的. 因此我们现在在代数上加以考察的许多问题,希腊人是在几何上考察的. 他们对解二次方程和变换无理量的表示就是这样,例如,我们现在写成 $x^2 + ax = b^2$ 形式的方程,他们读作:寻找这样一个线段 x,使得以它为边作成的正方形加上以它和给定的线段 a 为边作成的长方形,就得到一个长方形,它和给定的正方形一样大. 几何的统治地位在希腊人以后还延续了很长时候. 希腊人也知道求出平方根和立方根的方法,知道算术级数和几何级数的性质.

所以,希腊人已经掌握了现代初等代数的许多材料;但是主要的材料还不够,如负数和零,脱离开任何一种几何的无理数,以及发达的字母符号系统. 不过,丢番图已经运用字母符号来表示未知数和它的方次,还有加、减号等特殊记号,因此他写出了代数方程,但是还只带着具体的数字系数.

在几何方面希腊人已经接近于"高等"数学:阿基米德——在面积和体积的计算中接近于积分演算. 阿波洛尼——在关于圆锥曲线的研究中接近于解析几何. 他实际上给出了这些曲线的方程[1],不过是用几何语言来表示的. 但是他们还没有任意常量和变量的一般概念,也没有那种必需的形式——代数的字母符号,这些出现于另一个时代并能使他们的研究变成进入高等数学的新理

---

1) 他给出了带有顶点的圆锥曲线的"方程". 例如,抛物线的"方程"$y^2 = 2px$,他表示成这样:以 y 为边的正方形与以 $2p$ 和 x 为边的长方形一样大(当然,他用相应的线段来代替符号 p, x, y).

论的起源. 这些新理论的创立者过了千年以后在很大程度上还是以希腊学者们的遗作为指针的. 笛卡儿正是从清理希腊人遗留下来的问题着手建立了解析几何基础的著作《几何学》(1637)的.

一般规律是这样的: 引起了新的深刻问题的旧理论, 本身好象停步不前, 而为了进一步发展要求产生新的形式和思想. 这些新的形式和思想的产生又要求另外一些条件. 在古代社会没有也不可能有过渡到高等数学的条件; 这些条件随着自然科学在新时代的发展而出现, 而这种发展在十六—十七世纪又决定于技术和工业的新的需要, 因而是与资本主义的萌芽和发展有联系的.

希腊人透彻地研究了初等几何, 正应该以此来解释这样一个事实, 即几何的光辉发展直到现代开始以前已经穷竭, 而由托勒密、丢番图等人工作中的三角和代数的发展所代替. 可以认为丢番图的工作正是代数占主导地位的时期的开端. 但是直到古代社会末期也还不能把科学进一步推向这新的方向.

应该指出, 远在这以前好几个世纪, 中国算术已达到很高的水平. 中国学者们在纪元前二世纪到一世纪就叙述了三元一次联立方程组算术解的规则. 同时在历史上第一次利用负系数并且表述了对负量进行运算的规则. (但是正象丢番图以后所作出的一样, 他们寻找的解本身只是正的.) 在一些书中已经提出了求平方根和立方根的方法.

3. 随着希腊科学的终结, 在欧洲出现了科学萧条, 数学发展的中心移到了印度、中亚细亚和阿拉伯国家[1]. 在这些地方从五世纪到十五世纪的一千年中间, 数学主要是由于计算的需要, 特别是由于天文学的需要而得到发展; 东方的大多数数学家也就是天文学家. 当然, 他们对于希腊的几何学几乎没有添加任何显著结果; 对这门科学他们只是把希腊人的作品保留给后世. 但是印度、

---

1) 为了表明时间起见, 我们指出某些杰出的东方数学家的生活年代. 印度人: 阿利亚布哈大——生于476年左右; 布拉马贡塔——约598—660年; 巴斯加拉——七世纪; 花剌子模人: 阿里·花剌子模——九世纪; 阿里·比鲁尼——973—1048年; 在阿塞拜疆工作过的纳西艾丁·屠西——1201—1274年; 在撒玛尔干工作过的吉雅赛金·杰姆施德——十五世纪.

阿拉伯和中亚细亚的数学家们在算术和代数领域中达到了巨大成就[1]。

正如我们在§2中讲过的，印度人发明了现代计数法。他们也引进了负数，并把正数和负数的对立与财产和债务的对立或者直线上两个方向的对立联系了起来。最后，他们开始象运用有理量一样地运用无理量，和希腊人不同的是他们没有无理量的几何表示。他们还有表示各种代数运算包括求根的特殊符号。正是因为印度和中亚细亚的学者们没有对无理量和有理量的区别感到困惑，他们才能够战胜几何的"跋扈"（这正是希腊数学的特征），从而使代数从希腊人硬加给数学的笨拙几何外壳中解放出来，打开了真正的发展道路。

伟大的诗人兼数学家奥玛尔·海扬（约1048—1122）和纳西艾丁·屠西已清楚地指明两个量（不管是可通约量还是不可通约量）的任一种比都可以称为数；于是，我们在他们那里就已经找到了数（无论有理数或无理数）的一般定义。这个定义我们在前面§4中作为牛顿的陈述已经提到过。如果注意到负数和无理数得到所有欧洲数学家的完全承认是很迟的事情，甚至迟到欧洲开始了数学的复兴以后，那末这些成就的伟大就表现得特别明显了。例如，著名法国数学家维耶特（1540—1603），代数的许多结果都归功于他，他却避开了负数。在英国甚至到十八世纪还对负数发出抗议。这些数被认为是荒诞的，因为它们比零还少，就是"比没有还少"。而现在负数即使表成负温度形式也成为习惯的了；我们所有的人都能从报上读到和懂得"莫斯科的温度是 $-8°$"意味着什么。

"代数"这个字本身起源于九世纪时的花剌子模数学家和天文学家穆罕默德·伊本·穆斯，阿里·花剌子模（花剌子模的穆斯的儿子穆罕默德）的作品的名称；它的关于代数的著作称作"al-Jabr w-al Mugabalab"，意思是"整理（直译为接骨）和对比。整理——

---

1) 应该注意，把当时数学的发展总是与阿拉伯人联系起来是不对的，"阿拉伯的"数学这个术语多半是因为许多东方学者都采用随着阿拉伯侵略的扩展而流传开来的阿拉伯文字。

al-Jabr—— 就是把负项移到方程的另一边, 对比 ——al Mugabalab ——就是把方程两边的相同项消掉.

阿拉伯字 "al-Jabr" 翻译成拉丁文就变成了 Algebra, 而 al Mugalabab 被略去了, 所以出现了"代数"这个名称本身[1].

顺便提一下, 这个名称的起源完全符合这门科学本身的内容. 代数的基础就是脱离了具体数字在一般形态上形式地加以考察的关于算术运算的学说. 代数的课题首先是变换表示式和解方程的形式规则. 阿里·花剌子模正是用某些一般的形式规则名称为自己的书命名, 从而表示出了代数的真髓.

此后, 奥玛尔·海扬把代数定义为解方程的科学. 这个定义直到上一世纪末以前都还保持着它的意义, 那时在代数中除方程论外还形成了许多新方向, 根本改变了代数的面貌, 但是并没有改变它作为一门关于形式运算的一般学说的总精神.

中亚细亚的数学家们找到了求根和一系列方程的近似解的方法, 找到了"牛顿二项式定理"的普遍公式, 虽然只是用自己的语言表示它, 他们有力地推进了三角学, 把它建成一个系统, 并且计算出非常准确的正弦表. 这些表是数学家吉雅赛金 (约 1427 年) 为了在乌兹别克工作过的著名天文学家乌鲁哥别克在天文学上的需要而计算出来的, 吉雅赛金还发明了十进位小数, 比欧洲再度发明小数早 150 年.

总之, 中世纪时期, 在印度和中亚细亚, 现代十进位计数法(包括小数)、初等代数和三角差不多已完全地形成了. 这时中国科学的成就开始传入邻国, 约在六世纪中国已经知道最简单的不定方程解法, 知道几何中的近似计算以及三次方程最原始的近似解法. 从中学代数课程的材料来看, 十六世纪时所缺少的大概只是对数和虚数. 此外, 还缺乏字母符号系统: 代数的内容胜过它的形式. 但是这种形式是必需的, 因为对具体数字的抽象和一般规则的形成都要求有相应的表示方法, 需要用符号来表示任何数和对于数

---

1) 值得注意的是, 表示计算方法和规则的数学术语"算法" (алгорифм) 也是起源于阿里·花剌子模的名字.

的运算. 阿拉伯符号是符合于代数内容的必要形式. 正象在远古时代, 为了运用整数, 应该制定表示它们的符号一样, 现在为了运用任意数并对它们给出一般规则, 就应该制定相应的符号. 这个任务, 从希腊时代就开始解决, 而直到十七世纪才完成, 这时在笛卡儿和其他人的工作中最后形成了现代符号系统.

4. 在科学复兴时期, 欧洲人向阿拉伯学习, 并且根据阿拉伯文的翻译熟识了希腊科学. 欧几里得、托勒密、阿里·花刺子模的著作在十二世纪才第一次从阿拉伯文译成拉丁文——当时西欧的共同科学语言. 这时候通过早先来自希腊和罗马的计数法的斗争, 从阿拉伯沿袭过来的印度计数法逐渐地在欧洲确定下来了.

只是到十六世纪, 欧洲科学终于第一次越过了先人的成就. 例如, 意大利人塔尔塔里雅和费拉里在一般形式上先解了三次方程, 然后四次方程 (见第四章). (注意, 虽然这些结果没有在中学讲授, 但是按其所用方法的水平是属于初等代数的. 在高等代数中必须包括普遍的方程理论.)

在这个时期第一次开始运用虚数 (当时是纯粹形式的, 没有任何现实的根据, 因为这种现实根据是在很迟以后, 直到十九世纪初才弄清楚的). 现代的代数符号也制造出来了, 其中不仅出现了表示未知数的字母符号, 也出现了表示已知数的字母符号 "a", "b" 等等 (维耶特在 1591 年作出的). 随着代数的发展许多数学家参加了这项工作. 顺便指出, 当时在欧洲出现了十进位小数 (尼德兰学者斯蒂文在 1585 年发明了并且写出了它们).

最后, 在英国纳皮尔发明了供天文计算作参考的对数, 并在 1614 年予以发表, 而布利格计算出来第一批十进位对数表, 是出现在 1624 年[1].

---

1) 指出这样一点是有趣的, 即纳皮尔所定义的对数并不象我们现在所说的: 在公式 $x = a^y$ 中数 y 是 x 以 a 为底的对数. 对数的这种定义较晚才出现. 而纳皮尔的定义同变量和无穷小量的概念联系了起来, 归结为这样的形式: x 的对数 $y = f(x)$ 是这样一个函数, 它的增长速度与 x 成反比, 即 $y' = \dfrac{c}{x}$ (见第二章). 所以, 本质上最原始的定义了对数的微分方程, 虽然那时微分还没有被发明.

当时在欧洲也出现了"组合论"和"牛顿二项式定理"[1]的普遍公式；级数知道得更早. 所以，初等代数的建立是完成了. 同时在十七世纪初，结束了常量数学即初等数学的整个时期，现在中学里学习的就是这些初等数学，只有不多的增添；算术，初等几何，三角，初等代数的一切重要内容在当时都形成了. 以后则是向高等数学——变量数学的过渡.

但是不应该设想初等数学的发展就此结束了. 它仍继续发展着，例如，在初等几何中就不断出现过和将要出现许多新的结果，并且正是因为数学进一步发展，我们才能更清楚地理解初等数学的本质. 但是现在变量、函数、极根等概念在数学中已具有指导的作用. 从初等数学提出的许多问题现在不仅常借助于高等数学中的这些概念以及和它们有关的方法来阐明和解决，而且这些问题有时根本不可能用初等方法去解决. 就是由于有了这些高等数学的概念和方法，从初等数学提出的许多问题现在成了更普遍的结果乃至理论的起源. 这方面的例子有已经提到过的图形的规则系统理论或者一些数论问题，这些问题就其陈述来说是初等的，但就其解决的方法来说却完全不是初等的，关于这些例子读者可在第十章(第二卷)更详细地了解到.

§6. 变 量 的 数 学

1. 到十六世纪，对于运动的研究变成了自然科学的中心问题. 实践的需要和各门科学本身的全部发展使自然科学转向对运动的研究，对各种变化过程和各种变化着的量之间的依赖关系的研究.

作为变化着的量的一般性质及它们之间依赖关系的反映，在数学中产生了变量和函数的概念，而数学对象的这种根本扩展就决定了向数学的新阶段——变量的数学的过渡.

---

1) 这个公式以牛顿为名，不是因为他第一次发现了它，而是因为他把这个公式从正整数 n 推广到任意分数和无理数.

物体沿着给定的轨道运动，比如沿直线运动的规律是这样决定的，即物体走过的路程随时间而增加。

例如，伽利略（1564—1642）确定了落体所通过的路程与时间的平方成比例地增长，发现了落体的规律，这个规律表示成著名的公式：

$$s = \frac{gt^2}{2} \tag{1}$$

（这里 $g \approx 9.81$ 米/秒^2）。

一般地，运动规律给出在时间 t 之内所走过的路程。这里时间 t 和路程 s 是两个变量："自变量"和"应变量"，而对应于每个时间 t 有一段确定的路程 s，这个事实就表示路程 s 是时间 t 的函数。

变量和函数这两个数学概念，无非就是具体变量（如时间、路程、速度、转动角、扫过的面积等等）和它们之间的依赖关系（如路程对时间的依赖关系等等）的抽象概括。正像实数的概念是任意量的值的抽象模型一样，"变量"是变化着的量——在加以考察的过程中必然采取不同值的量——的抽象模型。数学变量 x 无非就是"某种量"，或说得更好一些，不管哪种量，只要能取各种不同数值的量，这就是一般的变化着的量；可以把它理解为时间、路程或任何其他的量。

函数也完全一样，它是一个变量对另一个变量的依赖关系的抽象模型。y 是 x 的函数这个断言，在数学中就表示：对于每个取为 x 的值，对应着一个确定的 y 值。（这种对应本身或 y 值对 x 值的对应规律也就称为函数）例如，按照落体规律，通过的路程与降落时间由上式（1）联系起来。路程是时间的函数。

运动着的物体的能量是通过它的质量和速度按照公式

$$E = \frac{mv^2}{2} \tag{2}$$

来表示的。对于给定的物体，能量是速度 v 的函数。

在导线中有电流通过时单位时间内产生的热量按照已知的规

律以公式

$$Q = \frac{RI^2}{2} \tag{3}$$

来表示,这里 I——电流强度,而 R——导线的电阻. 当电阻一定时,对于每一电流强度的值 I 对应着在单位时间内产生出来的确定的热量 Q. 所以, Q 是 I 的函数.

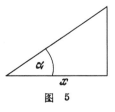

图 5

具有给定锐角 α 和直角边 x 的直角三角形的面积(图 5)以下列公式

$$S = \frac{1}{2} x^2 \, \text{tg} \, \alpha \tag{4}$$

来表示. 当角度 α 确定时,面积是直角边 x 的函数.

所有的公式(1)—(4)可以统一成一个公式:

$$y = \frac{1}{2} a x^2. \tag{5}$$

这就是从具体变量 t, s, E, Q, v 等等过渡到一般变量 x 和 y,从具体的依赖关系(1),(2),(3),(4)过渡到它们的一般形式(5). 如果力学和电学研究的是与具体量联系着的具体公式(1),(2),(3),那末关于函数的数学学说研究的则是与任何具体量都没有联系的一般公式(5).

对于具体量的进一步抽象就是:不是考察像 $y = \frac{1}{2} a x^2$, $y = \sin x$, $y = \lg x$ 等等 y 对于 x 的给定依赖关系,而是考察 y 对于 x 的一般函数关系,以抽象公式

$$y = f(x)$$

来表示. 这个公式的意思是:量 y 是 x 的某个函数,就是说,对于每个可以取为 x 的值,依某种方法对应着一个确定的 y 值. 不但这样或那样的给定函数 ($y = \frac{1}{2} a x^2$, $y = \sin x$ 等等)是数学的对象,而且任意的(更准确地说:多少是任意的)函数也成了数学的对象. 起先是舍弃具体量,而后是舍弃具体函数的这种抽象步骤与

整数概念形成时所经历的抽象步骤相似，即起先是舍弃具体的物体集合而进入关于单个数的概念(1, 3, 12 等等)，再一步抽象就进入任意整数的概念，这种概括是分析和综合，对个别关系的分析和在新概念形式中表现这些关系之一般特征的综合的深刻相互作用的结果.

数学中专门研究函数的领域叫作分析，数学分析或者有时候叫作无穷小量的分析. 这最后一个名称的来源是因为无穷小量概念是研究函数的重要工具(这概念的内容和意义将在第二章中说明).

因为函数是一个量对于另一个量的依赖关系的抽象模型，所以可以说，分析是以变量之间的依赖关系作为自己的对象，但是不是这些或那些具体量之间的依赖关系，而是脱离了它们的内容的一般变量之间的依赖关系. 这样的抽象保证分析有广泛的应用，因为分析在一个公式中，一个定理中包括了无穷多种可能的具体情况. 简单的公式(1)—(5)就是例证. 在这里可以看出分析同算术、代数是完全类似的. 它们都是从一定的实际问题产生，都是在一般的、抽象的形式中反映出现实界的现实的量的关系.

2. 所以，从十七世纪开始的数学的新时期——变量数学时期可以定义为分析出现和发展的时期(这是以前例举过的数学发展的几个重要阶段的第三个). 但是，大家知道，任何一种理论都不能只是由于一些新概念的形成而产生，同样地分析也不能只是出之于变量和函数的一些概念之中. 为了建立理论，尤其是建立像数学分析那样的整个科学部门，必须要使新概念动作起来，要运用它们发现新的相互关系，要使它们能够解决新的问题.

不但如此，新概念本身只是在它们加以解决的那些问题的基础上，只是在把它们包括在内的那些定理的基础上才能发生、发展、精确化和概括化. 变量和函数的概念不是一下子就现成地从伽利略、笛卡儿、牛顿或任何人那里产生出来的. 它们在许多数学家那里萌芽(例如，在纳皮尔那里与对数联系着)，然后在牛顿和莱布尼茨那里采取了或多或少清晰的，但还不是最终的形式，以后它们随着分析的发展而精确化和概括化. 它们的现代定义直到十九世纪才形成,但是这种定义也不是绝对严格和完全终结了的. 函数概念本身的发展直到现在还在继续着.

数学分析是在已形成着的力学的材料基础上, 在几何问题和从代数引出的方法和问题的基础上建立起来的.

在变量数学的建立中第一个决定性步骤出现在 1637 年笛卡儿的作品《几何学》中,在这本书里奠定了所谓解析几何的基础,下面讲一讲笛卡儿的基本思想.

假设我们有方程:

$$x^2 + y^2 = a^2. \tag{6}$$

在代数中,把 x 和 y 理解为未知数,但是因为所给的方程不能把这两个未知数确定,所以从代数观点看来对它没有什么大的兴趣. 而笛卡儿不把它们看作应该从方程解出的未知数,却把它们看作变量;这时方程本身就表示这两个变量之间的依赖关系. 这种方程,在把所有的项都移到左边以后,可以写成如下的一般形式:

$$F(x, y) = 0.$$

其次,笛卡儿在平面上引进了现在称之为笛卡儿坐标 (图 6) 的 x, y, 于是每一对值 x, y 都对应于一个点,反过来,每一个点对应于它的坐标 x, y. 因此,方程 $F(x, y) = 0$ 就决定了平面上的一些点的轨迹,而这些点的坐标满足这个方程. 一般说来,这是

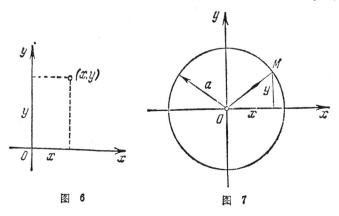

图 6　　　　　　　　图 7

某一条曲线. 例如, 方程(6)决定一个以坐标原点为中心以 a 为半径的圆. 事实上从图 7 可以看出: 按照毕达哥拉斯定理, x^2+y^2 等于从原点到坐标为 x, y 的 M 点的距离的平方. 所以方程 (6) 确定了与原点的距离是 a 的那些点的轨迹, 也就是圆.

反之, 由这样或那样几何条件所决定的点的轨迹也可以给出借助于坐标用代数语言表达同样条件的方程. 例如, 决定圆的几何条件——圆就是与给定点等距离的那些点的几何位置——这个条件若用代数语言即以方程(6)表示.

这样, 解析几何的一般课题和方法就是: 以带有两个变量的这个或那个方程来表示平面曲线并且根据方程的代数性质来研究相应曲线的几何性质, 以及反过来: 根据给出曲线的几何条件, 找出它的方程, 然后再根据方程的代数性质来研究这条曲线的几何性质. 几何问题可以用这样的方法归结为代数问题, 以及归根到底归结为数量的关系和计算.

关于解析几何方法的内容将在第三章中详细说明. 现在我们只注意到这样一点, 即从我们以上简短的叙述中就可以看出: 几何、代数和一般变量概念的结合是这个方法的起源. 解析几何基础中的主要几何内容是圆锥曲线(椭圆、双曲线、抛物线)的理论. 这个理论, 我们已经指出过, 早在古代就得到了发展; 阿波洛尼的结论已在几何形式上包括了圆锥曲线的方程. 这种几何内容同希腊时期以后由数学发展已准备好的代数形式结合, 又同由研究运动而产生的一般变量概念结合就构成了解析几何.

如果对希腊人来说, 圆锥曲线只是具有纯粹数学兴趣的对象, 那末到了笛卡儿时代, 研究它们就对天文学、力学和技术都有现实的意义. 刻普勒 (1571—1630) 发现行星是沿椭圆形轨道围绕太阳运动, 伽利略则确定: 投掷的物体, 比如石头或炮弹, 是沿抛物线飞出(如果可以忽略空气阻力, 则是第一级的近似). 因而, 有关圆锥曲线各种数据的计算成为迫切必要的了. 笛卡儿的方法正是解决了这个迫切的问题. 总之, 这个方法是由以前数学的发展所准备好的, 是由科学和技术的迫切需要而引起的.

3. 牛顿和莱布尼茨在十七世纪后半叶建立了微积分,这是变量数学发展的第二个决定性步骤. 这也正是分析的实际产生,因为微积分和解析几何不同,它的对象是函数本身的性质,而解析几何的对象毕竟还是几何图形. 事实上牛顿和莱布尼茨只是把许多数学家都曾参加过的巨大准备工作完成了, 它的原理却要溯源于古代希腊人所创制的确定面积和体积的方法.

我们不在这里解释微积分基本概念的内容,以及继它们之后的分析理论——这些理论将在专门一章中说明. 我们现在只注意微积分的起源, 主要是力学的一些新问题和几何的一些相当老的问题:作曲线的切线和确定面积和体积等问题成了微积分的起源. 还在古代就有人研究过这些问题(只要提到阿基米德就足够了); 在十七世纪初刻普勒、卡瓦列里和其他许多数学家也研究过这些问题. 但是这两类问题之间的显著关系的发现以及解决这些问题的一般方法的形成具有决定性的意义——这应归功于牛顿和莱布尼茨.

从坐标方法中引出表示一个量对另一个量的依赖关系的图示法(即函数的图示法)的可能性是发现力学问题和几何问题之间的显著关系的基础. 根据以曲线表示函数的图示法,容易阐明作为微积分起源的力学问题和几何问题的关系是什么, 以及微积分的内容是什么.

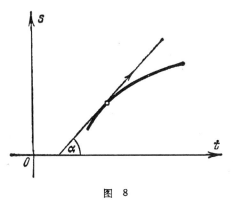

图 8

已知路程对时间的关系时, 微分基本上就是寻求运动在任意给定时刻的速度的方法. 这个问题是用"微分法"解决的. 而这个问题和在给出路程与时间关系的图示的那条曲线上作切线的问题完全相当. 在 t 时刻的速度就是图上对应于 t 的那一点上的切线的倾角的正切值(图 8).

已知速度对时间的关系时，积分基本上就是寻求所通过的路程的方法(或者一般地，寻求变量作用的总结果).这个问题，显然是微分问题即寻求速度问题的反问题，它是用"积分法"解决的.而这个问题又和寻求在给出速度与时间关系的图示的那条曲线下的面积的问题完全相当.从 t_1 时刻到 t_2 时刻所通过的路程等于图上速度曲线下，对应于 t_1 和 t_2 的两条直线之间的面积值(图 9).

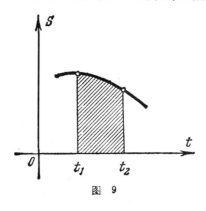

图 9

为了得出纯粹形式的微积分问题的一般概念，应该摆脱开对微积分问题的力学方式的提法，应该讨论一般函数，而不是讨论路程与时间或速度与时间的依赖关系.

除了变量和函数概念以外，以后形成的极根概念也是微积分以及进一步发展的整个分析的基础.在分析形成的时期中，极限概念代替了当时运用的不大确切的无穷小量概念.按照路程变化规律，实际计算速度——"微分"和按照速度实际计算路程——"积分"的方法是以结合极根概念运用代数为基础的.分析就是由于这些概念、方法与我们提到过的各种力学问题、几何问题以及某些其他问题(例如，求极大和极小的问题)相结合而产生的.分析对于力学的发展已是必不可少的东西，在力学规律自身的形成过程中就已隐讳地出现了分析的概念.牛顿自己把他的第二定律表述成："动量的变化和作用力成正比".更确切些说:动量变化的速度和力成正比.为了运用这条定律，就必须会确定某个量的变化速度，就是说会求微分.如果我们用加速度与力成正比的说法来表述这条定律，那末问题仍然存在，因为加速度无非是速度变化的速度.同样地容易理解:为了确定由给定的变化着的力引起的，也即一般常说依给定的变加速度进行的运动的规律，就必须会解决相反的问题——由量的变化速度找出这个量本身，就是说，必须求积分. 可以说，牛顿为了有可能发展力学才被迫发明了微积分.

4. 同微积分一道，还产生了分析的另外一些部分：级数理论（见第二章 §14），微分方程论（见第二卷第五章，第六章），将分析应用于几何以后，就从几何中分离出一个特殊部门——称为微分几何，是关于曲线和曲面的一般理论（见第二卷第七章）. 所有这些理论也都是因力学、物理学和技术问题的需要而产生并向前发展的.

微分方程论——分析的最重要的一支，是研究这样一种方程，方程中的未知项已经不是量，而是函数，即一个量对另一个量或另几个量的相依规律. 容易理解，这样的问题从何而来. 在力学中要求确定物体在给定条件下的运动规律，而不是速度或路程的某一个值. 在流体力学中，要求按照流体总量找出速度的分布，就是找出速度对于空间三个坐标以及时间的依赖关系. 同样，在电磁理论中要求找出整个空间中的场强，就是场强对于三个坐标的依赖关系. 还有许多其他类似的问题.

这类问题常常是从包括流体动力学和弹性理论的力学、声学、电磁理论以及热学中产生的. 总之，从分析本身产生之日起，它的发展就紧密地联系着力学和整个物理学的发展. 分析的一些最伟大成就总是和解决上述科学部门所提出的问题有关. 从牛顿起，最伟大的分析学家：伯努利（1700—1782）和欧拉（1707—1783），拉格朗日（1736—1813）和庞加来（1854—1912），奥斯特洛格拉特斯基（1801—1861）和李雅普诺夫（1857—1918）以及许多其他的人，他们为分析开辟新道路的工作通常都是从当时精确科学的迫切问题出发的.

新理论就是这样产生的：欧拉和拉格朗日和力学直接相联系建立了分析的新分支——所谓变分学（见第二卷第八章），而在十九世纪末，庞加来和李雅普诺夫又是从力学问题出发，建立了所谓微分方程定性理论（见第二卷第五章 §7）.

在十九世纪, 新的重要分支——复变函数论使分析的内容更充实了(见第二卷第九章). 这个理论的萌芽曾出现在欧拉和某些其他数学家的作品中, 但是直到十九世纪中叶, 而且很大程度上是从法国数学家柯西(1789—1857)开始才形成严谨的理论. 由于这个理论本身内容的丰富, 更因为它能够深刻地渗透到分析的一系列定律中, 并且它对于数学本身, 物理学以及技术的许多重要问题的解决都有重要的应用, 所以它很快地就得到极大发展, 获得重大的意义.

分析蓬勃地发展着, 它不仅成为数学的中心和主要部分, 而且还渗入数学中较古老的范围, 如代数、几何甚至数论. 人们开始把代数理解为基本上是关于以多项式来表示的单变量或多变量函数的学说[1]. 解析几何和微分几何开始在几何中居于统治地位. 最后, 欧拉已经把分析方法引入数论, 从而奠定了所谓解析数论的基础, 它的发展联系着关于整数的科学的最深刻成就.

通过分析及其变量、函数和极限等概念, 运动、变化等思想, 使辩证法思想渗入了全部数学. 同样地, 基本上是通过分析, 数学才经受了精确科学和技术的影响, 数学才在自然科学和技术的发展中成为精确表述它们的规律和解决它们的问题的方法. 正像在希腊人那里, 数学基本上就是几何一样, 可以说, 在牛顿以后, 数学基本上就是分析了. 当然, 分析不能包括数学全部; 在几何、数论和代数中都保留着它们特有的问题和方法. 比如, 还在十七世纪, 与解析几何同时, 就产生了几何的另外一支——射影几何, 纯粹几何的方法在射影几何中占统治地位. 它以物体在平面上的映像(射影)问题作为自身的起源, 因而特别应用于画法几何.

这时还产生了数学的重要新部门——概率论, 它以在大量现象中发现的规律性作为自己的对象, 例如许多次的射击和投掷钱

---

1) 这就是, 例如 $y = a_0 x^n + a_1 x^{n-1} + \cdots + a_n$ 这样形式的函数. 这个时期代数的基本问题(解方程 $a_0 x^n + a_1 x^{n-1} + \cdots + a_n = 0$)无非就是要找出这样一些 x 的值, 把这些值代入后函数 $y = a_0 x^n + a_1 x^{n-1} + \cdots + a_n$ 就等于零. 解(方程的根)本身的存在, 即代数的基本定理, 是用分析来证明的(见第四章第三节).

币. 概率论近来对物理学和技术具有特殊的意义；俄国的和苏联的数学家们的工作在促使概率论的兴盛方面起了很大作用，它的兴盛也决定于从自然科学和实践中提出的问题以及分析方法的运用. 这个理论的特点是：它研究"随机事件"的规律，给出了研究出现于偶然性中的必然性的数学方法. 概率论的基础将在第二卷第十一章中说明.

5. 尽管分析具有抽象的性质，却给予自然科学和技术以解决各式各样问题的有力方法. 我们已经提过其中的一些问题：已知某量本身和时间的关系时求这量的变化速度；确定曲线图形的面积和物体的体积；确定某个过程的总结果或变量的总作用. 又如，积分可以确定当压力按已知规律变化时气体膨胀所作的功；积分还可以从确立一个点电荷的场强的库伦定律出发，计算任何复杂的电荷系统的场强，等等.

此外，分析给出在这样或那样条件下求量的最大值和最小值的方法. 例如，借助于分析，容易确定当体积一定时具有最小表面积的圆柱形水槽的形状，因而耗费材料最少. 可以证明当水槽的高等于它的底的直径时就是所要求的形状 (图 10). 分析可以找出这样一条曲线的形状，物体沿着它从一个给定点滚到另一个给定点所需时间最短(这条线就是所谓的旋轮线，图 11).

读者将在第二章和第二卷第八章中知道怎样来解决这些以及另外一些类似的问题.

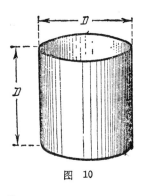

图 10

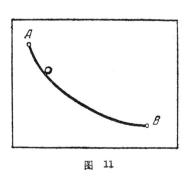

图 11

分析,更准确地说是微分方程论,不仅给出寻找变量的个别值的可能性,而且给出寻找未知函数也即一些量对另一些量的依赖规律的可能性.比如,我们能够根据电流的一般规律,计算把电压接到带有已知电阻、电容和自感的电路中时电流强度和时间的关系.我们能够确定液体流动的规律,以及在给定流动条件下,整个流体的速度分布规律.我们能够导出弦和膜的振动的一般规律,在各种介质中振动传播的规律:包括声波、电磁波、以及地震和爆炸发生时在地中传播的弹性波等;顺便提一下,这就对勘探有价值的矿藏和深入研究土壤提供了新的方法.读者将在第二卷第五章和第六章中碰到几个这类的问题.

最后,分析不仅给出这些或那些问题的解决方法,它还给出了精确科学的定量规律的数学表述的一般方法.正如我们以前已经讲过的,力学的一般规律如果不用分析概念就不能在数学上表述出来,而没有这样的表述,我们就没有可能解决力学问题.同样地,热传导,扩散,振动的传播,化学反应的进程的一般规律,电磁学的基本规律以及许多许多其他规律如果不借分析概念简直都不可能在数学上准确地表述出来.只是由于有了这样的表述,这些规律才能用于各种具体情况,才能在涉及热传导、振动、溶解、电磁场的各个问题中,在力学、天文学、物理学的众多的部门中,在化学、热工、力能学、机器制造、电工等等诸如此类的问题中得到准确的数学结论.

6. 在希腊几何的历史上,欧几里得所作的严格和系统的叙述结束了以前发展的漫长道路.和这情况相似,随着分析的发展也必然要求对它作出论据,比它的实际方法的第一批创造者:牛顿、欧拉、拉格朗日和其他人所作出来的要更严格和系统化.他们所建立的分析随着自己的成长,首先导致越来越深刻和困难的问题,其次它的内容就要求它的基础具有很大的系统性和周密性.这样,理论的数量上的增长必然引起更好地论证理论,使理论系统化,批判地审查理论的基础等这样一些任务.理论的论证表现为理论的现有发展的总结,而不是出发点,因为离开理论,简直不知道应该论证什么．恩格斯说："原则不是研究的出发点，而是它的终了的结果．"[1] 顺便说一下，现代某些形式主义者们常常忘记这一点，以为从公理出发来说明甚至发展理论是最合适的，而不需对这些公理所应当总结的现实内容作任何甄别．但是公理本身需要具有内容的论证；它们只不过总结了另外一些材料并对理论的逻辑结构提供基础[2]．

对于分析来说，批判，系统化和论证的必要时期是在上世纪中叶来到的．这项重要和困难的工作由于许多杰出学者的努力而胜利地完成了．特别是获得了实数、变量、函数、极根、连续性等基本概念的严格定义．

但是，正如我们已经指出过的，这些定义的任一个都不能认为是绝对严格和完全终结了的．这些概念正在继续发展．欧几里得和他以后两千年之内的所有数学家，毫无疑问，都认为欧几里得的《原本》一书几乎是逻辑严格性的标准．但是现在，从现代的观点看起来，欧几里得对几何的论证是十分表面的．这个历史的例子告诉我们，不应该迷惑于对现代数学的"绝对"和"彻底"的严格性的估计．在还没死去和变成木乃伊的科学中，没有也不可能有什么完全终止了的东西．但是我们可以确信地说：第一，现在已经确立的分析基础能够很好地适应现代科学任务，适应关于逻辑准确性的现代概念；第二，这些概念的继续深化和围绕这些概念正在进行着的讨论没有引起也不会引起人们简单地抛弃这些基础；但是却将导向对这些概念的新的、更准确和更深刻的理解，至于其结果，现在也许还难于完全判断．

虽然理论原则的建立是其发展的总结，但不能成为它的终结，相反地，正是它的新的运动．分析的情形也是这样．由于它的基础的准确化产生了新的数学理论——在上世纪七十年代由德国数学家康托尔所建立的任何抽象对象的无穷集合的一般理论，比如

<hr>

1）恩格斯，反杜林论，43 页，人民出版社，1956 年版．
2）公理的这种二重性的作用，有时甚至在带有方法论性质的文集中都遭到忽视，从而把不是它的固有的作为理论的绝对论证的意义硬加给公理结构．

数的集合, 点的集合, 函数的集合或另外一类"东西"的集合. 在这些思想的基础上成长起分析的新部门——所谓实变函数理论——关于它的概念, 以及关于分析的基础和集合论的概念都将在第三卷第十五章中说明. 同时, 集合论的一般思想渗入到数学的所有部门. 但是这种"集合论观点"与数学发展的新阶段不可分割地联系着, 我们现在就转到对这个新阶段的简要考察.

§7. 现 代 数 学

1. 数学教育上的各个阶段很自然地与§5中讲过的数学发展的四个阶段相适应, 在不同教育阶段上所得到的数学知识水平, 足够准确地相当于每一发展阶段的基本内容.

在数学发展的第一个时期所获得的算术和几何的基本结果已为我们大家所熟知, 并且成为初等教育的内容. 例如, 为了确定完成某件工作, 如铺装地板所需用的材料的数量, 我们已经运用了数学的这些最初结果.

第二个时期——初等数学时期的最重要成就已成为中等学校的教学内容.

第三个时期的基本结果(分析的基础, 微分方程论, 高等代数等)成为每个工程师的数学训练的主要内容; 除了人文科学部门以外, 每一个高等学校, 每一个系都要这样或那样地学习这些内容. 因此, 这个时期的数学的基本思想和结论已广泛地为众人所知, 几乎所有的工程师和自然科学工作者都或多或少地运用着这些结果.

相反, 数学发展的最近阶段, 现代阶段的思想和结果基本上只是在各专业的物理-数学系学习. 除了数学方面的专家, 还有力学、物理学以及一些新技术部门领域中的科学工作者运用这些思想和结果. 当然, 这完全不表示它们与应用脱节了, 但是它们是科学发展中的最新结果, 自然显得更复杂些. 所以现在转到阐述数学发展最近阶段的一般特征时, 不能指望我们简短地讲述的全部内容都完全明白易懂. 我们试图简略地仅仅给出数学的这些新分支的最一般的特征, 它们的内容将在本书相应的各章中更详尽地加以解释.

如果这一节读起来过于困难, 初读时可以略过. 而在读过后面各专门章节以后, 再回头来读这一节.

2. 数学发展的现代阶段的开端, 以其所有基础部门: 代数、几何、分析中的深刻变化为特征. 以几何为例加以考察, 这种变化就可以看得最为清楚. 新的非欧几里得几何学在 1826 年由罗巴切夫斯基几乎也同时由匈牙利数学家雅诺什·波约所发展. 罗巴切夫斯基的思想远不是一下子就为所有数学家所理解的, 因为这些思想太大胆和出乎意外了. 但是, 正是从这时候起, 开始了几何的原则上的新发展, 改变了对于几何是什么的本来理解. 几何的应用对象和范围很快地扩大了. 1854 年著名的德国数学家黎曼继罗巴切夫斯基之后在这个方向上完成了最重要的步骤. 他明确地表述了几何所能研究的"空间"数目无限的一般思想, 同时指出了这种"空间"的可能的现实意义.

在几何的新发展中以下列两个情况为特征.

第一, 如果在以前, 几何只是研究物质世界的空间形式和关系(并且仅仅在欧几里得几何范围所反映的程度上), 那末在现在, 现实界的只是同空间形式和关系相似的其他形式和关系也成了几何的对象, 所以在研究它们的时候, 可以利用几何的各种方法. 因此, "空间"这个术语在数学中获得了新的更广泛的, 也是更专门的意义, 同时几何方法本身也大大地丰富和多样化了(反过来, 这些方法提供了认识我们周围物理空间的更完善的工具, 几何的最初形式就是从这个物理空间抽象出来的).

第二, 甚至在欧几里得几何中也发生了许多重要变动: 其中研究了复杂得多的图形乃至任意点集的性质. 出现了对所研究的图形性质本身的原则上的新观点. 把性质划分为单独的各组. 这些性质是脱离了其他性质来加以研究的, 这种脱离, 这种抽象已经在几何内部形成一些独特的几何分支, 这些分支本质上都是独立的

"几何". 几何的发展在所有这些方向上继续着,各种新而又新的"空间"和它们的"几何":罗巴切夫斯基空间,射影空间,各种不同维数的欧几里得空间和其他空间,例如,四维的黎曼空间、芬斯勒空间,以及各种拓扑空间等,都成为几何研究的对象. 这些理论既在把几何除外的数学本身中具有重要应用, 在物理学和力学中也有重要的应用,并且特别值得注意的是它们在作为空间、时间和引力的现代物理理论的相对论中的应用. 从以上所讲的可以看出,我们谈到的是几何的质变.

现代几何的思想以及几何中所研究的各种空间的学说的某些要素将在第三卷第十七章和第十八章中加以叙述.

8. 代数也发生了质的变化. 在上一世纪的前半叶产生了一些新理论,这些新理论引起了代数的变化,引起了代数的对象和应用范围的扩展.

正如我们在§5中所讲过的, 代数在它最初的基础上是关于对数字的算术运算的学说,这种算术运算是脱离了给定的具体数字在一般形态上形式地加以考察的. 这种抽象表现为下列事实,即代数中,凡量都以字母表示,按照一定的形式法则对这些字母进行计算.

现代代数在保持这种基础的同时,又把它大大地推广了. 现在在代数中还考察比数具有更普遍得多的性质的"量",并且研究对这些量的运算, 这些运算在某种程度上按其形式的性质说来是与加、减、乘、除等普通算术运算类似的. 矢量是最简单的例子,我们知道,矢量按照平行四边形法则相加. 在现代代数中进行的推广达到这样的程度,以致"量"这个术语本身也常常失去意义,而一般地是讨论"对象"了,对于这种"对象"可以进行同普通代数运算相似的运算. 例如,两个相继进行的运动显然相当于某一个总的运动,一个公式的两种代数变换可以相当于一个总的变换等等. 与此相应,就可以谈到运动或变换所特有的一类"加法". 现代代数在一般抽象形式上研究所有这样一些和另外一些类似的运算.

向这个方向发展的新代数理论,是从上一世纪前半叶的许多数学家的研究中形成的，其中尤以法国数学家伽罗华（1811--1832）著称．现代代数的概念、方法和结果在分析、几何、物理以及结晶学等等中都有重大的应用．特别是在§3末提到过的费得洛夫所发展的晶体对称学说就是依靠几何与新代数理论之一——所谓群论的结合．

我们看到，问题涉及的是代数的对象的根本的、质的推广，以及对于代数是什么的理解本身的变化（现代代数的思想和它的某些理论的要素将在第三卷第二十章和第十六章中叙述）．

4. 具有其抽象性的分析也发生了深刻变化．首先，正象在上一节中所讲过的，它的基础得到了精确化，特别是得到了它的基本概念：函数、极限、积分，最后是变量概念本身的精确和普遍的定义（还给出实数的严格定义）．分析基础精确化的原则是由捷克数学家波尔察诺（1781—1848），法国数学家 柯西（1789—1857）以及许多其他数学家建立的．这种精确化与代数和几何的新发展属于同一时期；它在相当程度上是在上一世纪八十年代由德国数学家魏尔斯特拉斯、戴德金和康托尔完成的．其次，正如§6末所讲的，在数学新思想的发展中起过重大作用的无穷集合理论奠定了基础．

与集合论有关的变量和函数概念的精确化为分析的进一步发展打下基础．转向了对更一般的函数的研究；在相应的方向上，分析工具——微分和积分得到了推广．比如，在我们这一世纪的前夕产生了已在§6中提过的叫作实变函数理论的分析新部门，这个理论的发展首先应归功于法国数学家波雷尔、勒贝格等人，然后应特别归功于鲁金（1883—1950）及其学派．分析的所有新部门整个地称之为现代分析，以便同以前的、称为经典的分析相区别．

在分析中还产生了其他的新理论．例如分离出一个函数逼近理论的特殊部门，这是研究一般函数以各种"简单"函数，首先是以多项式即形如

$$a_0 x^n + a_1 x^{n-1} + \cdots + a_{n-1} x + a_n$$

的函数来最好地近似表示的问题．

函数逼近理论仅仅在为函数的实际计算，为较简单的函数近似地代替复杂函数提供一般根据方面，就有着极重要的意义．这个理论的萌芽还是在分析产生的同时就发生了．伟大俄国数学家车比雪夫(1821—1894)给它指出了新方向．这个方向以后在所谓函数结构理论中得到发展，主要是由于苏联数学家的工作，特别是伯恩斯坦(1880年生)在这方面作出了最重要的结果．关于函数逼近问题将在第二卷第十二章讲得．

以前已经讲过复变函数理论的发展．我们应该还记得由庞加来(1854—1912)和李雅普诺夫(1857—1898)的工作奠下了基础的微分方程定性理论，在第二卷第五章中将给出它的概念以及积分方程的理论等等．这些理论对于力学、物理学和技术都有很大的实际意义．比如，微分方程定性理论能解决关于运动、机械工作、电振动系统等等的稳定性问题．在最一般的意义上说，过程的稳定性就是：当起始条件或其运行条件有微小变化时，在全部时间过程中整个秩序的变化也小得微不足道．这类问题的技术价值是无须加以说明的．

5. 在分析和数理物理发展的基础上同几何和代数的新思想相结合，产生了新的宽广领域——在现代数学中起着特殊重要作用的所谓泛函分析．许多学者参与了它的创建工作；我们要提到，例如，近代伟大德国数学家希尔伯特(1862—1943)，匈牙利数学家李斯(1880—1956)，和波兰数学家巴拿赫(1892—1945)．年青的苏联学者获得了这个领域内与数理物理联系着的许多重要结果．将用第三卷第十九章单独一章来讲泛函分析．

这个数学新部门的本质可以简述于下．如果在经典分析中的量即"数"是变的，那么在泛函分析中就把函数本身看作是变的．某一给定函数的性质在这里不能独自地确定，而是在这个函数对另外一些函数的关系上确定的．所以考察的已经不是一些单个的函数，而是所有以这种或那种共同性质为特征的函数的集合，例如，所有的连续函数．函数的这种集合结合为所谓的"函数空间"．这和那些情形相对应，例如，我们可以考察平面上所有曲线的集合或一定力学系统的所有可能运动的集合，在单个曲线或运动同其他曲线或运动的关系上来确定单个曲线或运动的性质.

从对单个函数的研究或探讨过渡到对变函数的考察类似于从未知数 x, y 过渡到变数 x, y，这就是说类似于上节所讲过的笛卡儿的思想. 由于这种思想，笛卡儿提出了代数与几何的著名的结合——曲线方程，这种结合成为分析产生的决定性因素之一. 和这种情况相似，现在变函数的概念与现代代数和现代几何的思想相结合产生了新的泛函分析. 正如分析为当时建立的力学的发展所必需一样，泛函分析给出了解决数理物理问题的许多新方法，并成为新的原子力学、量子力学的数学工具. 历史在一定的程度上重复着，但是是按照新的式样，在更高阶段上重复. 正象我们所讲的，泛函分析把分析、现代代数和几何的基本思想和方法结合起来，反过来也对它们的发展显示出影响. 从经典分析中引出的许多问题现在正是常常以泛函分析为工具而获得了新的一般的解答. 现代数学的最一般和抽象的思想都集中在这里，如同集中在一个焦点上一样，并给出许多实际的效果.

从这个简短的叙述中，从这个分析的新方向(实变函数理论，函数逼近理论，微分方程定性理论，积分方程理论，泛函分析)的简单列举中就可以了解，我们讲到的，的确是分析发展的重要新阶段.

6. 在任何时候，计算工具的技术水平对数学方法本身都显示出重大的影响. 但是我们所掌握的实行计算的工具直到最近以前都是有很大局限性的. 最简单的设备(算盘式的)，各种对数表和对数尺，算术计算机，最后，分析计算机和自动算术计算机——这些就是二十世纪四十年代以前所有的基本计算工具. 这些工具多少保证较快地实行一些个别的运算(加、乘等等). 但是，为了得出实际问题的数字结果，时常要求按照复杂的程序进行极大量的运算，而且运算的程序常常取决于计算过程中得出的结果，这种问题的解答看来实际上是得不到的或者由于费时过长而完全失去价值.

在最近十年中我们眼看到整个计算技术水平发生了根本变化. 根据新的原则建立起来的现代计算机可以使计算具有非常快的速度, 并且可以按照预先指定的十分灵活的程序自动地进行复杂的计算序列. 与现代计算机的结构和意义有关的某些问题将在第十四章中讲述.

新的技术不仅使以前难以实现的研究工作成为可能, 而且改变了对许多已知的数学结论的估价. 它特别促进了近似方法的发展, 这种方法能够运用基本运算的序列达到具有足够大的准确度的必需的数字结果. 并且对于这些方法是从在相应的机器上加以实现是否便利的观点上来估价的.

数理逻辑和新的计算技术的发展紧密相关. 它首先是从数学内部由于本身发生困难的需要中发展起来的, 并以数学证明的分析作为自己的对象. 作为数学的一部分, 数理逻辑把一般逻辑中那些客观上可以形式化并且可以用数学方法来发展的部分包括到自身中来.

一方面, 数理逻辑溯源于数学的起源和基础, 另一方面它又和计算技术的最新课题紧密相连, 自然, 那种导致建立一个特定过程 (这个过程可以得到任意高的准确度的近似结果) 的证明同关于这个或那个结果存在与否的更为抽象的证明是本质上不相同的.

由于研究这样一类问题 (这类问题一般显然可以用导致唯一结果的, 完全确定的方法来掌握) 的普遍性的限度, 产生了一类特殊范围的问题. 在这方面数理逻辑得到了许多深刻的结果, 这些结果从一般认识论观点看来也是十分重要的.

可以毫不夸张地说, 在这个与新计算技术的发展和数理逻辑的成就紧密相关的新时期, 现代数学的特点就是: 研究对象不仅仅是这样或那样的客体, 而且还有用来研究这个客体的那些方法和形式; 不仅仅是这些或那些课题, 而且还有解决这些课题的可能的方法.

对以上所说的还要补充一点: 在现代数学的整个时期中, 一些较老的数学部门——数论、欧几里得几何、经典代数和分析、概率论等都继续急骤地发展着，以新的原则、思想和结果丰富着自己．例如，俄国和苏联的数学家车比雪夫、费得洛夫、维诺格拉朵夫以及其他人在数论和直观几何中提出了许多思想和结果．概率论的广泛发展与统计物理的一些最重要规律和许多现代技术问题联系着．

7．从刚才已考察的几何、代数和分析的发展中所表现出来的整个现代数学的最一般的特征是怎样的呢？

首先是数学对象的大大扩展，它的应用范围的大大扩展．数学对象和应用范围的这种扩展同时也表示数学在质上和量上的成长，新的理论与强有力的数学方法出现了，它们能够解决那些以前完全不可能解决的问题．并且数学对象的扩展的特点首先就是现代数学有意识地给自己提出了研究量的关系和空间形式的可能类型的任务．

现代数学的另一个特点——这就是新的概括性概念的建立，新的更高的抽象程度．正是这个特点保证了数学的统一，尽管数学的分枝不断成长并且多种多样．在那些互相离得很远的领域中，概括性概念和理论揭示出统一的和一般的东西．这些概念也保证了数学的基本部门——几何、代数、分析的方法的有相当的一般性，广泛的应用以及深刻的相互渗透．

集合论观点的统治地位也是现代数学特点．当然，这个观点本身正是因为总结了由以前的数学发展所积累起来的内容丰富的材料才获得意义的．

最后，对数学基础的更为深刻的分析，对数学概念的相互关系，单个理论的结构的分析，对数学证明和结论的方法本身的分析也是现代数学的特点之一．没有这种对基础的分析，概括性的原则和理论本身就不能进一步完善和发展．

现代数学的决定性特点可以这样来看，即它的对象不仅是已给出的，而且也是可能的量的关系和形式．在几何中研究的不仅是空间的关系和形式而且还研究和空间的关系和形式相似的、可能的关系和形式．在代数中研究的是各种具有可能的运算规律的抽象对象系统．在分析中，不仅量是变的，而且函数本身也成为变的. 所有这种或那种类型的函数, 也就是变量之间的可能的相互关系构成函数空间. 因此, 简要地说, 如果初等数学是常量数学, 继其后的一个时期的数学是变量数学, 那末, 现代数学就是各种量之间的可能的, 一般说是各种变化着的量的关系和相互联系的数学. 当然, 这个定义是不完全的, 不过它能一般正确地标志出现代数学的特点, 这个特点决定了现代数学与过去时代的数学的质的区别.

§8. 数学的本质

1. 现在我们用所有已经论述的作基础转到关于数学的本质的一般结论.

恩格斯在《反杜林论》的一节中说明了数学的本质, 我们在这里将要引用这个精辟的片断.

读者容易在恩格斯的说明里认出前面已经说过的, 例如, 关于算术和几何的结论; 这是可以理解的, 因为我们叙述了数学发生和发展的实际历史, 并且是以辩证唯物主义为指导来理解这个历史的. 辩证唯物主义所以能得出正确的结论, 正是因为它不把任何东西强加于事实, 而是把事实按它们本来的样子加以研究, 也就是说, 在它们的必然联系和发展中加以研究.

恩格斯对于数学本质的论述是从批判杜林的荒诞观点, 特别是所谓数学研究的是同经验无关的"纯粹理性"的创造物这种错误见解开始的. 恩格斯写道:

"可是如说在纯数学中理性所涉及的只是自身的创造和想象的产物, 那是完全不对的. 数和形的概念不是从任何地方得来, 而仅仅是从现实世界中得来的. 人们用十个指头算数目, 就是说作第一次的算术运算, 这十个指头可以是一切别的东西, 但总不是理性的自由创造物. 要作计算不但要有被计算的对象, 而且还要具有这样的能力, 使其在考察这些对象时, 能够摆脱其他的特性而仅仅顾到数目. 而这种能力则是长期的依据于经验之上的历史发展

· 61 ·

的结果. 和数的概念一样,形的概念也完全是从外部世界得来的,而不是在头脑中从纯粹的思维中产生出来的. 要能达到形的概念,先应当存在具有一定形状的物体,而且应把这些形状拿来比较. 纯数学是以现实世界的空间的形式和数量的关系——这是非常现实的材料——为对象的. 这些材料表现于非常抽象的形式之中,这一事实只能表面地掩盖它的来自现实世界的根源. 可是为要能够在其纯粹状态中去研究这些形式和关系, 那末就必须完全使它们脱离其内容,把内容放置一边作为不相干的东西; 这样我们就得到没有面积的点,没有厚度和宽度的线,各种的 a 和 b, x 和 y, 常数和变数; 只有在结末我们才达到理性本身自由创造和想象的产物——虚数值. 甚至在数学上的量的相互演算似乎是先验的, 也并不证明它们的先验的来源,而只是证明它们的合理的相互关系. 矩形以其一边为中心而旋转得到的圆柱形, 要得到这样的概念, 那末先就需要研究一定数量的现实的矩形和圆柱形, 虽然是形式极不完全的矩形和圆柱形. 和其他所有科学一样, 数学是从人们的实际需要上产生的:是从丈量地段面积和衡量器物容积,从计算时间,从制造工作中产生的. 可是和所有其他的思维领域一样,从现实中抽象出来的规律,在一定的发展阶段上就和现实世界相脱离,并且作为某种好似独立的东西, 好似从外面来的规律——世界应当与此规律相适合——而与之相对立. 在社会和国家如此,在纯数学上也正是如此,而不是别的样子,它也是往后被应用于世界上来的,虽然它是从这一世界得出来的,并且仅仅反映世界联系形式的一部分——仅仅因为如此,数学才能被一般地应用"[1].

2. 这样,恩格斯强调指出,数学是反映现实界的,它产生于人们的实际需要, 它的初始概念和原理的建立是以经验为基础的长期历史发展的结果. 我们已经在算术和几何的例子中十分详尽地研究了这个事实.

我们相信,数、量、几何图形等概念正是这样产生的,它们反映现实界的量的关系和空间形式. 分析的基本概念也同样是反映现

———————
1) 恩格斯,反杜林论, 37 页,人民出版社, 1956 年版.

实的量的关系，它们是在概括大量具体材料的基础上逐渐建立起来的；例如，函数概念是在概括的、抽象的形式中反映现实的量之间的不同依存关系的．

综合了所有这些事实，恩格斯就得出这样的基本结论：数学以确定的完全现实的材料作为自己的对象，不过它考察对象时完全舍弃其具体内容和质的特点．这就使得，正如我们看到的那样，数学不同于自然科学，而恩格斯是明确地把数学从自然科学中划分出来的[1]．

数学之所以能够这样抽象地考察其对象是在其对象本身中有着客观根据的．那些反映在数学中的不依赖于质的特点或具体内容的一般形式、关系、相互联系和规律是不依赖于我们的意识而客观存在的．只有作为物体集合的客观性质的数的存在，数之间的相互关系之不依赖于对象的质的特点，以及这些相互关系之十分丰富才使算术成为可能．因此，如果那里没有这种不管内容的一般形式和关系，那里就不可能有数学的考察．

8. 数学的上述基本特点规定了它的其他一些特征．在§2中我们特别以算术为例考察了其中的某些特征．这些就是：独特的"公式语言"．应用的广泛，数学结论的脱离实验的特征以及它们的逻辑的不能避免和令人信服．数学的这种思辨的特征是它的非常本质的特点，我们现在来更详细地考察这个特点．

如果我们将数的概念从其具体根据中抽象出来，并且离开对这种或那种物体集合的任何关系来一般地考察整数，那末显然我们不能对这样抽象的数进行实验．始终保持这种抽象程度而不回到具体对象上去，那就只能通过从数的概念本身出发的推理得到关于数的新结论．当然，对于所有其他的数学结论也是这样．如果保持在纯几何学的范围内，就是说如果完全脱离任何质的、具体的内容来考察几何图形，那末除非用从这个或那个图形概念本身，从最基本的几何概念和公理本身出发的推理，我们就不能得到新的结论．例如，圆的性质是从圆之作为与一定点等远的诸点的轨

---

1) 恩格斯，反杜林论，10—11页，人民出版社，1956年版．

迹的概念中引伸出来的，完全不必考虑在实验中检验每个定论的问题．

这就是说，数学的抽象性质预先规定了这个事实，就是数学定理仅仅用从概念本身出发的推理来证明．

可以说，在数学中研究量的关系时，注意到的仅仅是它们的定义本身中所包含的东西．相应地，数学结论是用从定义出发的推理得到的．当然，仅从字面上来了解这些话并且认为数学概念的十分严格的定义的形成真正先于相应的数学理论的建立，那是不正确的；事实上，概念本身随着理论的发展，由于理论发展的结果而更加精确化，对整数概念的深刻分析，正如几何公理的精确公式化一样，不是在古代，而是直到十九世纪末才作出来．设想似乎有一种绝对精确地定义了的数学概念，那是更加错误的．任一概念，不管它是怎样被精确地定义了，也还是要变动的，它随着科学的发展而发展和精确化．这已经由全部数学概念的发展所证明，这只是再一次证实了辩证法的这样一条基本定理：世界上没有任何东西是完全不变和无论如何也不发展的．所以对于数学概念，第一，只能说到它们的充分的确定性，无论如何也不能说到它们的完全的确定性．第二，应该注意到它们的定义的精确性和明显性以及对它们分析的深度都是随着数学的发展而不断发展着．在下面一节中我们还有机会讲到数学概念的这种变动性，在这里我们只是记住这一点，而注意的却是数学概念的充分确定性．

正是数学概念的这种确定性以及逻辑本身的普遍意义成了数学结论具有内部确凿性和逻辑必然性这一特点的原因．思辨的数学结论的不可避免性给这样一种错误概念以借口，这种概念认为，似乎数学的基础是纯粹的思维，似乎数学是先验的，并非起源于经验，似乎它不反映现实界．例如，著名的德国哲学家康德就得出过这类的观点．这种极错误的唯心主义概念之所以产生，就特别是因为不在数学的现实的发生和发展中考察数学，而是在既成的形式上考察它．但是，这种方法是完全不行的，简单的理由就是：不符合事情的实际状况．数学不是先验的，而是从经验中产生的——

这是确凿不移的事实, 顺便提一下, 罗德的欧第姆早就写出了几何学的实际产生情况, 我们在§3中已经引用过它.

不但数学概念本身, 而且它的结论, 它的方法都是反映现实界的. 恩格斯正是揭示了这个重要情况, 当他写道: "数学的量似乎先验地一个自一个推导出来, 这并没有证明它们的产生是先验的, 而只是证明它们有合理的相互联系". 数学的结论和证明是作为人们在经验中所研究的各种现实联系的反映而产生的. 数的加法反映了把几个物体集合现实地结合成为一个. 关于两个三角形全等的定理的著名证明中讲到三角形的迭合, 无疑地, 这个证明是从把两个对象互相贴附在一起的实际操作中产生的, 这种操作在比较对象的大小时经常采用. 用积分计算体积是在抽象的形式中反映了用许多薄层迭加成一个物体或把一个物体切割成许多薄层的现实可能性. 更复杂的数学证明是在这样的物质基础上进一步发展的结果.

4. 数学对象之完全舍弃掉任何具体性和以这为基础的数学结论的思辨特征, 引起了数学的另一个重要特点: 在数学中研究的不仅是直接从现实界抽象出来的量的关系和空间形式, 而且还研究那些在数学内部以已经形成的数学概念和理论为基础定义出来的关系和形式. 恩格斯正是注意到了数学的这个特点, 当他说明点、线、常量和变量等概念的产生时说: "……只有在结末我们才达到理性本身自由创造和想象的产物, 这就是——达到虚数."

虚数不是象我们说过的整数那样从现实界中提取出来的, 这是一个历史事实. 它们最初出现于数学内部, 作为方程 $x^2 = -a$ $(a > 0)$ 的根, 从代数的必然发展中出现的. 后来虽然逐渐开始很随意地运用它们了, 但是它们的现实意义仍然长久没弄清楚, 这就是为什么要称它们为 "虚数" 的道理. 以后, 发现了它们的几何解释, 它们得到许多重要的应用. 同样地, 罗巴切夫斯基的几何学也是作为这个伟大学者的创造物产生的; 他还没有看到它的现实意义, 所以称它为 "想象的几何学". 但是它不是智慧的自由游戏, 而是根据几何的基本概念作出来的必然结论, 并且罗巴切夫斯基是把它当作空间形式和关系的可能成立的理论来加以考察的. 因此对于恩格斯所说的"自由创造和想象", 不能理解为简单的思想任性. 科学中的自由创造——这是为来自经验的初始概念和原理所决定的有意识的逻辑必然性.

在由罗巴切夫斯基几何和精确虚数理论奠定基础的数学发展的新阶段上, 产生了和不断产生着许多新的概念和理论, 这些概念和理论是在已经形成的概念和理论的基础上建立的, 而不是从现实界直接提取出来的. 数学规定和研究现实界的各种可能形式, 这正是数学发展的最近阶段的决定性特点之一.

辩证唯物主义的认识论对这个特点作了正确的理解. 列宁说: "认识是人对自然界的反映. 但是, 这并不是简单的、直接的、完全的反映, 而是一系列的抽象过程, 即概念、规律等等的构成, 形成过程."[1] 形而上学的唯物主义也承认: 认识(其中有数学)是自然界的反映. 但是, 正如列宁所指出的, 形而上学的唯物主义的根本缺陷就是不能把辩证法应用于反映论[2]. 形而上学的唯物主义不了解这种反映的复杂性, 不了解反映是通过一系列抽象过程进行的, 是用在已经形成的概念和理论的基础上提出新概念, 建立新理论的方法来进行的, 是用不仅对经验中给出的东西加以考察而且也对可能的东西加以考察的方法来进行的. 其实从已给出的东西到可能的东西这种过渡已经表现在象任何整数或者无穷长直线这样一些概念的形成中, 因为在经验中既没有给出任意大的数, 也没有给出无穷长的直线. 但是当数的概念结晶出来以后, 那末就从这概念本身中, 就从用连续加一的方法形成顺序数的规律本身中, 显示出数列无限延续的可能性. 完全同样地, 从沿直线行进中也显示出直线无限延续的可能性. 这种可能性表现于欧几里得的第二公设中: "可以无限地延长任一直线". 进一步抽象得到了关于整个自然数数列的概念和关于整个无穷直线的概念. 在数学发展的最近阶段, 经过一系列抽象过程和概念形成过程来建立理论, 成为

1) 列宁, 哲学笔记, 167 页, 人民出版社, 1957 年版.

2) 列宁, 哲学笔记, 364 页, 人民出版社, 1957 年版.

具有新的性质的事情. 但是, 尽管抽象到这种程度, 数学仍然完全不能同现实界脱离. 新的数学理论在反映现实的基础上作为数学对象本身的逻辑结果而生长出来, 正是因为如此, 这些新的理论在运用于物理学和技术问题时又回到了现实界. 虚数就是这样的, 对于其他数学理论也是这样的, 不管这些理论怎样抽象.

各种多维空间的理论是一个具有特征性的例子. 它们在力学和物理学的影响下, 结合代数与分析的发展, 作为欧几里得几何学的推广而建立起来. 这些思想的结合引导黎曼去建立一般理论, 这个理论被其他数学家进一步发展, 得到了一系列重要的应用, 最后成为爱因斯坦创立广义相对论、更准确地说是引力理论的现成数学工具. 抽象的几何理论找到了这样光辉的应用不是偶然的, 不是由于"自然界与理性的前定的和谐", 而是由于它们本身是在直接从经验中产生的几何学的基础上成长起来的, 并且这些理论的建立者从这些理论产生的时候起就把它们同研究现实空间的任务联系了起来. 黎曼特别直接预见到自己的理论与引力理论的关系.

于是, 在数学的发展中体现了由列宁所表述的认识的运动规律: "当思维从具体的东西上升到抽象的东西时, 它不是离开——如果它是正确的……——真理, 而是接近真理. 物质的抽象, 自然规律的抽象, 价值的抽象及其他等等, 一句话, 那一切科学的(正确的、郑重的、不是荒唐的)抽象, 都更深刻、更正确、更完全地反映着自然. 从生动的直观到抽象的思维, 并从抽象的思维到实践, 这就是认识真理, 认识客观实在的辩证的途径."[1]

从以上所讲的可以明显地看出, 那种认为数学理论只是一套约定的公式, 用来在"思维经济原理"的基础上描述经验材料或者"排列感觉顺序"的唯心主义观点是完全错误的.

恩格斯指出 (见本节开始的引文), 从现实世界抽象出来的数学原理, 好象是作为某些现成的公式, 与现实世界相对立并被用来研究现实世界. 例如, 我们实际上经常把数字表为现成的形式加

---

1) 列宁, 哲学笔记, 155 页, 人民出版社, 1957 年版.

以利用. 对于在更高的抽象程度上产生的理论尤其是这样. 黎曼几何学对于引力理论是现成的数学公式, 就是已经提到过的一个例子. 但是恩格斯解释说: 应用数学来研究现实世界的这种可能性的根据在于: 数学从这个世界本身提取出来, 并且仅仅表现这个世界所固有的关系的形式部分, 因之才能够一般地加以应用. 许多理论是在数学本身内部建立的这个事实也丝毫不能改变这种解释. 这些理论作为现实的可能形式的理论而产生, 它们完全不是约定的, 因为它们是由于对象的逻辑发展本身的结果而必然产生的, 也正是因为如此它们才有许多现实的应用. 无论如何, 数学理论以这种或那种方式反映现实界, 所不同的只是在一些情形中反映比较直接, 而在另一些情形中反映要经过一系列抽象过程, 概念形成过程等等.

5. 数学发展的最近阶段的特征不仅是更高的抽象程度, 它的特征还在于数学对象的重大推广已经越出了对量的关系和空间形式的最初理解的范围.

在多维或无限维空间中的图形——这当然不是普通意义下的空间形式, 即当我们大家注意的只是普通的现实空间而不是数学的抽象空间时所理解的那种空间形式. 这些空间有现实的意义, 在抽象的形式上反映了现实界的一定形式, 但是这些形式只是与空间形式相似; 因此对于普通的现实空间来说可以称它们为"类空间". 在讲到多维空间和其中的图形时, 我们对空间概念加上了新的内容, 所以, 必须清楚地区别数学中广义的抽象空间概念和作为物质存在的普遍形式的原有意义下的空间概念.

产生在上世纪末、现在已得到广泛发展的新学科——数理逻辑, 可以作为数学对象越出量的关系和空间形式这些字眼的初始意义的范围的另一个例子. 数理逻辑考察的对象是数学结论的结构, 换句话说, 它研究那些命题可以用给定的方法从给定的前提中推导出来. 正如数学所具有的特性一样, 数理逻辑研究自己的对象是完全舍弃内容的, 因此以公式代替了命题, 而以运用这些公式的规则代替了论断的规则. 前提和结论之间的关系, 公理和定理之间的关系当然不能归结为空间形式或普通意义下的量的关系，例如，归结为概念外延的关系。

我们指出群论作为另一个例子，群论可以理解为关于对称的最一般形式的学说。但是我们说，当硫从斜方形晶体过渡到角柱形晶体时，晶体对称的改变是物质状态的根本的质的改变。所以，群论是关于这样一些量或关于对象的这样一些规定性的学说，这些量或规定性的变化同对象自身的根本变化相伴随。

因此，数学对象的推广引起了量的关系和空间形式概念本身的重大推广。在这种情况下，这种推广了的数学对象的一般特征是怎样的呢？

如果不用列举的办法，而用力求表明那些存在于数学对象的全部多样性中的一般的和具有特征性的东西的办法来回答这个问题，那末本质上我们可以从恩格斯的著作中找到答案。只要不仅仅注意到他对数学对象的说明，而且注意到他对考察这种对象的方法的说明：把形式和关系完全从内容中抽象出来，就足以得到答案。数学的这个抽象的特点同时也给出了它的对象的定义。

数学的对象是现实界的这样一些形式和关系，这些形式和关系客观地具有与内容无关的性质，无关到这样的程度以致能够把它们完全从内容中抽象出来，并且能够在一般的形态中定义出来，达到这样的明确性和精确性，保持这样丰富的联系，以致成为理论的逻辑发展的根据。如果在一般说法的意义下也称这样一些关系和形式为量的关系和形式的话，那末可以简单地说，数学以纯粹形态的量的关系和形式作为自己的对象。

抽象绝对不是数学所特有的。但是其他科学感兴趣的首先是自己的抽象公式同某个完全确定的现象领域的对应问题、研究已经形成的概念系统对给定现象领域的运用界限问题和所采用的抽象系统的相应更换问题，并把这些作为最重要的任务之一。相反地，数学完全舍弃了具体现象去研究一般性质，在抽象的共性中考察这些抽象系统本身，而不管它们对个别具体现象的应用界限。可以说，数学抽象的这样绝对化才是数学所特有的。

正是数学所研究的形式具有上述与内容的客观的无关性规定了数学的基本特点：它的思辨的特点，它的结论的逻辑必然性和看来不可变动的性质，以及新概念和新理论产生于数学内部的事实；数学应用的特点被这个与内容无关的性质所规定．当我们能够把实际问题翻译成数学的语言时，我们同时能够撇开问题的次要的具体特点，利用一般公式和结论，得出一定的结果．所以，数学的抽象性成为了它的力量，这种抽象性实际上是必须的．

6．现在回到恩格斯关于数学的论断，我们可以看到，在这个论断中包含了多么深刻和丰富的内容和怎样的发展的可能性．他自己并不是数学家，却对这门科学的基础作出了这样深刻的分析，这不仅因为他是伟大的思想家，而最主要地，是因为他掌握了辩证唯物主义并以它为指导来解释数学本质的问题．不难理解，为什么在恩格斯以前没有人能够这样深刻和正确地解决这个问题．最伟大的数学家们也没有能够在这样的程度上解决这个问题．

同样地，以后列宁对物理学的问题给出了极为深刻的分析，这个分析超出了这个领域中所完成的一切工作．

这个事实再一次证明了辩证唯物主义的意义和力量；这个事实证明，为了掌握一门科学，认识它的个别原理是不够的，甚至在这门科学上作一个创造性的工作者也还不够——为了掌握一门科学，还必须掌握正确的一般方法，掌握辩证唯物主义．离开辩证唯物主义，科学结论或者成为轮廓模糊的一堆，或者表现为歪曲的形式；代替了对科学的正确认识而得出关于科学的荒诞的，形而上学的，唯心主义的观念．例如，许多不掌握辩证唯物主义的数学家或者完全不能了解自己这门科学的一般问题，或者对它们的解释是完全错误的[1]．

在恩格斯写《反杜林论》的时候，即在 1876—1877 年，非欧几

---

1) 例如，指出这样一件事情是很有趣的：两个有名的美国几何学家魏布伦和怀特海德在自己的著作《微分几何基础》中，企图接触到几何学是什么的定义问题，并得出结论说，定义是不可能给出的，除非是这样："几何学是专家们称之为几何学的东西"．

何学和多维空间几何学刚刚在数学家之间得到承认，群论刚刚形成，集合论刚刚产生，而数理逻辑仅仅萌芽．所以可以理解，数学发展的新阶段的特点不能由恩格斯详尽地描述出来；但虽然如此，我们在他的论断中也可以找到对于理解这些特点的指示．

§9. 数学发展的规律性

最后，我们试图简要地叙述一下数学发展的一般规律性．

1. 数学不是任何一个历史时代，任何一个民族的产物；它是好几个时代的产物，许多世纪的人们工作的产物．我们已经看到，数学的最初的概念和原理在远古时代就产生了，还在两千多年以前就形成了严谨的体系．不管数学经历了多少次改造，它的概念和结论都仍旧保持下来，从一个时代过渡到另一个时代，例如，算术规则或毕达哥拉斯定理就是这样．

新的理论把先前的成就包括到自身中来，把先前的成就加以精确化，补充和推广．

同时，如同从上述的数学史的简要提纲中显然看到的那样，数学的发展不仅不能归结为新定理的简单积累，而且还包括了重要的、质的变化．与此相应，数学的发展划分为好几个时期，各个时期间的过渡正是以这门科学的对象本身或结构的这些根本变化为标志的．

数学把现实界量的关系的一切新领域包括到自己的范围之内来．同时，简单的，最直接的字面意义上的空间形式和量的关系仍然是数学的最重要的对象，而对新的联系和关系的数学理解由于已经形成的量的和空间的科学概念系统，并以这个概念系统为基础而不可避免地产生出来．

最后，数学本身内部成果的积累，必然要引起向新的抽象阶段，向新的概括的概念上升，以及对于基础和原始概念分析的深化．

正如一棵橡树在健壮的生长中，用新的树层使老枝变粗，长出新枝, 枝叶往上长高, 根又往下长深一样, 数学在自己的发展过程中把新的材料添加到已经形成的领域之中, 形成新的方向, 升到新的抽象高度, 并在基础方面更加深化.

2. 数学以现实界的现实形式和关系作为自己的对象, 但是, 正如恩格斯说过的那样, 为了在纯粹形态上来研究这些形式和关系, 必须把它们同它们的内容完全割裂开来, 把它们的内容抛在一边当作没有什么关系的东西. 但是, 离开内容的形式和关系是不存在的, 数学的形式和关系不能绝对地同内容无关. 因此, 数学按其本质企图实现这种割裂, 是企图实现一种不可能的事情. 这就是在数学的本质中的根本矛盾. 这种矛盾是认识的普遍矛盾在数学方面的特殊表现. 思想反映现实界的任何现象, 任何方面, 任何因素, 都把这些现象、方面、因素粗糙化了, 简单化了, 把它们从自然界的普遍联系中割开了. 当人们研究空间的性质, 确定空间具有欧几里得几何的性质时, 人们完成了一个极为重要的认识步骤, 但是, 在这之中就包含了一个错误: 空间的现实的性质被简单化、公式化, 抽象得离开物质了. 但是, 没有这个步骤就根本不可能有几何学, 正是在这种抽象的基础上(既从它内部的研究中, 又从数学的结果同其他科学的新材料的对照中), 产生了和巩固了新的几何理论.

在日益接近于现实的各个认识阶段上不断解决和恢复上述的矛盾, 就是认识发展的本质. 并且, 认识的积极内容, 认识中绝对真理的因素当然是决定性的. 认识依上升的路线前进, 而不是踏步不前, 和错误简单地混合在一起. 认识运动就是不断克服其不精确性和局限性.

上述的基本矛盾随着引起了另一些矛盾. 我们从不连续与连续的对立的例子中看到了这种矛盾. (在自然界中, 不连续与连续之间没有绝对的分割, 在数学中把它们加以分割不可避免地引起了创立更新的概念的必要性, 这些新概念要更深刻地反映现实界, 同时克服现存数学理论的内在不完善性.) 有限和无限、抽象和具体、形式和内容等等全都一样, 它们都是数学中的根本矛盾的表现. 但是,数学中的根本矛盾的决定性的表现却是在于:数学舍弃了具体的东西,周旋在自己的抽象概念的圈子中,因而脱离了实验和实践,可是同时,数学只有以实践为基础,只有不是纯粹的而是应用的数学时,才能是科学(即具有认识的价值). 用几句黑格尔式的话来说,纯粹数学不断地否定自己之作为纯粹数学;没有这种否定,它就不能具有科学的意义,不能发展,不能克服内部不可避免地产生着的困难.

数学理论在其形式上作为对于具体结论的某种公式同现实内容相对立. 数学是把自然科学的量的规律化为公式的方法,是研究自然科学理论的工具,是解决自然科学和技术问题的手段. 现阶段的纯粹数学的意义首先就在于数学的方法. 正如一切方法不能自身存在和发展,只能在其应用的基础上,在同应用到它的内容相联系之中存在和发展一样,数学也不能离开应用而存在和发展. 这里又表现出对立的统一:一般方法作为解决具体任务的手段,同具体任务相对立,但是它自身又是产生于具体材料的概括之中,只能在解决具体任务之中存在、发展和得到检验.

3. 社会实践在数学的发展中从三个方面起了决定性的作用. 社会实践向数学提出新的问题,刺激数学向这个或那个方向发展,并且提供检证数学结论的真理性的标准.

从数学分析的产生这个例子上可以非常清楚地看到这一点. 首先,正是力学和技术的发展提出了从一般的形态上研究变量间的依赖关系的问题. 阿基米德十分接近了微分和积分的计算,但却停留在静力学问题的范围之内,只是到了研究运动的时候,产生了变量和函数概念,才促使数学分析的形成. 牛顿如果没有发展相应的数学方法,就不能发展力学.

其次,正是社会生产的需要促使所有这些问题的提出和解决. 无论在古代社会,或是中世纪社会,这些推动力都还不存在. 最后,非常值得注意的是,数学分析在其产生的时候正是在应用中来证实自己的结论. 正是因为如此,它才能离开它的基本概念(变量、函数、极限)的严格定义而发展,这些严格定义是以后才给出的. 分析的真理性是由它在力学、物理学和技术中的应用而确立的.

在数学发展的所有时期中情形都是如此. 从十七世纪开始,理论物理学和新技术问题同力学一道对数学的发展发生了最直接的影响. 连续介质力学,后来还有场论(热传导、电、磁、重力场)引向了偏微分方程理论的发展. 上世纪末开始的分子理论的研究和整个统计物理学,是概率论,特别是随机过程理论发展的重要推动力. 相对论在黎曼几何及其分析方法和推广的发展中起了决定性的作用.

现在,新的数学理论如泛函分析等的发展,是由量子力学和电动力学问题、计算技术问题、物理学和技术的统计问题等等所推动的. 物理学和技术不仅向数学提出新的问题,促使数学去研究新的对象,而且也促进了那些现在为它们所需要而原先在很大程度上是从数学本身内部形成的数学部门的发展,黎曼几何的情形便是这样. 简言之,为了迅速发展一门科学,不仅需要这门科学能解决新的问题,而且解决这些问题的必要性还应该是社会发展的需要所规定的. 在数学中最近产生了许多理论,但是只有那些在自然科学和技术中找到了应用,或者在具有这种应用的那些理论的重要概括中起了作用的理论,才得到了发展,才能巩固地列入科学之中. 而另一些理论却停滞不前,例如,某些没有找到重要的应用的精炼化了的几何理论(非戴扎尔、非阿基米德几何)就是这样.

数学结论的真理性不是在一般的定义和公理中, 也不是在证明的形式的严格性中,而是在现实的应用中,也就是说,归根到底是在实践中得到最后的证实.

整个地说,数学的发展必须首先理解为其对象的逻辑(反映在数学本身的内在逻辑中)、生产的影响以及同自然科学的联系三者的相互作用的结果.这种发展是以对立的斗争的复杂途径进行的,其中包括数学的基本内容和形式的重要变化. 从内容上来说,数学的发展决定于其对象, 但是它基本上和归根到底是由生产的需要所促进的. 数学发展的基本规律性就是如此.

当然，我们不应当忘记，这里说的只是基本的规律性，数学同生产的联系，一般说来，是复杂的．从前面所说的可以显然看出，如果企图论证每一种数学理论的出现都是直接的"生产定货"，那是幼稚的．而且，数学同一切科学一样，具有相对的独立性和自身内在的逻辑，这种内在逻辑，我们强调指出过，反映了客观的逻辑，即其对象的规律性．

4. 数学一向不仅经受社会生产的最重要的影响，而且经受全部社会条件的整体的最重要的影响．它在古希腊的最发达的时代的辉煌进步，代数在意大利文艺复兴时代的成就，分析在英国革命之后的时代的发展，数学在法国紧接着法国革命的时代的进展——所有这些令人信服地显示了数学的进步同社会的一般技术、文化和政治的进步的不可分割的联系．

从数学在俄国发展的例子上也可以鲜明地看到这一点．从罗巴切夫斯基、奥斯特洛格拉斯基、车比雪夫开始的独立的俄国数学学派的建立，是不能同俄国整个社会的进步分开的．罗巴切夫斯基的时代——这是普希金、格林卡的时代，十二月党人的时代，数学的繁荣是普遍高涨的因素之一．

伟大的十月社会主义革命以后的时期中社会发展对数学的影响是更加令人信服的，在这段时期中，具有基本意义的研究在许多方向上以惊人的速度一个跟着一个出现，这些方向包括：集合论、拓扑学、数论、概率论、微分方程理论、泛函分析、代数、几何．

最后，数学一向经受而且现在仍然经受着思想体系的显著影响；如同在一切科学中一样，数学家和哲学家们是在这样或那样的思想体系的领域中领会和理解数学的客观内容的．

简言之，科学的客观内容总是被置放于这些或那些思想形式中；这两个辩证的对立面——客观内容和思想形式——的统一与斗争，在数学中，如同在一切科学中一样，对于这门科学的发展起了远非微末的作用．

与科学的客观内容相适应的唯物主义同与这一内容相矛盾并对它作歪曲理解的唯心主义之间的斗争，贯串在数学的全部历史中．这个斗争还在古希腊时代就明显地表现出来，毕达哥拉斯、苏格拉底和柏拉图的唯心主义反对法勒斯、德莫克利特和其他建立了希腊数学的哲学家们的唯物主义．随着奴隶占有制的发展，社会的上层分子就脱离了生产，认为参加生产是下层阶级的命运，这就产生了"纯粹"科学同实践的脱离．只有纯粹的理论几何学才得到了真正的哲学家的应有注意．值得注意的是，柏拉图认为当时出现的某些力学曲线甚至圆锥曲线的研究是不属于几何学的范围之内的，因为这些研究"并不引导我们同永恒的非肉体的理想相往来"，而是"庸俗的手工业工具的运用中所需要的"．

数学中唯物主义反对唯心主义的斗争的一个鲜明的例子，是罗巴切夫斯基的活动，他提出和坚持了对数学的唯物主义理解来反对康德主义的唯心主义观点．

对于俄国数学学派，一般地是以唯物主义传统为特征的．例如，车比雪夫明确地强调实践的决定性作用，而李雅普诺夫则用下述的著名语句来表明我国数学学派的风格："详尽地研究那些从应用的观点看来特别重要，同时又提出了特别的理论困难，要求发明新的方法和上升到科学原则的问题，然后就概括已经得到的结论，用这种方式建立或多或少一般的理论．"概括和抽象并不是本身存在，而是同具体材料联系着；定理和理论并不是本身存在，而是同归根到底要导向实践的科学有着普遍联系——实际上这正是很重要的和很有希望的[1]．

像高斯和黎曼这样的大科学家的意图也是这样的．

但是，随着资本主义在欧洲的发展，反映着十六世纪到十九世纪正在上升的资产阶级的进步思想体系的唯物主义观点，开始被唯心主义观点所代替．例如，康托尔 (1846—1918) 建立了无穷集合理论，却公然援引神说了这样意思的话，似乎无穷集合在神的理智中有着绝对的存在．十九世纪末二十世纪初法国的大数学家庞

---

1) 一般说来，对数学各部门相互间的必然联系，以及与自然科学和实践的必然联系的理解不但对数学本身的正确观点有十分重大的意义，而且对学者们选定研究的方向和对象也有十分重大的意义．

加来提出了唯心主义的"约定论"观点, 根据这种观点, 数学是为了描述经验的多样性的方便而采用的有条件的约定系统. 例如, 按照庞加来的意见, 欧几里得几何公理只不过是有条件的约定, 它们的价值决定于方便和简单, 而不决定于同现实界的一致. 因此, 庞加来说, 例如, 在物理学中宁可抛弃光直线传播的定律, 而不愿抛弃欧几里得几何学. 这个观点为相对论的发展所驳倒, 相对论不顾欧几里得几何的全部"简单"与"方便", 却同罗巴切夫斯基和黎曼的唯物主义思想完全一致, 得出结论说, 空间的现实的几何学并不是欧几里得几何学.

在集合论中发生的困难的基础上, 又由于对数学的基本概念进行分析的必要性, 在十九世纪初, 数学中间出现了不同的倾向. 对数学的内容的理解的一致消失了; 不同的数学家开始不仅按不同的方式考察这门科学的一般基础, 这在以前也是有过的, 而且甚至按不同的方式来评价一些个别的具体结果和证明的 意义和价值. 某些结论对一部分人来说被认为是有意义和有内容的, 另一部分人却认为是没有意义和价值的. 产生了"逻辑主义"、"直觉主义"、"形式主义"等唯心主义潮流.

逻辑主义者断言, 全部数学是从逻辑概念中导出的. 直觉主义者认为数学的来源在于直觉, 认为只有能直觉地感受的东西才有意义. 因此, 他们特别完全否定康托尔的无穷集合理论的意义. 此外, 直觉主义者甚至否认像任何 n 次的代数方程都有 n 个根的定理这类判断的简单意义. 在他们看来, 这个判断是空洞的, 如果没有指出算出根的方法的话. 这样, 完全否认数学的客观意义, 就使得直觉主义者污辱了相当大部分的数学成就, 说它们都是"没有意义的". 他们中最极端的人甚至认为, 有多少数学家, 就有多少种数学.

我们这个世纪初期的大数学家希尔伯特以他自己特有的方式来挽救数学免于这种攻击. 他的思想的实质就是把数学理论归结为根据约定的规则对符号作纯粹形式的运算. 他以为采取了这种完全形式的态度, 一切困难都会消失, 因为数学的对象只是符号以及与它们的意义毫不相关的运算规则. 这就是数学中形式主义的提出. 用直觉主义者布劳埃尔的话来说, 在形式主义者看来数学的真理在纸面上; 而在直觉主义者看来, 数学的真理在数学家的头脑之中.

不难看出, 他们两方面都是不正确的, 因为数学, 连同写在纸面上的和数学家所想的, 都是反映现实界的, 而数学的真理则在于它同客观现实相一致. 所以这些思潮都把数学同物质的现实割裂开来, 都是唯心主义的.

希尔伯特的思想由于它自身的发展而遭到失败. 奥地利数学家哥德尔证明, 甚至算术都不能像希尔伯特所指望的那样完全形式化, 哥德尔的结论鲜明地揭示了数学的内在辩证法, 数学的任何一个领域都不能为形式的计算所穷尽. 甚至自然数序列的简单的无限性都是有限的符号及作用于符号的规则系统所不能穷尽的. 这样, 就从数学上证明了恩格斯就一般形式而说的这样一段话:

"无限性是矛盾……这种矛盾的消灭, 即成为无限性的终结."[1] 希尔伯特指望把数学的无限性归入有限系统的范围之内就可以消灭一切矛盾和困难. 这是不可能的.

但是, 在资本主义条件下, 约定论、直觉主义、形式主义和其他类似的思潮不仅保存着, 而且由对数学的唯心主义观点的一些新变种所补充着. 在某些主观唯心主义的新变种中, 严重地利用了与数学基础的逻辑分析有关的理论. 主观唯心主义现在之利用数学, 特别是数理逻辑, 并不下于利用物理学, 因此, 数学基础的理解问题具有特殊的尖锐性.

这样, 数学发展的困难在资本主义条件下产生了这门科学思想上的危机, 这个危机的基础与物理学的危机相似, 它的本质, 列宁在他的天才著作"唯物主义与经验批判主义"中已经说明了. 这个危机并不意味着数学在资本主义国家中完全停止发展, 许多站在明显的唯心主义立场上的学者, 在解决具体数学问题和发展新理论中, 作出了重要的, 有时是卓越的成就. 只要引证一下数理逻

---

1) 恩格斯, 反杜林论, 第52页, 人民出版社, 1956年版.

辑的光辉研究就足够说明这一点了．

　　在资本主义国家中广泛流传的对数学的观点的根本毛病，就在于它的唯心主义和形而上学；在于使数学同现实界相脱离和忽视它的现实发展．逻辑主义、直觉主义、形式主义和其他类似的思潮从数学中分离出某一个方面——同逻辑的联系，直觉的明显性，形式的严格性等等——没有根据地把它的意义加以夸大和绝对化，把它同实际割裂开来，深刻地分析了数学的某一个特征本身，而忘记了数学的整体．正是由于这种片面性，这些思潮的任何一种，不管其个别结论如何精细和深刻，都不能达到对数学的正确理解．同唯心主义和形而上学的各种潮流相对立，辩证唯物主义把数学以及整个科学看作它本来的样子，在其联系和发展的全部丰富性和复杂性中加以考察，正是因为辩证唯物主义企图理解科学同实际的联系的全部丰富性和复杂性，理解科学从简单的概括经验到高度抽象以及从抽象到实践的发展过程的全部复杂性，正因为辩证唯物主义经常引导自己对科学的看法去同科学的客观内容、同科学的新发现相适应，正因为如此，归根到底也只能是因为如此，辩证唯物主义就成了唯一真正科学的哲学，这种哲学导向对科学一般也包括对数学的正确理解．

文　献

讨论数学的一般问题

　　А. Н. 阔尔莫果洛夫，数学，苏联大百科全书第 26 卷，见高等教育出版社，1956 年版《教学·算术》一书．

　　А. Д. 亚历山大洛夫，几何学，苏联大百科全书第 10 卷，见《数学通报》1955 年第 4 期．

数学史的书籍

　　И. Г. Башмакова и А.П. Юшкевич, Происхождение систем счисления, Энцикл. элемент. математики, т. I, Гостехиздат, 1951.

　　В. В. Гнеденко, Очерки по истории математики в России. Гостехиздат, 1946.

　　Г. Г. Цейтен, История математики в древности и в средние века. ГОНТИ, 1938.

Г. Г. Цейтен, История математики в XVI и XVII веках. ГОНТИ, 1938.

《三十年来的苏联数学 (1917—1947)》，阐明数学各部门在苏联的发展的论文选集．见切伯塔廖夫等著《代数学 (三十年来的苏联数学)》一书，科学出版社，1954年版．

孙小礼 译

关肇直 校

第二章 数 学 分 析

§1. 绪   论

　　当中世纪晚期新的生产关系在欧洲出现，行将取封建制度而代之的资本主义萌芽的时候，伴随着而来的还有伟大的地理发现和探险．在 1492 年，根据大地如球的观念，哥伦布发现了新大陆．哥伦布的发现大大地扩展了当时所知道的世界范围并且引起了人类思想上的激变．在十五世纪末和十六世纪初，有伟大的艺术家与人文主义者里昂纳多·达·芬奇，拉斐尔，米开兰基罗在进行创作，于是革新了艺术．在 1543 年出版了使天文学完全改观的哥白尼著作《天体运行论》；在 1609 年出现了刻普勒的《新天文学》，其中载有关于行星绕日运动的第一与第二定律，而在 1618 年出现了他的《宇宙的和谐》一书，其中载有第三定律．伽利略从阿基米德著作的研究和大胆的实验出发，开始创立了对当时正在兴起的技术非常必需的新力学．在 1609 年，伽利略把他所自制的不大而且不完善的望远镜指向了夜间的天空．望远镜里的一瞥就已经足够粉碎亚里斯多德的理想天球和关于天体完美无缺的教条了．月亮的表面原来满布着山脉并且到处是环形山．金星显露出跟月亮一样的位相，而木星则有四个卫星环绕着，正好像太阳系的一个不大的直观模型．银河被分解成为个别的星体，因而第一次使人们理会到星体的惊人的遥远的距离．从来没有一件科学上的发现曾经对文化界起了这样的影响[1]．

　　远洋航行的发展和因此而引起的天文学研究，新技术的发展和与此有关的力学的发展都迫切需要寻求各种方法，来解决当时

---

　　1)　这一段是以瓦维洛夫院士的优美的"伽利略"一文(苏联大百科全书,第二版,第十卷,1952 年;中译本:伽利略,人民出版社,1954 年版)作为根据的。

所发生的许多新的数学问题. 这些问题的新异之处主要在于必须对广义而言的运动从数量上来研究它的规律.

自然界是跟静止不动的状态格格不入的. 像恩格斯所指出的那样, 整个自然界, 由其最小质点到最大物体, 都是处在永恒的产生和消灭过程中, 处在毫不间断的流动中, 处在始终不停的运动和变化中. 每一门自然科学所研究的, 归根结底总是运动的某一个方面或另一个方面, 运动的某一种形式或另一种形式. 数学分析就是数学的这样一个分支, 它对于各种变化过程、运动过程以及一个量与另一个量相倚而变的过程提供了进行数量上研究的方法. 所以正在这样的时期——当技术与航海问题所促成的力学与天文学的发展已经使观察、测量和理论的假设充分地积累起来, 紧接着便是引导科学对最简单形式的运动作数量研究的时候——有数学分析产生, 并不是偶然的.

"无穷小分析"这一名称本身并不曾讲到研究的对象, 却着重指出在数学的这一分支中所运用的方法. 这是一种特殊的、数学上的无穷小法, 在现代的形式中也就是极限的方法. 我们立刻就要举出一些典型的例子来说明这种使用极限法的推论, 而在后文的一节中还要把各项必要的概念一一明确化.

例 1 据伽利略用实验确定, 真空中的自由落体在时间 t 内所经历的路程 s 由下列公式表出:

$$s = \frac{gt^2}{2} \tag{1}$$

(式中 g 是常量, 等于 9.81 公尺/秒^2)[1]. 问落体在其路程的每一点上速度有多快?

设落体在瞬时 t 经过某一点 A. 让我们来看一看在随后一小段长达 Δt 的时间内, 就是由 t 到 $t+\Delta t$ 一段时间内, 将有什么变化. 落体所已经经历的路程将得到某个增量 Δs. 先前的路程 $s_1 = \frac{gt^2}{2}$; 增加后的路程

---

1) 公式(1)现在是从力学的一些普遍定律中推导出来的, 但在历史上公式(1)恰恰是由实验确立并且是后来在这些定律中总结起来的经验的一部分.

$$s_2 = \frac{g(t+\varDelta t)^2}{2} = \frac{gt^2}{2} + \frac{g}{2}[2t\varDelta t + (\varDelta t)^2].$$

由此求得增量

$$\varDelta s = s_2 - s_1 = \frac{g}{2}[2t\varDelta t + (\varDelta t)^2].$$

这就是由 t 到 $t+\varDelta t$ 一段时间内所经历的路程. 以 $\varDelta t$ 除 $\varDelta s$, 则得 $\varDelta s$ 一段路程上的平均速度:

$$v_{\mathrm{cp}} = \frac{\varDelta s}{\varDelta t} = gt + \frac{g}{2}\varDelta t.$$

令 $\varDelta t$ 趋近于零, 我们所得到的平均速度就将无限制地接近于 A 点上的真正速度. 另一方面, 我们看到上列等式的右方的第二项随着 $\varDelta t$ 的减小而变得乌有地小, 因此 v_{cp} 同时就趋于数量 gt. 这一结果通常是这样记写的:

$$v = \lim_{\varDelta t \to 0} v_{\mathrm{cp}} = \lim_{\varDelta t \to 0} \frac{\varDelta s}{\varDelta t} = \lim_{\varDelta t \to 0}\left(gt + \frac{g}{2}\varDelta t\right) = gt.$$

所以 gt 就是在瞬时 t 的真正速度.

例2 一个已经注满了水的贮水池有边长为 a 的正方形底和高度为 h 的垂直四壁(图1). 问水对一壁所施的总压力有多大?

让我们把池壁的表面分成高度为 $\frac{h}{n}$ 的横条. 在容器每一点上的

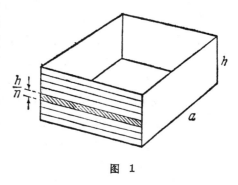

图 1

压力我们知道就跟位于这一点上面的液体柱的压力头相等. 所以在每一个横条下边的压力, 用适当的单位表出, 将分别等于 $\frac{h}{n}$, $\frac{2h}{n}$, $\frac{3h}{n}$, $\cdots$, $\frac{(n-1)h}{n}$, h. 若把每一个横条之内的压力当作固定不变, 我们就可以得到所求总力 P 的近似表达式. 由此可见 P 的近

似值等于

$$P \approx \frac{ah}{n} \cdot \frac{h}{n} + \frac{ah}{n} \cdot \frac{2h}{n} + \cdots + \frac{ah}{n} \cdot \frac{(n-1)h}{n} + \frac{ah}{n} \cdot h$$

$$= \frac{ah^2}{n^2}(1+2+\cdots+n) = \frac{ah^2}{n^2} \cdot \frac{n(n+1)}{2}$$

$$= \frac{ah^2}{2}\left(1+\frac{1}{n}\right).$$

要想求出力的真正数量，我们将把横条划分得愈来愈细，因而使 n 无限制地增大．随着 n 的增大，在上式中数量 $\frac{1}{n}$ 将愈变愈小，而在极限中我们就得出准确的公式

$$P = \frac{ah^2}{2}.$$

极限法的观念是简单的，并可归结如下．为了要确定某一个数量，我们最先加以确定的，不是这数量本身而是它的某些近似值．这时，我们所建立的，也不只是一个近似值，而是一连串愈来愈准确的近似值．然后从这一连串近似值的考察，也就是说，从这近似过程本身的考察，就把那数量的准确值唯一地确定下来了．借助于这一种在实质上深刻的辩证的方法，我们认识到稳定不变的事物是过程、运动的结果．

数学极限法的创造是对于那些不能够用算术、代数及初等几何的简单方法来求解的问题进行了许多世代的顽强探索的结果．

究竟是在求解怎样的问题时才形成了数学分析的基本概念呢? 对于这些问题的解决究竟创造了怎样的方法呢?

十七世纪的数学家已逐渐看出，把关于研究各种运动和量与量之间相倚性的大多数问题以及先前无法解决的几何问题归并起来，总不外乎两类．第一类问题的最显著而简单的例子是：在非匀速运动中求某一瞬时的速度问题，与此相类似的关于量的变化率的问题，以及在曲线上求作切线的问题．这些问题(我们的例1也在内)引导到数学分析中名为"微分学"的一部分．第二类问题的最简单例子是：求曲线形的面积问题，在非匀速运动中求所经

历的总路程问题,以及一般地求连续变量的作用的总和问题(如上面所举的例2). 这一群问题引导到数学解析的另一部分——积分学. 这样就突出了两个基本的问题: 切线问题与面积问题.

在这一章中将要详细叙述那些观念给这两个问题的解决打下了基础. 特别重要的是牛顿与莱布尼茨定理, 即是面积问题在某种意义上实是切线问题的反问题. 为了要解决切线问题, 为了要解决可以归并于此的其他问题, 已经找到一种便利而且十分普遍的计算法——显然可从而求到解答的普遍方法——导数法或微分法.

数学分析的建立与发展的历史以及笛卡儿所创造的解析几何学对于数学分析的萌芽所起的作用都已经在第一章里叙述过了. 我们看到在十七世纪的后半与十八世纪的前半整个数学发生了全面的变化. 在已有的数学各分支——算术、初等几何学、代数与三角的初阶——之外, 增添了那样普遍的方法, 如解析几何学、微分学以及附带有最简单的微分方程理论的积分学. 于是就有可能解决先前所不能梦想解决的问题了.

结果是: 若曲线的规律不太复杂, 则总可以在曲线的任何点上作出它的切线——只要借助于微分学的法则把所谓导数计算出来, 而在许多场合这种计算只是几分钟的事. 在此之前, 人们仅仅能够作圆的及另外少数曲线的切线并且完全不指望得到这问题的普遍解法.

若在任何给定时间内一点所经历的路程为已知, 则用同样方法可以立即求出该点在任何给定瞬时的速度或加速度. 反之, 应用微分法的倒转——就是所谓积分法——可以由加速度求出速度与路程. 据此, 知道了椭圆的几何性质, 就不难推证, 由于牛顿运动定律和万有引力定律的结果, 行星必须按照刻普勒定律沿着椭圆轨道绕日运动.

在实践中具有最重要意义的是关于最大与最小量的问题, 也就是所谓极大与极小问题. 让我们引述这样一个例子: 从半径为已知的圆材要砍出一根矩形截面的梁, 使其有尽可能大的抗弯强度. 问梁的两边应该有怎样的比率? 稍稍考虑一下矩形截面的梁的强度（应用到积分学的简单推理）, 并解出极大问题（为此须用到导数的计算）, 就可以获得这样的答案: 当矩形截面的高与底成 $\sqrt{2}:1$ 的比率时强度为最大. 极大与极小问题的解决正跟求作切线问题同样地简单.

在曲线的不同地点上, 假使它既不是直线又不是圆线的话, 曲线的弯曲程度, 一般地说, 是不相同的. 怎样去计算跟已知曲线某一点附近弯曲得一样的那个圆的半径——也就是所谓曲线某一点上的曲率半径呢? 这也同样地简单; 只须两次应用微分法的运算就够了. 曲率半径在力学的许多问题中起着重大的作用.

在新的演算法发明之前, 人们只能够求出多边形、圆、圆扇形、圆弓形及其他少数图形的面积. 此外, 阿基米德还提供了计算抛物线弓形面积的方法[1]. 他当时所使用的方法, 以抛物线的特殊性质为根据, 是富于机智的. 由阿基米德的这一成就看来, 我们不免要这样揣想: 每一个新的面积计算问题就需要他的更机智而又更困难的探究. 但是根据牛顿-莱布尼茨定理, 切线问题的倒转可解决面积问题, 因此也就立刻有可能把各种各样极不相同的曲线所围成的面积一一计算出来. 当这一情况刚才显露端倪的时候, 数学家的欢喜赞叹是不言而喻的. 此其结果, 就有了一种普遍的方法, 适用于不可胜数的最不相同的图形. 容积、曲面积、曲线长度、非均匀物体的重量等等的计算也是如此.

在力学中新方法的成就更为巨大. 似乎没有一个力学上的问题是新的演算法所不能阐明, 所不能解决的.

在此稍前的时候, 巴斯卡已经把托利拆里真空在山上随着高度的上升而增大的现象解释为在上升时大气压力减小的结果. 但压力的减小是按照怎样的规律的呢? 这问题此时借助于简单微分方程的讨论便告解决了.

航海的人们都知道, 只要把船缆在系船用的绞盘上缠绕一、二周, 就已经一个人能够把一条大船靠码头带住. 这是为什么呢? 这

1) 关于这一方法, 可参阅《数学通报》1957 年 1 月号第 14 页. ——译者注

问题原来在数学上跟上一个问题几乎完全相同，因而可以立即得到解答.

所以在数学分析建立后，随着而来的是它的应用在技术与自然科学的最不相同的各种领域中蓬勃发展的时期. 经由特殊问题中某些特征的抽象化而创造出来的数学分析这样就反映着物质世界的十分现实和深刻的性质，而且正因为如此才成为对这样广大范围的种种问题进行研究的工具. 刚体的力学运动, 流体和气体的运动, 其个别粒子的运动和质量流动的规律, 热与电的过程, 化学反应的进程等等——所有这些现象都有相应的各门科学广泛地使用着数学分析的工具来加以研究.

在分析的应用领域扩大起来的同时，分析本身也无限量地丰富起来; 分析的这些分支, 如级数论、分析在几何上的应用、微分方程论, 就一一产生并日趋完善.

在十八世纪中叶的数学家中间很流行着这样一种意见: 自然科学上的任何问题, 只要做得到从数学上来理解, 也就是说, 找得到它的正确的数学描述, 就可以借助于解析几何学与微积分学而获得解决.

渐渐地开始出现了更复杂的需要把所说方法进一步发展的自然科学与技术问题. 为了要解决这些问题, 就相继创立了数学的更多的分支: 变分学、复变函数论、场论、积分方程、泛函分析, 借以解决各类新的问题. 但是这些新的演算法在实质上都是十七世纪所发明的卓越演算法的直接延续和推广, 十八世纪最伟大的数学家 D. 伯努利(1700—1782)、欧拉 (1707—1783) 与拉格朗日 (1736—1813), 在开辟科学中的新途径时, 就经常地从精确科学上的迫切问题出发. 数学分析的强有力发展在十九世纪也继续不已. 在那一世纪中生活并进行创作的, 有那样著名的数学家, 如高斯(1777—1855)、柯西(1789—1857)、奥斯特洛格拉特斯基(1801—1861)、车比雪夫(1821—1894)、黎曼 (1826—1866)、阿贝尔(1802—1829)、魏尔斯特拉斯(1815—1897), 都在数学分析的发展中作出了极重大的贡献.

天才的俄罗斯数学家罗巴切夫斯基也影响了数学分析中某些问题的发展.

我们还要提一提生活在十九与二十世纪之际的最杰出数学家：马尔科夫(1856—1922)、李雅普诺夫(1857—1918)、庞加来(1854—1912)、克莱茵(1849—1925)、希尔伯特(1862—1943).

在十九世纪后半发生了对分析基础本身所进行的深刻而批判性的修正和更明确的定义. 已经积累起来的各种各样强有力的分析方法于是获得了共同的、有系统的、跟已经提高了的数学严密性水准相适应的基础. 正是所有这些方法, 连同算术、代数、几何与三角, 人们用来从数学上去理解周围的世界, 描述所发生的种种现象, 并且解决与这些现象有关的在实践上重要的问题.

在我们苏联, 自从伟大的十月社会主义革命以来, 数学分析, 跟整个的数学科学一起, 获得了特别充分而全面的发展和规模广泛的应用.

在所有的高等工业学校里都学习着解析几何、微积分及微分方程论, 因此数学的这些领域在苏联是千百万人所熟悉的; 在许多中等技术学校里则讲授着这些科学的初步知识; 在中等学校里怎样学习这些知识的问题也已经提了出来.

在最近的时期, 由于大型快速数学计算机的使用, 在数学中产生了一个新的转折点. 这种计算机, 跟所有的上述数学分支结合起来, 给人们提供了各种新的不平凡的可能性.

现在, 数学分析, 连同从分析中生长起来的各部分, 乃是一门枝叶繁茂的数学科学, 由彼此有紧密联系的广阔而独立的分支所构成, 这些分支个个在日趋完善并向前进展, 同时在这些成就中有相当大的部分是属于苏联的科学家的.

生活上的需要, 跟技术的宏大发展有关联的问题是数学分析的比先前任何时候更为巨大的主导力量. 其次轮到超音速航空动力学的数学问题, 这些问题的解决已逐渐地获得成就. 数学物理学上的一些最困难的问题现在已转入有可能求出实际数值解的阶段. 在近世物理学中, 像量子力学(而与此有关的就是微观世界现象的理解问题)那样的理论不仅需要近世数学分析的最高深部分来解决它的问题,而且非用分析的工具无法说明它的基本概念.

这一章的目的在于用通俗的形式使只懂得初等数学的读者认识分析的那样基本、原始的概念,如函数、极限、导数与积分,是怎样发生的以及有哪些最简单的应用. 分析的一些特殊分支则将在本书的其他几章中加以表述. 因此这一章带有比较初等的性质,在已经熟悉寻常分析教程的读者尽可把它略去而无损于对后文的了解.

§2. 函　　数

函数概念　在自然界中各种物体和各种现象是有机地互相关联的,彼此相依赖的. 稳固不变的最简单关系,很早就有人加以研究了. 关于这种关系的知识逐渐积累起来,便形成为物理的定律. 在多数的场合,这指出了在数量上描述某些现象的几个不同的量是紧密地互相关联的,一个量完全决定于其他的量的值. 例如,矩形的两边的长短就把它的面积完全确定, 已给的气体的体积在温度固定时决定于它的压力,已给的金属杆的伸长度决定于它的温度,等等. 类似的规律性就正是函数概念的根源.

代数公式使我们能够从进入公式的文字量的每一个值求出公式所表达的量的值, 因而在这种公式中早已含有函数的概念了. 让我们来看几个由公式表出的函数的例子.

1. 设在起始的瞬时质点是静止的,然后由于重力的作用开始下坠. 于是质点在时间 t 内所经历的路程 s 就由下列公式表出:

$$s = \frac{gt^2}{2}, \tag{1}$$

式中 g 是重力加速度.

2. 从边长为 a 的正方形做成了一个高为 x 的无盖小方盒(图2). 这盒的容积 V 将按公式

$$V = x(a - 2x)^2 \tag{2}$$

来计算. 公式(2)使我们能够从每一个高度 x(这种 x 显然满足不

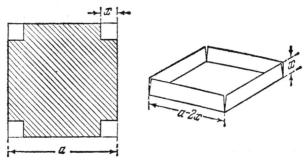

图 2

等式 $0 \leqslant x \leqslant \dfrac{a}{2}$)求出盒的容积.

3. 设在圆形溜冰道的中心树立一柱,并在柱顶高达 h 的地方安上一灯(图3). 溜冰道的照度 T 就可以由下列公式表出:

$$T = \frac{A \sin \alpha}{h^2 + r^2}, \tag{3}$$

式中 r 是溜冰道的半径, $\mathrm{tg}\, \alpha = \dfrac{h}{r}$, 而 A 是某一个表示灯光强度的量. 知道了高度 h, 我们可以从公式(3)把 T 算出.

4. 二次方程

$$x^2 + px - 1 = 0 \tag{4}$$

的根可由公式

$$x = -\frac{p}{2} \pm \sqrt{1 + \frac{p^2}{4}} \tag{5}$$

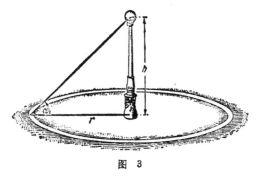

图 3

来计算.

公式一般所具有的特征, 特别是上举各公式所具有的特征, 在于按照公式就有可能从一个量(时间 t, 盒高 x, 柱高 h, 方程的系数 p)所可取的任何预先给定的值算出另一个量(路程 s, 容积 V, 照度 T, 方程的根 x)的相应值; 这里所说的第一个量称为自变量, 而第二个量称为因变量或第一个量的函数.

所举各公式都提供了我们函数的例子: 质点所经历的路程 s 是时间 t 的函数; 盒的容积 V 是盒高 x 的函数; 溜冰道的照度 T 是柱高 h 的函数; 二次方程(4)的两个根是系数 p 的函数.

必须指出, 在有一些场合, 自变量可以取任何预先给定的数值, 如例 4 中的自变量, 即二次方程 (4) 的系数 p, 便可以是任意的数. 在另外一些场合, 自变量只从某一个预先确定的数集中取任何一值, 如在例 2 中盒的容积是盒高 x 的函数, 其自变量可以从满足不等式 $0 \leqslant x \leqslant \dfrac{a}{2}$ 的数集中取任何一值. 正好同样地, 在例 3 中溜冰道的照度 T 是柱高 h 的函数, 其自变量在理论上可取满足不等式 $h > 0$ 的任何一值, 但在实际上只能取满足不等式 $0 < h \leqslant H$ 的任何一值, 这里的量 H 取决于溜冰场管理处所掌握的技术可能性.

让我们再举一些这样的例子: 公式
$$y = \sqrt{1-x^2}$$
确定了一个实函数, 它所表达的是实数 x 与 y 之间的对应关系, 但显然这不是对所有的 x, 而只是对那些满足不等式 $-1 \leqslant x \leqslant 1$ 的 x 而言. 至于公式
$$y = \lg(1-x^2)$$
所确定的实函数则以满足不等式 $-1 < x < 1$ 的 x 值为限.

因此, 我们须注意到这一情况: 具体的函数不一定可以对 x 的所有可能的数值给出, 而只可以限于 x 的数值的某一个集, 往往就是 x 轴上的某一段(包括或不包括端点在内)[1].

现在我们可以把目前在数学中所通用的关于函数概念的定义提出来了.

若有一个法则存在, 使得属于某一数集的每一个 x 值有一个

---

1) 这样的线段称为区间, 包括端点在内的, 如 $a \leqslant x \leqslant b$, 称为闭区间, 往往记作 $[a, b]$; 不包括端点的, 如 $a < x < b$, 称为开区间, 记作 (a, b). ——译者注

确定的 y 值相对应, 则量 y 就是 (自变) 量 x 的一个 (单值) 函数.

在这定义中居于显著地位的 x 值的集称为函数的定义域.

每一种新的概念常常引起新的符号, 从算术转变到代数的关键在于有可能立出对任何数据适用的公式, ——这种普遍解的寻求便导致了文字符号.

数学分析的课题在于研究种种函数——一个量与另一个量的种种相倚性; 正像在代数中从具体的数转变到任意的数——文字, 在分析中我们从具体的公式转变到任意的函数. "y 是 x 的函数" 一语, 我们将依照惯例写成:

$$y = f(x).$$

正像在代数中对于不同的数使用不同的文字, 在分析中对于不同的相倚性——函数——也使用不同的记法, 如 $y = F(x)$, $y = \varphi(x)$, ….

函数的图形 十七世纪后半最有成效和辉煌的观念之一就是函数概念与几何线条之间有着联系的观念. 要实现这种联系, 比如说, 可以使用笛卡儿直角坐标系, 这自然是读者早已从中学数学教程里粗略地有所认识的.

让我们在平面中给定一个笛卡儿直角坐标系. 这就是说, 我们在这平面中选定两条互相垂直的直线 (横轴与纵轴), 并且在每一条直线上把正方向确定, 于是对应于平面的每一点 M 可以找到两个数 (x, y)——它的坐标, 分别以已选定的尺度表达了点 M 到纵轴与横轴的距离, 但带有相应的正负号[1].

借助于这种坐标系我们就可以用图形把函数表示为某些线条了. 设已给定某一函数

$$y = f(x). \tag{6}$$

我们知道这就意味着, 对于函数定义域中每一个已给的 x, 可以用某种方法把相应的 y 值确定, 比如说, 直接算出. 我们将使 x 取所有可能的数值. 对每一个 x, 让我们按照法则 (6) 把 y 确定, 并在平面中作出具有坐标 x 与 y 的点. 这样, 在 x 轴的每一点 M'

---

1) 数 x 与 y 分别称为 M 的横坐标与纵坐标.

之上[1], 有着坐标为 x 与 $y = f(x)$ 的点 M(图 4). 所有的点 M 的集合就构成某一线条, 我们将称之为函数 $y = f(x)$ 的图形.

因此, 所谓函数 $f(x)$ 的图形, 就是坐标满足方程(6)的点的几何轨迹.

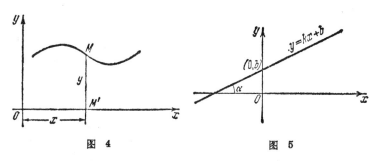

图 4   图 5

在中学里我们已经认识了最简单函数的图形. 例如, 读者想必知道函数 $y = kx + b$, 其中 k 与 b 是常数, 用图形表出, 就是一条直线(图 5), 它与 x 轴的正方向构成一个满足 $\mathrm{tg}\,\alpha = k$ 的夹角 α, 并与 y 轴相交于点$(0, b)$. 这个函数有线性函数之称.

线性函数在应用上可特别频繁地碰到. 我们都记得有许多物理定律相当准确地由线性函数表出. 例如, 物体长度 l 可以很近似地当作是物体温度的线性函数:

$$l = l_0 + \alpha l_0 t,$$

式中 α 是线膨胀系数, l_0 是物体在 $t = 0$ 时的长度. 若 x 是时间而 y 是一点在时间 x 内所经历的路程, 则线性函数 $y = kx + b$ 显然就表示该点正在以速度 k 作匀速运动; 而数 b 所记的是在 $x_0 = 0$ 的瞬时我们的点与路程起算处的距离. 线性函数所以得到极广泛的使用, 不仅是由于这函数本身的简单, 也因为不均匀的变化至少在小的分段上有近似地当作均匀的可能.

在其他的场合则必须应用另外的函数相倚性. 例如, 我们都记得玻义耳-马里奥特定律:

---

1) 这里显然假定 y 得正值. 若 y 值为负, 则 M 将在 M' 之下. ——译者注

$$v = \frac{c}{p},$$

式中 p 与 v 之间的相倚性乃是这两个量的一种反比关系，这种相倚性的图形就是双曲线（图 6）.

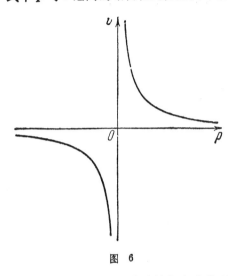

图 6

单就玻义耳-马里奥特物理定律而论，这相当于 p 与 v 都取正值的场合，在图形中就由双曲线在第一象限内的分支来描述.

振动过程的场合是伴有周期运动的，而周期运动则常常由我们已知是周期地变化的三角函数来描述. 例如，把一个悬挂着的弹簧在其弹性限度内拉长，因而使其失去平衡，那末弹簧的一点 A 将作垂直的振动，可由下列定律颇准确地表出：

$$x = a\cos(pt + \alpha),$$

式中 x 是 A 点跟平衡位置的距离，t 是时间，而数 a, p 及 α 是某些常量，分别由弹簧的物质、大小及初应力来确定.

应当注意到一个函数可以在不同的区域中用不同的公式来定义，而且这是可以取决于事物的具体情况的. 例如，一克水(冰)的温度 t 与其中所含的热量 Q 之间的相倚性 $Q = f(t)$，当 t

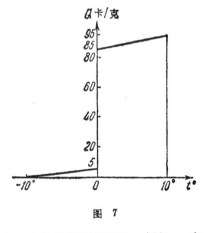

图 7

变动于 $-10°$ 与 $+10°$ 之间时，是一个完全确定而难以用单独一个公式表出的函数[1]，但这函数是易于由两个公式给出的. 由于冰的热容量等于 0.5 而水的热容量等于 1, 若在一定条件下取 $-10°$ 时的量 $Q=0$, 则这函数就可以在 t 变动于区间 $-10°\leqslant t<0°$ 时由公式

$$Q=0.5t+5$$

表出, 在 t 变动于区间 $0°\leqslant t\leqslant 10°$ 时由另一公式

$$Q=t+85$$

表出. 当 $t=0$ 时, 这函数是不定的——多值的；为便利起见可以假定当 $t=0$ 时它取一个完全确定的值, 比如说, $f(0)=45$. 函数 $Q=f(t)$ 的图形已在图 7 中绘出.

我们已经举了许多由公式给出的函数的例子. 借助于公式来给出函数, 从数学的观点看来, 是最重要的；因为当函数由公式给出时, 对于用数学方法来讨论函数的性质, 具备着最有利的条件.

但不要以为公式是给出函数的唯一方法. 我们还有许多其他的方法, 其中具有特殊意义的是函数的图形, 它提供了函数的一目了然的几何表现. 这可以从下面的例子得到很好的说明.

为了要知道空气的温度在一昼夜间怎样变化, 在气象台上使用着一种仪器, 叫做温度记录器. 这种记录器的主要部分是借助于时钟机构而绕轴自转的圆筒和对温度变化极为灵敏的弓形黄铜匣. 当温度增高时铜匣自行伸直, 因此借杠杆装置而连结在匣上的自动书写笔就会上升. 反之, 温度的减低则使笔下移. 在圆筒上适当地缠着划有格线的纸带, 而自动笔就在这纸带上绘出连续不断的线条——函数 $T=f(t)$ 的图形, 表达了时间与空气温度之间的相倚性. 借助于所得到的图形, 用不着计算, 便可以确定每一瞬时 t 的温度 T 了.

刚才所举的例子表明图形可以单独地确定函数, 不管它是不

---

1) 这并不是说, 这样的表达不可能. 在第二卷第十二章中将指出怎样求得单独的公式.

是由公式给出.

可是，我们将来还要回到这个问题(见第二卷第十二章)并证明下面这个极重要论断的正确性，每一个连续的图形可以用某一个公式，或者照仍然通行的说法，某一个分析式来表达，对于很多不连续的图形说来，这也是确实的[1]。

我们要指出，这个具有重大原则性意义的论断还只在上一世纪的中叶才在数学里被充分领会. 在此时之前，数学家们把"函数"一词仅仅理解为分析式(公式)，但同时他们错误地以为决不是每一个连续的图形有相应的分析式，并且推想，若一个函数由公式给出，则它的图形，跟其他的图形相比，应当具有特别美好的性质.

但在十九世纪发现了所有的连续图形都可以由或多或少地复杂的公式给出. 因此分析式在作为确定函数的一种方法时所独有的作用已告动摇，结果便形成了新的、更灵活的、关于函数概念的定义，就是我们在上文所提出的定义. 根据这个定义，要把变量 y 称为变量 x 的函数，只须有一个法则存在，使得在这函数的定义域中的每一个 x 值有一个完全确定的 y 值相对应就是，不管这一法则由怎样的方法给出：公式、图形、表格或还有任何其他的方法.

在这里不妨指出，上述定义在数学文献中往往跟数学家狄利克雷的名字连在一起. 应当着重说明，跟狄利克雷同时，这个定义也曾由罗巴切夫斯基独立地提出.

最后，我们建议读者绘出下列各函数的图形作为一种练习：
x^3, $\sqrt{x}$, $\sin x$, $\sin 2x$, $\sin\left(x+\dfrac{\pi}{4}\right)$, $\ln x$, $\ln(1+x)$, $|x-3|$, $\dfrac{x+|x|}{2}$.

读者也应当看得很清楚，使关系式
$$f(-x)=f(x)$$
对一切 x 值成立的函数有对称于 y 轴的图形；而在关系式

---

1) 自然，只有当"公式"与"分析式"两个名词在数学中究竟何解释被确切地规定以后，读者才会完全明了上面所说的论断.

$$f(-x) = -f(x)$$

的场合, 则其图形对称于坐标原点. 试想一想怎样可以从 $f(x)$ 的图形得到 $f(a+x)$ 的图形, 其中 a 是一个常数. 最后, 试探究怎样可以借助于 $f(x)$ 与 $\varphi(x)$ 的图形找到复合函数 $y=f[\varphi(x)]$ 的值.

§3. 极 限

在 §1 里已经说过, 近世数学分析运用着一种独特的方法, 这方法经历了许多世纪方才炼成而它正是分析中的基本推论工具. 这里所说的就是无穷小法, 或者照实质上完全相同的说法, 就是极限法. 我们将力求说明这些概念. 为此, 让我们来看一看下面的例子.

我们要计算由抛物线 $y=x^2$, x 轴以及直线 $x=1$ 所围成的面积 (图 8). 初等数学没有提供我们解决这一问题的方法. 但这正是我们可以在这里做到的.

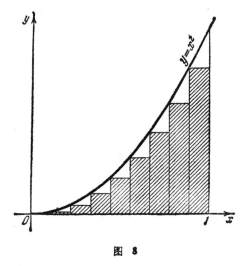

图 8

让我们用下列各点:

$$0, \ \frac{1}{n}, \ \frac{2}{n}, \ ..., \ \frac{n-1}{n}, \ 1$$

把 x 轴的一段 $[0, 1]$ 分成 n 个相等的小段, 并在每一个小段上作出左上角碰到抛物线的矩形. 结果我们就得到图 8 中加有阴影的一连串矩形, 其面积的总和 S_n 等于:

$$S_n = 0 \frac{1}{n} + \left(\frac{1}{n}\right)^2 \frac{1}{n} + \left(\frac{2}{n}\right)^2 \frac{1}{n} + \cdots + \left(\frac{n-1}{n}\right)^2 \frac{1}{n}$$

$$= \frac{1^2 + 2^2 + \cdots + (n-1)^2}{n^3} = \frac{(n-1)n(2n-1)^{1)}}{6n^3}.$$

让我们把量 S_n 写成下面的样子:

$$S_n = \frac{1}{3} + \left(\frac{1}{6n^2} - \frac{1}{2n}\right) = \frac{1}{3} + \alpha_n. \tag{7}$$

随着 n 而定的量 α_n,虽然形式颇繁,却具有一种值得注意的性质:若 n 无限制地增大,则 α_n 将趋于零. 这一性质还可以这样来表述:给定任意的正数 ε,便可挑出这样大的值 N,使得就大于 N 的一切 n 而论,数 α_n 的绝对值将小于已给的 $\varepsilon^{2)}$.

就近世数学中所理解的无穷小量而言,量 α_n 就是无穷小量的一个例子.

从图 8 我们看到,若数 n 无限制地增大,则加有阴影的矩形面积的总和 S_n 将趋于所求曲线形的面积. 另一方面,由于 α_n 在 n 无限制增大时趋于零,等式 (7) 就显示总和 S_n 同时趋于 $\frac{1}{3}$. 由此可知所求的曲线形面积等于 $\frac{1}{3}$,而我们的问题已告解决.

所阐述的方法因此可归结如下. 为了要寻求某一个量 S,我们引用了另外一个向它趋近的变量 S_n,这变量按照某一种法则

---

1) 在显而易见的等式 $(k+1)^3 - k^3 = 3k^2 + 3k + 1$ 中, 依次令 $k=1, 2, \cdots, n-1$, 然后把各等式的左方与右方分别相加并令 $\sigma_n = 1^2 + 2^2 + \cdots + (n-1)^2$, 可得 σ_n 的方程 $n^3 - 1 = 3\sigma_n + \frac{3(n-1)n}{2} + n - 1$, 把这方程解出,得

$$\sigma_n = \frac{(n-1)n(2n-1)}{6}.$$

2) 例如,设 $\varepsilon = 0.001$,则可取 $N = 500$. 事实上,因为

$$\frac{1}{6n^2} < \frac{1}{2n}$$

对于整数的 n 成立,所以当 $n > 500$ 时有

$$|\alpha_n| = \left| \frac{1}{6n^2} - \frac{1}{2n} \right| = \frac{1}{2n} - \frac{1}{6n^2} < \frac{1}{2n} < 0.001.$$

类似地可以给定任意小的 ε 值,比如说:

$$\varepsilon_1 = 0.0001, \quad \varepsilon_2 = 0.00001, \cdots,$$

并且像上面一样选择与此相应的值 $N = N_1, N_2, \cdots$.

随着自然数 $n=1, 2, 3, \cdots$ 而经历个别的特殊值 $S_1, S_2, S_3, \cdots$, 于是，在指出了变量 S_n 可写成常数 $\frac{1}{3}$ 与无穷小量 α_n 的和式以后，我们就断定 S_n 趋于 $\frac{1}{3}$，因而 $S = \frac{1}{3}$. 使用近世极限论的语言于这一场合，我们可以说，当 n 无限制增大时，变量 S_n 趋向一个极限，而这极限等于 $\frac{1}{3}$.

现在让我们给所说概念提出一个准确的定义.

若变量 $\alpha_n (n=1, 2, \cdots)$ 具有这样的性质：对于无论怎样小的一个正数 ε，总可以挑出那样一个足够大的 N，使得不等式 $|\alpha_n| < \varepsilon$ 在 $n > N$ 时成立，则我们便说，α_n 是一个无穷小量[1]，并记作

$$\lim_{n \to \infty} \alpha_n = 0 \quad \text{或} \quad \alpha_n \to 0.$$

另一方面，若某一变量 x_n 可以写成和式，

$$x_n = a + \alpha_n,$$

其中 a 是某一个常数而 α_n 是无穷小，则我们便说，变量 x_n 在 n 无限制增大时趋于数 a，并记作

$$\lim x_n = a \quad \text{或} \quad x_n \to a.$$

数 a 称为 x_n 的极限. 特别是无穷小量的极限显然是零.

让我们来看一些变量的例子：

$$x_n = \frac{1}{n}, \quad y_n = -\frac{1}{n^2}, \quad z_n = \frac{(-1)^n}{n}, \quad u_n = \frac{n-1}{n} = 1 - \frac{1}{n};$$

$$v_n = (-1)^n \quad (n=1, 2, 3, \cdots).$$

显然，x_n, y_n 与 z_n 都是无穷小，其中第一个渐减地趋于零，第二个始终取负值，渐增地趋于零，而第三个振荡于零的左右而趋于零. 其次，$u_n \to 1$ 而 v_n 根本没有极限，因为随着 n 的增加并不趋近任何常数，却始终振荡，时而取值 1，时而取值 -1.

在分析中起着重大作用的还有无穷大量[2]的概念. 所谓无穷

---

1) 无穷小量往往简称为无穷小. ——译者注

2) 无穷大量也往往简称为无穷大. ——译者注

大量，我们定义为具有下述性质的变量 $x_n(n=1, 2, 3, \cdots)$，对于无论怎样大的一个正数 M，总可以说出那样一个 N，使得

$$|x_n| > M$$

在 $n > N$ 时成立.

量 x_n 是无穷大这一事实我们记作

$$\lim x_n = \infty \quad \text{或} \quad x_n \to \infty.$$

关于这样的量 x_n，我们说它趋于无穷大. 若同时从某一个值起这个量就总是正的(或负的)，则记作 $x_n \to +\infty$(或 $x_n \to -\infty$). 例如，当 $n = 1, 2, 3, \cdots$，

$$\lim n^2 = +\infty, \quad \lim(-n^2) = -\infty;$$

$$\lim \lg \frac{1}{n} = -\infty, \quad \lim \text{tg}\left(\frac{\pi}{2} + \frac{1}{n}\right) = -\infty.$$

不难看出，若量 α_n 是无穷大，则 $\beta_n = \dfrac{1}{\alpha_n}$ 是无穷小，而反之亦然.

两个变量 x_n 与 y_n 可以彼此相加、相减、相乘及相除，并且，一般地说，就得出新的变量：和 $x_n + y_n$，差 $x_n - y_n$，积 $x_n y_n$ 及商 $\dfrac{x_n}{y_n}$. 它们将分别取得下列特殊值：

$$x_1 \pm y_1, \ x_2 \pm y_2, \ x_3 \pm y_3, \ \cdots$$

$$x_1 y_1, \ x_2 y_2, \ x_3 y_3, \ \cdots$$

$$\frac{x_1}{y_1}, \ \frac{x_2}{y_2}, \ \frac{x_3}{y_3}, \ \cdots.$$

读者也可以独自证明这样一个颇为明显的事实：若变量 x_n 与 y_n 趋于有尽的极限，则这两个变量的和、差、积、商也各趋极限，而且所趋极限就分别等于原来两个极限的和、差、积、商. 这可以记写如下：

$$\lim(x_n \pm y_n) = \lim x_n \pm \lim y_n;$$

$$\lim(x_n y_n) = \lim x_n \lim y_n;$$

$$\lim \frac{x_n}{y_n} = \frac{\lim x_n}{\lim y_n}.$$

只有在商的场合,我们必须假定分母的极限$(\lim y_n)$不等于零. 若 $\lim y_n = 0$ 而 $\lim x_n \neq 0$,则 x_n 与 y_n 的比已经不趋于有尽的极限而趋于无穷大了.

若分子与分母同时都趋于零,则将发生一种极有趣而又重要的场合. 在这种场合,无法预先说出, 比 $\frac{x_n}{y_n}$ 是否将趋于一个极限,因为这问题的答案完全取决于 x_n 与 y_n 向零趋近的特征. 例如,若

$$x_n = \frac{1}{n}, \quad y_n = \frac{1}{n^2}, \quad z_n = \frac{(-1)^n}{n} \quad (n=1, 2, 3, \cdots),$$

则 $$\frac{y_n}{x_n} = \frac{1}{n} \to 0, \quad \frac{x_n}{y_n} = n \to \infty.$$

另一方面,量

$$\frac{x_n}{z_n} = (-1)^n$$

显然不趋于任何极限.

这样, 比式的分子与分母都趋于零的场合是不可能用一般的定理来预先说明的;对于每一个这样的比式必须各别地进行特殊的探讨.

以后我们将看到, 微分学的基本问题,也可以说就是在非匀速运动中求某一瞬时的速度问题,归结于确定两个无穷小量——路程增量与时间增量——之比的极限.

以上我们考虑了这样的一种变量 x_n, 它在下标 n 无限制地经历一系列的自然数 $n=1, 2, 3, \cdots$ 时取得一连串的数值 $x_1, x_2, x_3, \cdots, x_n, \cdots$. 但是我们也可以考虑 n 连续地变化,像时间一样,并且在这一条件下类似地来定义变量 x_n 的极限. 这种极限的性质是跟上面对离散(即不连续)变量所陈述的性质完全相类似的. 还要注意 n 无限制增大的情况在这里并不怎样重要,我们可以同样有效地考虑 n 在连续地变化时趋近于某一个已给定的值 n_0.

作为一个例子,让我们来考察量 $\frac{\sin x}{x}$ 在 x 趋近于零时的变化.左表是当 x 取某些值时这一个量的数值(x 的值假定是用弧度表出的).

x	$\frac{\sin x}{x}$
0.50	0.9589⋯
0.10	0.9983⋯
0.05	0.9996⋯
⋯	⋯

显然,随着 x 的趋近于零,量 $\frac{\sin x}{x}$ 趋于1,但是这当然还需要严格的证明.要得到这个证明,比如说,可以从不等式

$$\sin x < x < \mathrm{tg}\, x$$

出发,这不等式是对于第一象限内所有异于零的角都成立的.用 $\sin x$ 除不等式的所有部分,得

$$1 < \frac{x}{\sin x} < \frac{1}{\cos x},$$

因此,
$$\cos x < \frac{\sin x}{x} < 1.$$

但是因为 $\cos x$ 随着 x 的向零减小而趋于1,所以包含在 $\cos x$ 与 1 之间的量 $\frac{\sin x}{x}$ 也趋于1,即

$$\lim_{x \to 0} \frac{\sin x}{x} = 1.$$

我们在后面就有机会要应用到这一个情况.

上面的等式我们是就 x 始终取正值而趋于零的场合来证明的.对这证明略加显而易见的改变,也便可以适用于 x 取负值而趋于零的场合.

现在我们还要讨论一个问题.变量可以有极限,也可以没有极限.因此产生这样一个问题:我们能不能给出一些准则,借以断定哪些变量确有极限存在.在可能给出准则的各种场合中,有一种重要而且足够普遍的,我们要在这里说一说.试想像变量 x_n 是增大的,或者至少是不减小的,也就是说满足不等式

$$x_1 \leqslant x_2 \leqslant x_3 \leqslant \cdots$$

的,并且还发现变量的所有这些值不超过同一个数 M,即 $x_n \leqslant M$

$(n=1, 2, 3, \cdots)$. 若把 x_n 诸值及数 M 都在 x 轴上标出，则可见动点 x_n 在轴上向右移动而始终在点 M 的左面. 很显然，变点 x_n 必然要趋于某一个极限点 a，这一点或者位于 M 点的左面，或者在极端的场合跟 M 相合.

这样，在所考虑的场合，我们的变量有极限

$$\lim x_n = a$$

存在.

上述推论带有直观性，但是不能够当作证明. 在现代的数学分析教程中，以实数理论作为基础，都提供了这一事实的完备的根据.

作为一个例子，让我们来考虑变量

$$u_n = \left(1 + \frac{1}{n}\right)^n \quad (n=1, 2, 3, \cdots).$$

它的最初几个值 $u_1 = 2$, $u_2 = 2.25$, $u_3 \approx 2.37$, $u_4 \approx 2.44$, $\cdots$，我们看得出是增大的. 把我们的式子按牛顿二项式展开后，可以证明它对 n 的任何值都是增大的. 而且还可以轻而易举地证明，不等式 $u_n < 3$ 对一切 n 成立. 在这样的场合，我们的变量必然有不超过数 3 的极限. 我们将在后面看到，这个极限在数学分析中起着很重大的作用，在某种意义上说来正是对数的最自然的底.

这个极限通常用字母 e 记出. 它等于

$$e - \lim_{n \to \infty} \left(1 + \frac{1}{n}\right)^n - 2.718281828459045\cdots.$$

更详细的研究证明了数 e 不是有理数[1].

还可以证明，所考虑的极限不仅在 $n \to \infty$ 时而且在 $n \to -\infty$ 时存在并等于 e. 同时，在两种场合，n 都可以不仅仅经历整数的值.

我们还要说一说极限概念在自然科学中的一种重要作用. 这作用就在于这样一件显著的事实：只有借助于极限概念（经过取极

---

1) 关于这一点，我们应当指出，有理数，即形如 $\frac{p}{q}$ 的数，其中 p 与 q 都是整数，经过加、减、乘、除（但不能以零作除数）的运算后，结果还是有理数. 但在极限运算中这就不一样了. 有理数序列的极限可以是无理数.

限的步骤)我们才得以对自然科学中所碰到的许多具体的量给出完全而详尽的定义.

姑且让我们来考虑下面这个几何的例子. 在中学的几何教程里我们先研习由直线段所围成的图形. 然后提出比较困难的关于寻求有已知半径的圆周长度的问题.

把求解这问题时所存在的困难加以分析,可归结如下.

我们必须看得很清楚,什么是圆周长度,也就是说,我们必须给出它的准确定义. 要紧的是这定义应当归结到直线段的长度,并且从这定义也应当有可能把圆周长度有效地算出.

不言而喻,计算的结果应该跟实践吻合. 比如说,我们有一个由实物(例如纱线)所做成的圆周. 把这圆周剪断、拉直,我们应该得到一条直线,它的长度在丈量的准确限度内应该跟计算相合.

从中学教程里我们已经知道这问题的解决归结为下面的定义. 所谓圆周长度,就是圆内接正[1]多边形的周长当边数无限制增大时的极限. 由此可见,所提出的问题在实质上是根据极限概念来解决的.

任意光滑曲线的长度正是类似地加以定义的. 在以下的几节里我们将看到几何与物理量的许多例子,这些量的准确定义也幸亏应用了极限概念方才能够给出.

极限与无穷小的概念是在上一世纪的初叶最后形成的. 它的定义,像上面所提出的那样,是跟柯西的名字连在一起的. 在柯西之前,在数学中还运用着比较不明确的概念. 现代的关于极限的、关于作为变量看待的无穷小的、关于实数的概念都是数学分析随着它的成就的确立和巩固而逐渐发展的结果.

§4. 连 续 函 数

在数学分析所运用的函数中,连续函数构成了主要的一类. 要

---

1) 多边形的正不正无关紧要. 在这里,重要的只是圆内接可变多边形的最大边应当趋于零.

得到连续函数的概念, 我们不妨这样说, 它的图形是连续的, 也就是可以一笔画成的.

在数学上连续函数表现出这样一种我们在实践中常常会碰到的性质, 就是跟自变量的微小增量相对应的是因变量(函数)的微小增量. 物体运动的各种规律 $s=f(t)$, 表达了物体所经历的路程 s 与时间 t 的相倚性, 就可以作为连续函数的绝妙例子. 时间与空间都是连续的, 同时物体运动的这种或那种规律 $s=f(t)$ 在两者之间确立了一定的连续的联系, 其特征就在于跟时间的微小增量相对应的是路程的微小增量.

人们是在观察四周围所谓连绵不绝的介质——固体、液体或气体的, 例如金属、水、空气——的时候达到连续性的抽象概念的. 事实上, 如现在所周知, 每一种物理的介质是由数目众多的相对运动着的单个粒子积累而成. 但这些粒子以及它们之间的距离, 跟在宏观的物理现象中所会碰到的介质的体积相比较, 是那样的微小, 以致许多这样的现象可以充分完善地加以研究, 只要把所研究的介质的质量当作是没有任何空隙而连续地分布在它所占据的空间就够了. 许多物理学的分支, 例如流体动力学、气体动力学、弹性理论, 就是以这样的假设作为基础的. 数学的连续性概念自然在这些以及其他许多分支中起着重大的作用.

让我们来考虑任何一个函数 $y=f(x)$ 以及自变量的一个完全确定的值 x_0. 若我们的函数反映着某一种连续过程的话, 则对应于跟 x_0 相差很小的 x 值应该是跟函数在 x_0 一点上的值 $f(x_0)$ 相差很小的函数值 $f(x)$. 因此, 若自变量的增量 $x-x_0$ 很小, 则相应的函数增量 $f(x)-f(x_0)$ 也应该很小. 换句话说, 若自变量的增量 $x-x_0$ 趋于零, 则函数增量 $f(x)-f(x_0)$ 也应该趋于零, 并可记写如下:

$$\lim_{x-x_0 \to 0} [f(x)-f(x_0)]=0. \tag{8}$$

这一关系式就是函数在 x_0 一点上连续的数学定义.

函数 $f(x)$, 若满足等式(8), 就称为在 x_0 一点上连续.

我们还要提出这样一个定义:

一个函数，若在已给区间的每一点 x_0 上连续，也就是说，若在每一个这样的点上满足等式 (8)，就称为对这区间的所有值连续．

这样，为了要给函数的这样一种性质，即它的图形是一条连续的（按照这一用语的寻常解释）曲线，提出数学的定义，我们必须先给局部的连续性（在 x_0 一点上的连续性）下定义，然后在这基础上来定义函数在整个线段上的连续性．

上述定义，最先由柯西于上世纪初指出，已在现代的数学分析中被普遍采用．通过无数的具体例子的验证，显示了这一个定义恰好符合于我们所原已形成了的关于连续函数的实际概念，比如说，关于连续图形的概念．

读者从中学数学里所早已熟悉的初等函数 x^n, $\sin x$, $\cos x$, a^x, $\lg x$, $\arcsin x$, $\arccos x$ 都可以作为连续函数的例子．所有这些函数都是在它们的定义域上连续的．

若把连续函数相加、相减、相乘、相除（在分母不等于零时），则结果又是连续函数．但在相除时，就那些使分母中的函数变为零的值 x_0 而论，连续性一般地都遭到破坏．所以相除的结果是一个在 x_0 点上间断的函数．

函数 $y = \dfrac{1}{x}$ 在 $x = 0$ 一点上间断，就是这种函数的一个例子．图 9 中所绘的图形是间断函数的另外一些例子．

我们建议读者仔细地把这些图形看一看．我们要指出，函数的间断点是各种各样的：有时候当 x 趋近于函数不连续的 x_0 点时，极限 $f(x)$ 虽存在而异于 $f(x_0)$；有时候，如在图 9c 中，这极限就根本不存在．也有这样的情况，当 x 从一面趋近 x_0 时，$f(x) - f(x_0) \to 0$，而当 x 从另一面趋近 x_0 时，则 $f(x) - f(x_0)$ 已不趋于零．在这种场合，自然我们还是有函数的间断点，虽则对于这个函数我们可以说它是在这一点上"一面连续的"．所有这些场合都可以在所说的图形中看到．

作为一种练习，我们建议由读者自己来回答下面的问题：函数

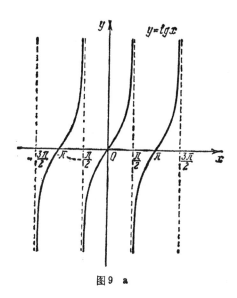

图9 a

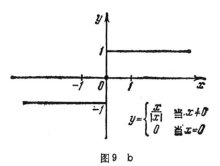

$$y = \begin{cases} \dfrac{x}{|x|} & \text{当} \; x \neq 0 \\ 0 & \text{当} \; x = 0 \end{cases}$$

图9 b

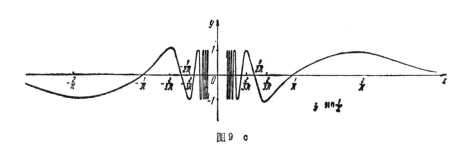

$\sin \dfrac{1}{x}$

图9 c

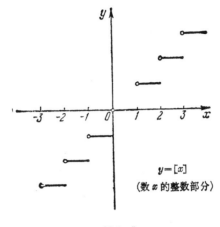

图9 d

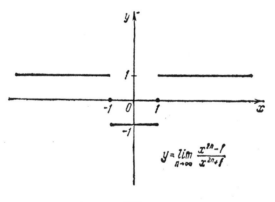

图9 e

$\dfrac{\sin x}{x}$, $\dfrac{1-\cos x}{x^2}$, $\dfrac{x^3-1}{x-1}$, $\dfrac{\operatorname{tg} x}{x}$ 在它们没有定义(就是分母变为零)的点上应该等于怎样的数,才使它们在这些点上连续,而对于函数 $\operatorname{tg} x$, $\dfrac{1}{x-1}$, $\dfrac{x-2}{x^3-4}$ 能不能规定出这样的数?

数学里的间断函数反映出在自然界中所碰到的许多飞跃式的过程. 例如,在冲击的作用下,物体的速度就在数量上有飞跃的改变. 许多质的转变都伴有飞跃. 在§2中我们曾引述了函数 $Q=f(t)$ 的例子, 这函数所表达的是一定数量的水(或冰)中所含的热量跟温度的相倚性. 在临近冰的溶解温度的时候热量 $Q=f(t)$ 随着 t 的变化而发生飞跃的改变.

具有个别间断点的函数,跟连续函数一样,是在分析中很频繁地会碰到的. 至于更复杂的具有无穷多间断点的函数, 我们可以引用所谓黎曼函数来作为一个例子. 黎曼函数是这样一个函数: 它在所有的无理点上等于零而在形如 $x=\frac{p}{q}\left(\text{其中 } \frac{p}{q} \text{ 是既约分数}\right)$ 的有理点上等于 $\frac{p}{q}$. 这函数在所有的有理点上间断而在所有的无理点上连续. 把这函数稍微改动一下, 就毫无困难地可以得到一个到处间断的函数的例子[1]. 我们想顺便指出, 甚至对于这样复杂的函数, 现代的分析也发现了许多饶有趣味的规律性, 在分析的独立分支——实变函数论——中就研究着这种规律性. 苏联的数学家们, 特别是莫斯科函数论学派, 对于这一个在最近五十年来已有异常迅速发展的理论作出了巨大的贡献.

§5. 导　数

导数概念是分析的另一个主要概念. 在历史上它是从下面两个问题的索解而产生的, 就让我们先来考察一下这两个问题.

速度　在这一章的绪论中我们早已给自由落体的速度下了定义. 那时我们利用取极限的步骤, 从一小段路程上的平均速度求出了某一点上某一瞬时的速度. 我们正可以根据同样的方法来定义任何非匀速运动中的瞬时速度. 事实上,设函数

$$s=f(t) \tag{9}$$

所表达的是质点所经历的路程 s 跟时间 t 的相倚性. 为了要得出在瞬时 $t=t_0$ 的速度, 让我们来考虑从 t_0 到 $t_0+h(h\neq0)$ 的某一段时间. 在这段时间内质点将经历路程

---

1) 只要让它在无理点上不等于零, 比如说, 等于1就够了.

$$\Delta s = f(t_0 + h) - f(t_0).$$

在这段路程上的平均速度 v_{cp} 将随 h 而变:

$$v_{cp} = \frac{\Delta s}{h} = \frac{1}{h}\{f(t_0 + h) - f(t_0)\},$$

若 h 愈小,则以 v_{cp} 表达瞬时 t_0 的真正速度就愈准确。由此可知,在瞬时 t_0 的真正速度等于路程增量与时间增量之比当后者始终不等于零而趋于零时的极限:

$$v = \lim_{h \to 0} \frac{f(t_0 + h) - f(t_0)}{h}.$$

为了要算出在各种不同运动规律中的速度,我们还得学会怎样对各种不同的函数 $f(t)$ 去求出这个极限。

切线 另外一个问题,而且是几何上的问题——就是在任意平面曲线上求作切线的问题——也引导到完全相类似的极限的寻求。

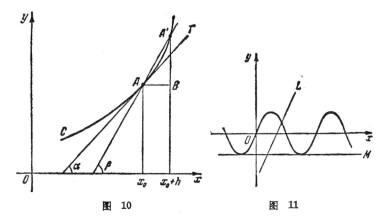

图 10　　　　　　　图 11

设曲线 C 是函数 $y = f(x)$ 的图形而 A 是 C 上具有横坐标 x_0 的一点(图 10)。怎样的直线称为曲线 C 在 A 点上的切线呢?在初等几何学里并未提出这个问题。对于在那里所研究的唯一曲线——圆线,我们把切线定义为跟圆周仅有一个公共点的直线。但是对于其他曲线,同样的定义显然将不符合"切线"的直觉概念了。例如,在图 11 中所绘的两条直线 L 和 M,前一条虽跟图中的曲线(正弦曲线)只有一个公共点,显然不与曲线相切,而后一条跟曲线有许多公共点,却在每一个这样的点上与曲线相切.

为了要给切线下定义,让我们考虑曲线 C 上(图 10)异于 A 而具有横坐标 x_0+h 的另外一点 A'. 作割线 AA' 并把它与 x 轴所成的夹角记作 β. 现在我们让点 A' 沿着曲线 C 趋近于 A. 若这时割线 AA' 趋于某一个极限位置,则占有这一极限位置的直线 T 就称为在 A 点上的切线. 显然,直线 T 与 x 轴所成的夹角 α 应该等于动角 β 的极限.

量 $\operatorname{tg} \beta$ 是易于由三角形 ABA'(图 10)来确定的:

$$\operatorname{tg} \beta = \frac{BA'}{AB} = \frac{f(x_0+h)-f(x_0)}{h}.$$

到了极限位置则应该有

$$\operatorname{tg} \alpha = \lim_{A' \to A} \operatorname{tg} \beta = \lim_{h \to 0} \frac{f(x_0+h)-f(x_0)}{h},$$

这就是说,切线的倾斜角的正切等于函数 $f(x)$ 在 x_0 点上的增量与相应的自变量增量之比当后者始终不等于零而趋于零时的极限.

这里还有一个例子,也引导到类似的极限的寻求. 在导线中有一股强度变动不定的电流通过. 我们假设已经知道在时间 t 内流过导线某一固定横截面的电量由函数 $Q=f(t)$ 表出. 于是从 t_0 到 t_0+h 一段时间内将有等于 $f(t_0+h)-f(t_0)$ 的电量 ΔQ 流过这一横截面. 这时平均电流强度等于

$$I_{\mathrm{cp}} = \frac{\Delta Q}{h} = \frac{f(t_0+h)-f(t_0)}{h}.$$

这一比式当 $h \to 0$ 时的极限就给出了在瞬时 t_0 的电流强度:

$$I = \lim_{h \to 0} \frac{f(t_0+h)-f(t_0)}{h}.$$

我们在上面所考虑的三个问题,虽然分属于人类知识的三个不同的领域:力学、几何学与电学,但是都引导到必须就某一函数来施行的同一种数学运算. 我们必须求出函数增量与相应的自变量增量 h 之比当 $h \to 0$ 时的极限. 我们尽可以随便再举出许多最不

相同的问题,如化学反应的速度问题,分布不均匀的质量的密度问题等等,而它们的求解都导致同样的运算. 这种对函数所施行的运算,既然具有这样独特的作用,就得到了一个特别的名称——函数的微分运算. 这种运算的结果则称为导数.

因此,函数 $y=f(x)$ 的导数,或者更准确些说,在给定一点 x 上的导数值是函数增量 $f(x+h)-f(x)$ 与自变量增量 h 之比当后者趋于零时的极限[1]. 我们还往往使用这样的记号: $h=\Delta x$, $f(x+\Delta x)-f(x)=\Delta y$, 于是导数的定义可简写为 $\lim\limits_{\Delta x\to 0}\dfrac{\Delta y}{\Delta x}$.

在 x 点上求得的导数值显然是随着 x 点而变的. 所以函数 $y=f(x)$ 的导数又是 x 的某一个函数. 导数通常是这样记写的:

$$f'(x)=\lim_{h\to 0}\frac{f(x+h)-f(x)}{h}=\lim_{\Delta x\to 0}\frac{\Delta y}{\Delta x}.$$

我们还要指出其他通用的导数记号:

$$\frac{df(x)}{dx},\quad \frac{dy}{dx},\ y'\ \text{或}\ y'_x.$$

应当注意,记号 $\dfrac{dy}{dx}$ 虽然是当作导数的一个单独符号来念的,写出来却像分数的样子. 在随后的几节中,这个"分数"的分子和分母对我们说来将获得独立的意义,而且它们的比式恰巧跟导数相等,于是显得这种写法是完全正确的了.

上面所探究的各个例子的结果现在可以重新叙述如下.

当动点所经历的路程 s 是时间的一个已知函数 $s=f(t)$ 时,动点的速度便等于这函数的导数:

$$v=s'=f'(t).$$

更简略地说,速度是路程对时间的导数.

在横坐标为 x 的点上作出曲线 $y=f(x)$ 的切线,其倾斜角的正切便等于函数 $f(x)$ 在这一点上的导数:

$$\mathbf{tg}\,\alpha=y'=f'(x).$$

---

1) 当然这是就极限存在的场合而言. 在相反的场合,则我们说在所考虑的 x 点上没有导数.

若 $Q=f(t)$ 所表达的是在时间 t 内流过导线横截面的电量,则在瞬时 t 的电流强度 I 便等于函数 $f(t)$ 的导数:

$$I=Q'=f'(t).$$

我们还要提出下面的说明. 非匀速运动的瞬时速度是一个从实践中所产生的纯粹物理概念. 人们是在对各种各样的具体运动进行了无数次的观察之后才达到这一概念的. 物体在其路程的不同分段上所作的非匀速运动的研究, 同时开始的各种不同的非匀速运动的比较, 特别是物体碰撞现象的研究——这一切构成了非匀速运动的瞬时速度这一物理概念所由创造的实际资料. 但是速度的确切定义一定必须本身包含有确定速度数量的方法. 借助于导数概念这才可能做到.

在力学中, 根据定义, 若一个物体按照规律 $s=f(t)$ 运动, 则其在瞬时 t 的速度数量就假定为等于函数 $f(t)$ 在 t 值上的导数.

这一节开头的推导, 一方面表明了引用这种求导数的运算是有利的, 而另一方面也给上述瞬时速度的定义找到了合理的根据.

因此, 当我们刚提出在非匀速运动中寻求动点速度的问题时, 实在说来, 我们还只有关于速度数量的经验上的概念而并无确切的定义. 由于相应的分析的结果, 我们才达到了瞬时速度数量的确切定义. 所得到的结果具有极重要的实际意义, 因为在这个定义的基础上我们的关于速度的经验上概念更平添了把速度计算出来的可能性.

上面所说的话自然也适用于电流强度以及表示这种或那种(物理、化学等等)过程的速度的其他许多概念.

我们现在所指出的情况可以作为无数同类事实的范例: 这就是实践引导到具有现实意义的一定概念(速度、功、密度、面积等等), 而数学使这概念获得清楚的定义, 于是我们就有可能在我们所需要的计算中对所说的概念进行运算.

我们在这一章的开头早已指出了导数概念的发生首先是由于许多世纪以来竭力对曲线的切线及非匀速运动的速度两个问题进行探索的结果. 类似的问题以及在后面将要讲到的面积计算问题

从古时候起就引起了数学家的注意.但直到十六世纪,这种问题的提法和解法还是带有非常特殊的性质. 在这一方面所积累起来的丰富资料就在十七世纪——在牛顿和莱布尼茨的著作中——被系统化地整理而获得了理论上的完成. 欧拉对于近世分析的奠基也作出了极巨大的贡献.

　　可是牛顿和莱布尼茨以及他们的同时代人很少在逻辑上给这一个伟大的数学发明确立根据;在他们的推论方法和所运用的概念中,可以找到许多在我们看来是模糊不清的东西;而且那时候的数学家们自己也意识到这一点, 由他们在相互通信中对这些问题所进行的激烈争论可以作证. 那时候(十七与十八世纪)的数学家们特别紧密地把自己的纯粹数学活动跟各种不同自然领域(物理学、力学、化学、技术)中的研究活动联系起来. 数学问题的提出一般地是由于有实际的需要或愿望去考察这种或那种自然现象. 在问题获得解决后,反正都得经受实际的考验,而正是这种情况有利地指引着数学的研究.

　　导数计算举例　我们既然把导数定义为极限

$$f'(x) = \lim_{h \to 0} \frac{f(x+h) - f(x)}{h},$$

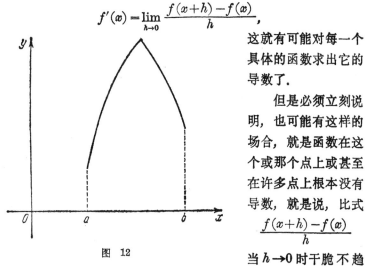

这就有可能对每一个具体的函数求出它的导数了.

　　但是必须立刻说明, 也可能有这样的场合, 就是函数在这个或那个点上或甚至在许多点上根本没有导数, 就是说, 比式

$$\frac{f(x+h) - f(x)}{h}$$

图 12

当 $h \to 0$ 时干脆不趋于任何有限的极限.在函数的每一个间断点上显然就有这种场合,

因为这时,在比式

$$\frac{f(x+h)-f(x)}{h} \qquad (10)$$

中,分子不趋于零而分母无限制地减小. 在函数连续的点上也可以没有导数. 函数图形上的折点(角点)就是一个简单的 例子(图12). 试看图形中的曲线,在这样的点上没有确定的切线,相应于函数没有导数. 往往在这样的点上表达式(10)随着 h 自右或自左趋近于零而趋近于不同的值;但是若 h 任意地趋于零,则比式(10)根本没有极限. 导数不存在的更复杂一些的场合,可举这样一个函数作为例子:

$$y = \begin{cases} x\sin\dfrac{1}{x}, & \text{当 } x \neq 0, \\ 0, & \text{当 } x = 0. \end{cases}$$

这函数的图形已在图 13 中绘出. 它在 $x=0$ 一点上没有导数,因为从图形中显然可见割线 OA,甚至当 A 从一方面趋近于零

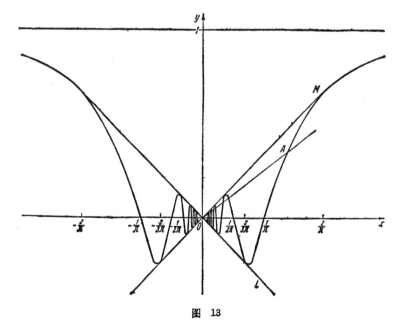

图 13

时, 也不趋于确定的位置. 这时割线 OA 始终在直线 OM 与直线 OL 之间摇摆着. 在这一场合, 比式(10), 甚至在 h 保持着正号或负号而趋于零时, 也相应地没有极限.

最后, 让我们指出, 借助于公式我们还可以纯粹分析地给出在每一点上没有导数的连续函数. 第一个提出这种函数的例子的是上一世纪的著名德国数学家魏尔斯特拉斯.

这样, 把可微分[1]的函数归为一类, 把一切连续函数也归为一类, 则前一类大大地要比后一类来得狭隘.

现在让我们来实地计算一些最简单函数的导数.

1) $y=c$, 式中 c 是常量. 常量可以看作是函数的一种特殊场合, 就是对于任何 x 它总等于同一个数. 它的图形是一条平行于 x 轴而跟 x 轴保持着距离 c 的直线. 这直线与 x 轴所成夹角为 $\alpha=0$, 因此常量的导数显然恒等于零: $y'=(c)'=0$. 由力学的观点看来, 这等式表示不动点的速度等于零.

2) $y=x^2$.

$$\frac{f(x+h)-f(x)}{h}=\frac{(x+h)^2-x^2}{h}=2x+h.$$

当 $h\to 0$ 时[2] 我们得到极限 $2x$, 因而有

$$y'=(x^2)'=2x.$$

3) $y=x^n$ (n 是正整数).

$$\frac{f(x+h)-f(x)}{h}=\frac{(x+h)^n-x^n}{h}$$

$$=\frac{1}{h}\left[x^n+nx^{n-1}h+\frac{n(n-1)}{2!}x^{n-2}h^2+\cdots+h^n-x^n\right]$$

$$=nx^{n-1}+\frac{n(n-1)}{2!}x^{n-2}h+\cdots+h^{n-1}.$$

在最后一个等号右面的各项, 从第二项起都在 $h\to 0$ 时趋于零, 因此

$$y'=(x^n)'=nx^{n-1}.$$

---

1) 有导数存在称为可微分, 简称可微. ——译者注
2) 我们在这里处处认为 $h\neq 0$.

这公式, 无论 n 是正的还是负的, 是分数或甚至是无理数, 也依旧正确, 但是它的证明要用其他方法. 这样, 例如

$$(\sqrt{x})' = (x^{\frac{1}{2}})' = \frac{1}{2} x^{-\frac{1}{2}} = \frac{1}{2\sqrt{x}} \qquad (x > 0);$$

$$(\sqrt[3]{x})' = (x^{\frac{1}{3}})' = \frac{1}{3} x^{-\frac{2}{3}} = \frac{1}{3\sqrt[3]{x^2}} \qquad (x \neq 0);$$

$$\left(\frac{1}{x}\right)' = (x^{-1})' = -1 \cdot x^{-2} = -\frac{1}{x^2} \qquad (x \neq 0);$$

$$(x^n)' = \pi x^{n-1} \qquad (x > 0).$$

4) $y = \sin x$.

$$\frac{\sin(x+h) - \sin x}{h} = \frac{2 \sin \frac{h}{2} \cos\left(x + \frac{h}{2}\right)}{h} = \frac{\sin \frac{h}{2}}{\frac{h}{2}} \cos\left(x + \frac{h}{2}\right).$$

但, 我们在前面已经说明过, 第一个分数在 $h \to 0$ 时趋于 1 而 $\cos\left(x + \dfrac{h}{2}\right)$ 显然趋于 $\cos x$. 所以, 正弦的导数等于余弦:

$$y' = (\sin x)' = \cos x.$$

我们想让读者用同样的推理自己来证明

$$(\cos x)' = -\sin x.$$

5) 在前面(第 103 页)我们已经指出下列极限的存在:

$$\lim_{n \to \infty} \left(1 + \frac{1}{n}\right)^n = e = 2.71828\cdots,$$

前面也已经提到, 在计算这极限时让 n 经历正整数值, 这一情况并不起主要的作用, 连续地趋向 ∞ 也可以. 重要的是加在 1 后面的无穷小量 $\dfrac{1}{n}$, 跟绝对值无限制增大的幂指数 n 是两个彼此互为倒数的量.

接受了这一个论断, 我们就可以轻而易举地求到对数 $y = \log_a x$ 的导数. 我们有

$$\frac{\log_a(x+h) - \log_a x}{h} = \frac{1}{h} \log_a \frac{x+h}{x} = \frac{1}{x} \log_a \left(1 + \frac{h}{x}\right)^{\frac{x}{h}}.$$

由于对数的连续性, 我们得以在极限中把符号 $\log$ 后面的量用它

的极限来替代, 而这极限就等于 e:

$$\lim_{h \to 0} \left(1 + \frac{h}{x}\right)^{\frac{x}{h}} = e.$$

(在这一场合, 增大着的量 $\frac{x}{h}$ 就起着 $n \to \infty$ 的作用.) 结果我们得到了对数的导数公式:

$$(\log_a x)' = \frac{1}{x} \log_a e.$$

这公式在取 e 这个数作为对数的底时变得特别简单. 以 e 作底的对数称为自然对数, 并记作 $\ln x$. 于是我们可以写出

$$(\log_e x)' = \frac{1}{x},$$

或 $$(\ln x)' = \frac{1}{x}.$$

§6. 微分的法则

从上面所举的一些例子看来, 似乎要计算一种新的函数的导数就需要创造一种新的方法. 但事实并不如此. 在不少程度上促成分析的发展的乃是这一情况: 人们已经成功地创造出极简单而唯一的方法, 可借以求出任何"初等"函数(就是那种可以由有限次基本代数运算、三角函数起乘幂及取对数来表达的函数)的导数. 作为这个方法的基础的就是所谓微分的法则. 这些法则是由一些化较复杂问题为较简单问题的定理所构成的.

我们将在这里表述微分的法则, 而在推导时力求简短. 若读者想从这一章中得到的只是分析的一般概念, 则尽可把这一节略去, 但须记得确有方法去实地求出任何初等函数的导数. 在这种场合, 读者对于将在后文举例中看到的一部分计算自然应当加以信赖.

和的导数 让我们假设 x 的函数 y 由下式给出:

$$y = \varphi(x) + \psi(x),$$

其中 $u=\varphi(x)$ 与 $v=\psi(x)$ 都是我们所已知的函数. 此外, 还假设我们能够求出函数 u 与 v 的导数. 那末, 怎样去求函数 y 的导数呢? 答案显得是简单的:

$$y'=(u+v)'=u'+v'. \tag{11}$$

事实上, 让我们给 x 以增量 Δx. 于是 u, v 与 y 也各得增量 Δu, Δv 与 Δy, 并有等式

$$\Delta y=\Delta u+\Delta v$$

成立. 据此[1],

$$\frac{\Delta y}{\Delta x}=\frac{\Delta u}{\Delta x}+\frac{\Delta v}{\Delta x};$$

取 $\Delta x\to 0$ 时的极限, 立即得公式(11), 只要函数 u 与 v 本身都确实有导数就是.

类似地可推得两函数之差的微分法则:

$$(u-v)'=u'-v'. \tag{12}$$

积的导数 乘积的微分法则稍为复杂一些. 两个可微函数之积也是可微函数, 其导数就等于第一个函数与第二个函数的导数之积, 再加上第二个函数与第一个函数的导数之积, 即

$$(uv)'=uv'+vu'. \tag{13}$$

事实上, 让我们给 x 以增量 Δx. 于是函数 u, v 及 $y=uv$ 分别得到增量 Δu, Δv, Δy, 而且这些增量满足关系式:

$$\Delta y=(u+\Delta u)(v+\Delta v)-uv=u\Delta v+v\Delta u+\Delta u\Delta v,$$

从而有

$$\frac{\Delta y}{\Delta x}=u\frac{\Delta v}{\Delta x}+v\frac{\Delta u}{\Delta x}+\Delta u\frac{\Delta v}{\Delta x}.$$

取 $\Delta x\to 0$ 时的极限, 等式右面的头两项就给出公式(13)的右面部分, 而第三项则告消失[2]. 所以从上面的等式取极限即得公式(13).

在特殊的场合, 若 $v=c=$ 常量, 则

---

1) 这里处处设 $\Delta x\neq 0$.

2) 最后一项在 $\Delta x\to 0$ 时趋于零, 因为 $\frac{\Delta v}{\Delta x}$ 趋于一个有限的数, 即一开始就假设为存在的导数 v', 而 $\Delta u\to 0$ (由于函数 u, 按照所设条件具有导数, 必然连续).

$$(cu)' = cu' + uc' = cu', \qquad (14)$$

因为常量的导数等于零.

商的导数 设 $y = \dfrac{u}{v}$, 式中 u 与 v 在给定的 x 上都是可微函数, 而且就这些 x 而论 $v \neq 0$. 显然,

$$\Delta y = \frac{u + \Delta u}{v + \Delta v} - \frac{u}{v} = \frac{v \Delta u - u \Delta v}{(v + \Delta v) v},$$

从而有 $\qquad \dfrac{\Delta y}{\Delta x} = \dfrac{v \dfrac{\Delta u}{\Delta x} - u \dfrac{\Delta v}{\Delta x}}{(v + \Delta v) v} \rightarrow \dfrac{vu' - uv'}{v^2} \quad (\Delta x \rightarrow 0).$

在这里我们又用到了这一事实: 就可微函数 v 而论, 当 $\Delta x \rightarrow 0$ 时一定有 $\Delta v \rightarrow 0$. 因此,

$$\left(\frac{u}{v} \right)' = \frac{vu' - uv'}{v^2}. \qquad (15)$$

下面是把所得到的法则应用起来的一些例子:

$$(2x^3 - 5)' = 2(x^3)' - (5)' = 2 \cdot 3x^2 - 0 = 6x^2;$$

$$(x^2 \sin x)' = x^2 (\sin x)' + (x^2)' \sin x = x^2 \cos x + 2x \sin x;$$

$$(\operatorname{tg} x)' = \left(\frac{\sin x}{\cos x} \right)' = \frac{\cos x (\sin x)' - \sin x (\cos x)'}{\cos^2 x}$$

$$= \frac{\cos x \cdot \cos x - \sin x (-\sin x)}{\cos^2 x}$$

$$= \frac{1}{\cos^2 x} = \sec^2 x.$$

我们让读者自己来证明公式:

$$(\operatorname{ctg} x)' = -\operatorname{cosec}^2 x.$$

反函数的导数 让我们来考虑在区间 $[a, b]$ 上连续而且单调递增(或减)的函数 $y = f(x)$. 所谓单调递增(或减), 意思就是, 对应于区间 $[a, b]$ 上较大的 x 值的, 是较大(或较小)的 y 值(图 14).

设 $c = f(a)$ 而 $d = f(b)$. 在图 14 中显然可见, 对应于区间 $[c, d]$ (或 $[d, c]$) 上的每一个 y 值, 是区间 $[a, b]$ 上满足 $y = f(x)$ 的某一个, 而且只有一个 x 值. 这样, 我们就在区间 $[c, d]$ (或 $[d, c]$) 上给出了一个完全确定的函数 $x = \varphi(y)$, 称为函数 $y =$

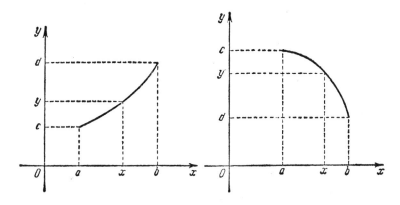

图 14

$f(x)$ 的反函数. 在图 14 中显然可见函数 $\varphi(y)$ 是连续的. 但这一事实在近世分析中是可以在分析的基础上严格地加以证明的. 现在设 Δx 与 Δy 是互相对应的 x 与 y 的增量. 显然若 $\Delta y \neq 0$, 我们就有

$$\frac{\Delta y}{\Delta x} = \frac{1}{\dfrac{\Delta x}{\Delta y}}.$$

取极限后, 这就给了我们正反两函数的导数之间的简单关系式:

$$y'_x = \frac{1}{x'_y}. \tag{16}$$

我们要利用这关系式来求函数 $y = a^x$ 的导数. 对于反函数 $x = \log_a y$ 我们已经知道怎样微分, 因此我们可以写出

$$(a^x)'_x = \frac{1}{(\log_a y)'_y} = \frac{1}{\dfrac{1}{y}\log_a e} = y \log_e a = a^x \ln a. \tag{17}$$

特别是

$$(e^x)' = e^x.$$

另外一个例子: $y = \arcsin x$. 反函数是 $x = \sin y$. 所以

$$(\arcsin x)'_x = \frac{1}{(\sin y)'_y} = \frac{1}{\cos y} = \frac{1}{\sqrt{1 - \sin^2 y}} = \frac{1}{\sqrt{1 - x^2}}.$$

导数表 让我们把一些最简单的初等函数的导数列表如下:

y	y'	y	y'	y	y'
c	0	$\ln x$	$\dfrac{1}{x}$	$\operatorname{tg} x$	$\sec^2 x$
x^a	ax^{a-1}	$\log_a x$	$\dfrac{1}{x}\log_a e$	$\arcsin x$	$\dfrac{1}{\sqrt{1-x^2}}$
e^x	e^x	$\sin x$	$\cos x$	$\arccos x$	$-\dfrac{1}{\sqrt{1-x^2}}$
a^x	$a^x \ln a$	$\cos x$	$-\sin x$	$\operatorname{arc\,tg} x$	$\dfrac{1}{1+x^2}$

这些公式都是我们已经加以推导和阐释过的,只有最后两个是例外.这两个公式,读者如果愿意的话,可以自己用反函数的微分法则来加以推导.

复合函数的导数求法 我们还得看一看最后而且最难的一条微分法则.谁掌握了这条法则及导数表,我们就有充分的根据可以认为他能够对任何初等函数进行微分了.

为了要应用这一条我们即将在这里提出的法则,应当十分清楚地看到,需要加以微分的函数是怎样构成的,从自变量 x 出发必须经过哪些运算并且按照怎样的次序才终于得到函数 y.

例如,要计算函数
$$y = \sin x^2,$$
必须先把 x 平方,然后对所得到的量求正弦.这可以写成下面的样子: $y=\sin u$,其中 $u=x^2$.

反之,要计算函数
$$y = \sin^2 x,$$
必须先对 x 求正弦,然后把所得到的值平方.这可以写成: $y=u^2$,其中 $u=\sin x$.

这里还有一些例子:

1) $y=(3x+4)^3$; $y=u^3$, $u=3x+4$.

2) $y=\sqrt{1-x^2}$; $y=u^{\frac{1}{2}}$, $u=1-x^2$.

3) $y=e^{kx}$; $y=e^u$, $u=kx$.

在比较复杂的场合,可以得到一连串几个简单的相倚关系. 例如,

4) $y = \cos^3 x^2,\ y = u^3,\ u = \cos v,\ v = x^2.$

若 y 是变量 u 的函数:

$$y = f(u),\tag{18}$$

而 u 又是变量 x 的函数:

$$u = \varphi(x),\tag{19}$$

则 y, 既是 u 的函数, 也就是 x 的某一函数, 记作

$$y = F(x) = f[\varphi(x)].\tag{20}$$

把这一过程复杂化, 还可以形成, 比如说, 相当于等式:

$$y = f(u),\ u = \varphi(v),\ v = \psi(x)$$

的函数 $\quad\quad y = \varPhi(x) = f\{\varphi[\psi(x)]\},$

或者还可以得到更复杂的、归结为一连串同样等式的函数.

现在我们要说明怎样可把等式(20)所定义的函数 $F(x)$ 的导数计算出来, 假设已经知道 $f(u)$ 对 u 的导数及 $\varphi(x)$ 对 x 的导数.

让我们给 x 以增量 $\varDelta x$, 于是由于等式(19), u 将获得某一增量 $\varDelta u$, 而由于等式(18), y 将获得增量 $\varDelta y$. 我们可以写出

$$\frac{\varDelta y}{\varDelta x} = \frac{\varDelta y}{\varDelta u} \cdot \frac{\varDelta u}{\varDelta x}.$$

现在设 $\varDelta x$ 趋于零. 这时, $\dfrac{\varDelta u}{\varDelta x} \to u'_x$. 其次, 由于 u 的连续性, 增量 $\varDelta u \to 0$, 因而 $\dfrac{\varDelta y}{\varDelta u} \to y'_u$(导数 y'_u 与 u'_x 都假定是存在的).

于是证明了关于复合函数求导数的重要公式[1]:

$$y'_x = y'_u u'_x.\tag{21}$$

让我们利用公式(21)及基本导数表(见第 122 页)来计算前面作为例子举出来的各函数的导数:

1) $y = (3x+4)^3 = u^3,\ y'_x = (u^3)'_u (3x+4)'_x = 3u^2 \cdot 3$
$$= 9(3x+4)^2.$$

---

[1] 在推导这公式时, 我们已经暗中假定, 当 $\varDelta x$ 趋零时 $\varDelta u$ 始终不等于零. 事实上, 即使在这假定不成立的场合, 所说公式还是正确的.

2) $y=\sqrt{1-x^2}=u^{\frac{1}{2}}$, $y'_x=(u^{\frac{1}{2}})'_u\ (1-x^2)'_x$

$$=\frac{1}{2}u^{-\frac{1}{2}}(-2x)=-\frac{x}{\sqrt{1-x^2}}.$$

3) $y=e^{kx}=e^u$, $y'_x=(e^u)'_u\cdot u'_x=e^u\cdot k=ke^{kx}$.

若 $y=f(u)$, $u=\varphi(v)$, $v=\psi(x)$, 则

$$y'_x=y'_u\cdot u'_x=y'_u(u'_v\cdot v'_x)=y'_u\cdot u'_v\cdot v'_x.$$

怎样把这公式推广到有任意(有限)个接连成串的函数的场合，是显而易见的.

4) $y=\cos^3 x^2$, $y'_x=(u^3)'_u\ (\cos v)'_v\ (x^2)'_x=3u^2(-\sin v)2x$

$$=-6x\cos^2 x^2\sin x^2.$$

为了要说明怎样计算复合函数的导数，我们引用了中间变量 u, v, …，事实上，在经过一些训练后，就可以摆脱这种记号而只把它们记在心里.

初等函数 在结束这一节时，我们要指出，把前面导数表中所列出的那些函数作为基础，我们便可以给所谓初等函数下定义了. 正是从这些最简单函数经过有限次的四则算术运算与函数复合运算而得到的一切函数称为初等函数.

例如，多项式 x^3-2x^2+3x-5 是初等函数，因为它是从形如 x^k 的一些函数借助于算术运算而得到的. 函数 $\ln\sqrt{1-x^2}$ 也是初等的，因为它是从多项式 $u=1-x^2$ 借助于 $v=u^{\frac{1}{2}}$ 的运算及 $\ln v$ 的运算而得到的.

知道了最简单初等函数的导数而想寻求任何初等函数的导数，只要应用上述微分法则就足够了.

§7. 极大与极小. 函数图形的研究

导数的最简单和重要的应用之一就是极大与极小理论. 假设有函数 $y=f(x)$ 已在某一区间 $a\leqslant x\leqslant b$ 上给定. 我们还假定这函

数不仅连续而且在所有的点上可微. 我们既然能够把导数算出，也就有可能把函数图形的走势看出来. 在导数始终正值的分段上，图形的切线是向上走的[1]. 在这样的分段上函数单调递增，也就是说，对应于较大的 x 值的是较大的 $f(x)$ 值. 反之，在导数始终负值的分段上，函数单调递减而图形向下走.

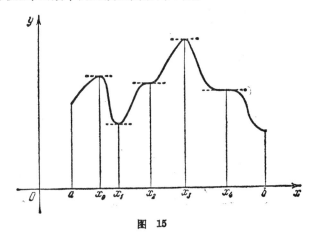

图 15

极大与极小 在图 15 中绘出了定义于区间 $[a, b]$ 上的函数 $y=f(x)$. 特别引人入胜的是图中具有横坐标 x_0, x_1, x_3 的点.

我们说函数 $f(x)$ 在 x_0 点上有一个局部的极大，这样说就是要表示函数 $f(x)$ 在 x_0 点上的值大于邻点上的值，或者更准确些说，对于 x_0 点周围某一区间上的一切 x, $f(x_0) \geqslant f(x)$.

局部的极小是类似地来定义的.

就我们上面所绘的函数来说，它在点 x_0 与 x_3 达到局部的极大，在点 x_1 达到局部的极小.

在每一个极大或极小点上，只要它是区间 $[a, b]$ 的内点，就是说不跟端点 a 与 b 相重合的点，导数必然等于零.

最后这个极重要的论断是从导数作为比式 $\dfrac{\Delta y}{\Delta x}$ 的极限这一定

---

1) 这是指在 x 增大的方向看切线地位的变动，而切线的走势也就是图形的走势. ——译者注

义本身推出来的. 事实上, 从极大点稍稍移动地位, 我们就有 $\Delta y \leqslant 0$, 所以对于正的 Δx 比式 $\dfrac{\Delta y}{\Delta x}$ 是负的, 而对于负的 Δx 比式 $\dfrac{\Delta y}{\Delta x}$ 是正的. 这比式的极限, 据假设是存在的, 就不可能是正的或负的而只能是零. 在直观上, 这相应于下面的事实: 在极大或极小点上(通常省去"局部"字样, 但仍然包含有这样的意义)图形的切线是水平的. 在图 15 中又可以看到, 在点 x_2 与 x_4 上切线也是水平的, 正像在点 x_0, x_1, x_3 上一样, 可是在这两点上没有极大, 也没有极小. 使一个函数的导数等于零的那些点(逗留点)的数目, 一般地说, 可以多于极大与极小点的数目.

函数最大与最小值的求法 在非常不相同的各种技术问题中却都需要知道在怎样的 x 上这个或那个函数 $f(x)$ 达到了关于已给区间的最大或最小值.

在需要求出函数最大值的场合, 问题就在于从区间 $[a, b]$ 上寻到一点 x_0, 使得不等式 $f(x_0) \geqslant f(x)$ 对 $[a, b]$ 中的一切 x 都成立.

但是这里发生了一个原则性的问题: 是不是一般地至少有一个这样的点存在呢? 使用近世分析我们可以证明下面的存在定理: 若函数 $f(x)$ 在有尽的闭区间上连续, 则在这区间上至少存在着一点, 使这函数达到关于区间 $[a, b]$ 的最大(或最小)值.

从上面所说的话我们可以推断: 最大与最小点首先须在"逗留"点中去寻求. 以此为基础就有了下面这个大家所知道的最大与最小值求法.

我们先求出 $f(x)$ 的导数, 使其等于零, 然后来求解所得到的方程:

$$f'(x) = 0.$$

若 x_1, x_2, $\cdots$, x_n 是这方程的根, 则可把 $f(x_1)$, $f(x_2)$, $\cdots$, $f(x_n)$ 各数互相比较一下. 当然, 我们还必须考虑到最大与最小值可能不在区间 $[a, b]$ 之内而在它的端点上(如图 15 中的最小值)或者在函数没有导数的点上(如图 12)出现. 所以, 在点 x_1,

x_2, $\cdots$, x_n 之外，还要加上区间的端点 a 与 b 以及导数不存在的点，如果有的话．余下来的事就是把所有这些点上的函数值比较一下，在里边挑出最大的或最小的．

关于上述存在定理还得加上重要的补充．这就是，一般地说，当函数只是对于满足不等式 $a < x < b$ 的点集，即只是在开区间 (a, b) 内连续时，这定理就不再确实．我们让读者自己去考察函数 $\frac{1}{x}$ 在开区间 $(0, 1)$ 内既没有最大值，也没有最小值．

现在让我们来看一些例子．

从一块边长为 a 的正方形铁皮要做一个容积最大的无盖小方盒，若我们从铁皮的每一个角上割去边长为 x 的小方块 (见 §2, 例 2)，则得到盒的容积

$$V = x(a - 2x)^2.$$

我们的问题归结于寻求那个在区间 $0 \leqslant x \leqslant \frac{a}{2}$ 上使函数 $V(x)$ 达到最大值的 x．按照所说的法则，我们先求出导数并且让它等于零：

$$V'(x) = (a - 2x)^2 - 4x(a - 2x) = 0.$$

解这个方程，我们得到两个根：

$$x_1 = \frac{a}{2}, \quad x_2 = \frac{a}{6}.$$

此外，还得加上函数 $V(x)$ 的定义区间的左端点 (右端点跟 x_1 重合)．让我们比较在这些点上的函数值：

$$V(0) = 0, \quad V\left(\frac{a}{6}\right) = \frac{2}{27} a^3, \quad V\left(\frac{a}{2}\right) = 0.$$

于是，知道在高为 $x = \frac{x}{6}$ 时，盒将有最大容积，等于 $\frac{2}{27} a^3$．

作为第二个例子，让我们来看关于灯的问题 (见 §2, 例 3)．要把溜冰道照得最亮，这个灯的高度 h 应该是多少？

由于 §2 公式 (3)，我们的问题归结于确定使 $T = \frac{A \sin \alpha}{h^2 + r^2}$ 取得最大值的 h．但求 h 不如求角 α (见第 90 页图 3) 来得方便．我

们有
$$h = r \, \mathrm{tg} \, \alpha,$$

因而
$$T = \frac{A}{r^2} \frac{\sin \alpha}{1 + \mathrm{tg}^2 \alpha} = \frac{A}{r^2} \sin \alpha \cos^2 \alpha.$$

我们要在满足不等式 $0 < \alpha < \frac{\pi}{2}$ 的 α 值中求出函数 $T(\alpha)$ 的最大值. 我们求出这函数的导数并且使其等于零:
$$T'(\alpha) = \frac{A}{r^2} (\cos^3 \alpha - 2 \sin^2 \alpha \cos \alpha) = 0.$$

这方程可分解成为两个方程:
$$\cos \alpha = 0, \ \cos^2 \alpha - 2 \sin^2 \alpha = 0.$$

第一个方程有根 $\alpha = \frac{\pi}{2}$, 就是区间 $\left(0, \frac{\pi}{2}\right)$ 的右端点, 第二个方程可化为
$$\mathrm{tg}^2 \alpha = \frac{1}{2}.$$

但由于 $0 < \alpha < \frac{\pi}{2}$, 得 $\alpha \approx 35°15'$. 也正是这个 α 值使 $T(\alpha)$ 达到最大值(在区间的两端点上函数值较小, 因为在那里 $T = 0$). 所求的高 h 将等于
$$h = r \, \mathrm{tg} \, \alpha = \frac{r}{\sqrt{2}} \approx 0.7r.$$

所以要使溜冰道得到最好的照明, 灯应当安在近乎 $0.7r$ 的高度.

现在我们假定现有的设备还不能够把灯安装到比某一个 H 更大的高度. 这时角 α 的变化范围不可能是从 0 到 $\frac{\pi}{2}$, 而是比较狭隘的 $0 < \alpha \leqslant \mathrm{arc\,tg} \, \frac{H}{r}$. 比如说, 设 $r = 12$ 公尺, $H = 9$ 公尺. 在这个场合, 事实上可以把灯装置在所需要的高度 $h = \frac{r}{\sqrt{2}}$, 约 8 公尺多一些. 但若 H 小于 8 公尺(比如说, 我们现有的装灯用的柱子只有 6 公尺长), 则函数 $T(\alpha)$ 在区间 $\left[0, \mathrm{arc\,tg} \, \frac{H}{r}\right]$ 中没有等于零的导数. 在这个场合, 函数的最大值在区间的右端点上达到, 而灯就必须安装在现有的最大高度 $H = 6$ 公尺.

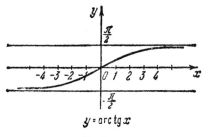

$y = \operatorname{arc} \operatorname{tg} x$

图 16 a

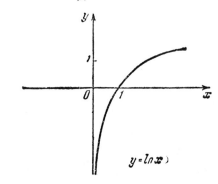

$y = \ln x$)

图 16 b

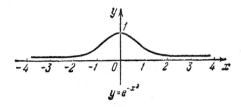

$y = e^{-x^2}$

图 16 c

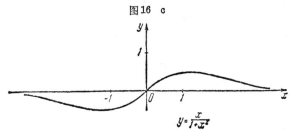

$y = \dfrac{x}{1 + x^2}$

图 16 d

到现在为止，我们只考虑了有尽区间上的函数．若区间是无限的，则甚至于连续函数也可以在区间中达不到最大或最小值，而在 x 趋于无穷大时，比如说，始终增大或减小．

例如，函数 $y=kx+b$（见第93页图5），$y=\text{arc tg}\,x$（图16 a），$y=\ln x$（图16 b）都达不到最大或最小值．函数 $y=e^{-x^2}$（图16 c）在点 $x=1$ 达到最大值，但没有最小值．至于函数 $y=\dfrac{x}{1+x^2}$（图16 d）它在点 $x=-1$ 达到最小值，在点 $x=1$ 达到最大值．

在区间无限的场合，最大与最小值的讨论仍可按照寻常的法则进行，只是我们必须考虑极限

$$A=\lim_{x\to-\infty}f(x),\ B=\lim_{x\to+\infty}f(x),$$

以替代 $f(a)$ 与 $f(b)$．

高阶导数　为了要比较周详地讨论函数 $f(x)$ 的图形，我们必需研究导数 $f'(x)$ 的变化进程．表达式 $f'(x)$ 本身又是 x 的某一个函数．对它我们也可以求导数．

导数的导数称为二阶导数，记作

$$[y']'=y''\quad \text{或}\quad [f'(x)]'=f''(x).$$

类似地可以计算三阶导数：

$$[y'']'=y'''\quad \text{或}\quad [f''(x)]'=f'''(x)$$

等等，以及一般地，n 阶导数[1]：

$$y^{(n)}=f^{(n)}(x).$$

自然，我们必须注意到这个求导数的链锁可以在某一个 k 阶导数对于某些 x（或甚至对所有 x）中断：就是可以有导数 $f^{(k)}(x)$ 存在，而不再有导数 $f^{(k+1)}(x)$ 存在．任意阶导数我们将在下面 §9 考察泰勒公式时用到．现在我们所要讲的是二阶导数．

二阶导数的意义．曲线的凹凸　二阶导数有简单的力学意义．设 $s=f(t)$ 是点作直线运动的规律，于是 s' 就是速度，而 s'' 是"速度变化的速度"，或者更简单地说，点在瞬时 t 的加速度．例

---

1) 按照这个说法，最初的导数 $f'(x)$ 就称为一阶导数，而 $f(x)$ 也往往称为零阶导数．——译者注

如,在落体的场合,

$$s = \frac{gt^2}{2} + v_0 t + s_0,$$

$$s' = gt + v_0,$$

$$s'' = g,$$

即落体的加速度是常量.

二阶导数有简单的几何意义. 正像从一阶导数的正负号可以确定函数的增减,我们可以从二级导数的正负号判定函数图形中的曲线是向哪一面弯曲的.

若在某一分段上二阶导数始终是正的,则一阶导数单调递增,

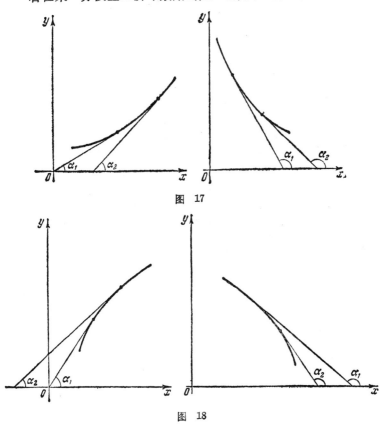

图 17

图 18

也就是 $f'(x) = \operatorname{tg}\alpha$ 单调递增，因此图形切线的倾斜角 α 本身也在增大(图 17). 这时沿着曲线移动直到下一分段的接界处为止，曲线是始终朝向同一面的，我们就说曲线是"向下凸"的。

反之，在二阶导数始终负值的分段上(图 18)函数图形的曲线是弯曲得"向上凸"的[1]。

极大与极小的准则. 函数图形的研究　若曲线在整个所给定的 x 变化区间中是向上凸的，而在这区间的某一点 x_0 上有等于零的导数，则在这一点上曲线必然达到极大；在向下凸的场合则达到极小。由于这一个简单的推论，往往在找到了导数等于零的点后就可以弄清楚在这一点上是不是有局部的极大或极小[2]。

例 1　让我们来讨论函数

$$f(x) = \frac{x^3}{3} - \frac{5x^2}{2} + 6x - 2$$

的图形是怎么样的.

求出它的一阶导数并且让它等于零:

$$f'(x) = x^2 - 5x + 6 = 0.$$

所得到的方程的根是 $x_1 = 2$, $x_2 = 3$. 相应的函数值是

$$f(2) = 2\frac{2}{3}, \quad f(3) = 2\frac{1}{2}.$$

把所得到的两点绘在图上. 还可以加上具有坐标 $x = 0$ 与 $y = f(0) = -2$ 的点，这是图形与 y 轴的交点. 二阶导数是 $f''(x) = 2x - 5$. 它在 $x = \dfrac{5}{2}$ 时变为零，而且

$$当 \quad x > \frac{5}{2} \quad 时, \quad f''(x) > 0,$$

$$当 \quad x < \frac{5}{2} \quad 时, \quad f''(x) < 0.$$

---

1) 作为"向上凸"的严格定义的，是曲线的这一性质: 连接曲线的任何两点作弦，曲线总在弦的上面(更准确些说: 不在弦的下面); 类似地，在"向下凸"的时候，或者简短地说，在"凹"的时候，曲线就不在自己的弦的上面经过。

2) 在二阶导数本身也变号的较复杂场合，明确逗留点性质的问题是借助于泰勒公式(§ 9)来解决的。

点 $x=\dfrac{5}{2}$, $y=f\left(\dfrac{5}{2}\right)=2\dfrac{7}{12}$ 是图形的拐点. 在这一点的左面曲线向上凸, 右面向下凸.

现在显然可知, 点 $x=2$ 是函数的极大点而点 $x=3$ 是极小点.

根据所得到的数据, 我们就断定函数 $y=f(x)$ 的图形有着图 19 中所绘的那种样子. 曲线从点 $(0, -2)$ 起随着 x 的增大而增长, 并且是向上凸的, 在点 $\left(2, 2\dfrac{2}{3}\right)$ 达到它的极大, 然后转而向下. 在 $f''(x)=0$ 的点 $\left(2\dfrac{1}{2}, 2\dfrac{7}{12}\right)$, 凸一变而为凹. 其次, 曲线在点 $\left(3, 2\dfrac{1}{2}\right)$ 达到它

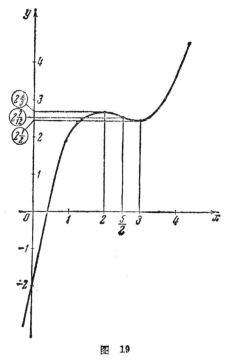

图 19

的极小, 然后随着 x 的继续增大而向无穷大增长. 最后这个论断是由下面的事实推出来的: 函数中的第一项, 含有 x 的最高(三)次幂, 要比第二和第三项更迅速地趋于无穷大. 根据同样的理由, 当 x 取负值而绝对值增大时, 函数趋向 $-\infty$.

例2 让我们证明对于任何 x 有不等式 $e^{x} \geqslant 1+x$ 成立. 为此, 我们要考察函数 $f(x)=e^{x}-x-1$. 它的一阶导数等于 $f'(x)=e^{x}-1$, 并且只在 $x=0$ 时变为零. 对于一切 x, 二阶导数 $f''(x)=e^{x}>0$. 所以函数的图形是向下凸的. 数 $f(0)=0$ 是函数的极小值, 因而对于一切 x, $e^{x}-x-1 \geqslant 0$.

函数的讨论可以追求最不相同的各种目的. 例如, 借助于这

种讨论往往就可以查明这个或那个方程的实根个数．这样，为了要证明方程

$$xe^x = 2$$

有唯一的实根，可以把函数 $y=e^x$ 及 $y=\dfrac{2}{x}$ 的图形(已在图 20 中绘出)讨论一下．容易看出，这两个函数的图形只相交于一点，因此方程 $e^x = \dfrac{2}{x}$ 只有一个根．

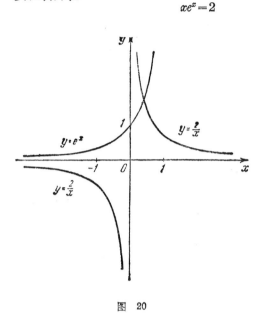

图 20

分析的方法被广泛地应用于方程的根的近似计算问题．关于这一问题见第四章§5．

§8． 函数的增量与微分

函数的微分 让我们考虑可微函数 $y=f(x)$．相应于自变量增量 Δx 的函数增量

$$\Delta y = f(x+\Delta x) - f(x)$$

具有这样的性质：比式 $\dfrac{\Delta y}{\Delta x}$ 在 $\Delta x \to 0$ 时趋于有尽的极限，这极限就等于函数 $f(x)$ 的导数，即

$$\frac{\Delta y}{\Delta x} \to f'(x).$$

这个关系式可以写成等式的样子：

$$\frac{\Delta y}{\Delta x} = f'(x) + \alpha,$$

其中 α 是一个随 Δx 而定的量, 而且在 $\Delta x \to 0$ 时它也趋于零. 据此, 函数增量有如下形式:

$$\Delta y = f'(x)\Delta x + \alpha \Delta x,$$

其中 $\alpha \to 0$, 如果 $\Delta x \to 0$ 的话.

这等式的右面第一项是极简单地随着 Δx 而定的, 即它是跟 Δx 成比例的. 它就称为函数在已给定的 x 值上与自变量的已知增量 Δx 相对应的微分, 记作

$$dy = f'(x)\Delta x.$$

前面那个等式的第二项具有这样的特征: 由于里边有着因子 α, 它在 $\Delta x \to 0$ 时比 Δx 更迅速地趋于零. 我们就说, 第二项是关于 Δx 的高阶无穷小, 而在 $f'(x) \neq 0$ 的场合也是关于第一项的高阶无穷小. 这样说, 就是要表明在 Δx 充分小时第二项不仅本身很小, 而且它跟 Δx 之比也变为任意地小.

把 Δy 这样分解为两项, 使其第一项(主要部分)线性地随 Δx 而变, 其第二项在 Δx 微小时无足轻重地小, 也可以在图 21 中看出来, 线段 $BC = \Delta y$, 同时 $BC = BD + DC$, 其中 $BD =$

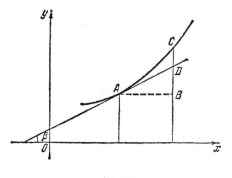

图 21

tg $\beta \cdot \Delta x = f'(x)\Delta x = dy$ 而 DC 是关于 Δx 的高阶无穷小.

在实践中往往利用微分作为函数增量的近似式. 例如, 设有一个有盖的立方小盒, 盒内的长、宽、高各为 10 公分而盒壁厚 0.05 公分, 欲求盒壁的体积. 若我们在这里并不需要特别准确的结果, 则可这样推论. 所有盒壁的体积乃是函数 $y = x^3$ 在 $x = 10$ 并相应于 $\Delta x = 0.1$ 时的增量 Δy. 近似地我们求得

$$\Delta y \approx dy = (x^3)' \Delta x = 3x^2 \Delta x = 3 \cdot 10^2 \cdot 0.1 = 30 (立方公分).$$

为了记法的对称起见, 自变量的增量 Δx 通常记作 dx, 并且也

称为自变量的微分. 用了这样的记法, 函数的微分将有如下的写法:

$$dy = f'(x) dx.$$

据此, 导数就是函数微分与自变量微分之比: $f'(x) = \dfrac{dy}{dx}$.

函数的微分在历史上乃起源于"不可分量"概念. 这一个由现代观点看来远远不够清晰的概念在那时(在十七世纪)正是数学分析的基础. 关于这一概念的说法在几世纪中已经发生了实质上的变化. 不可分量, 以及后来函数的微分, 都曾经被当作真实的无穷小量——不知道怎样的好像是极微小的常量而同时并不是零. 在上面我们已经给出了在近世分析中所理解的微分的定义. 根据这个定义, 对于自变量的每一个增量 Δx 说来, 微分是有尽的量并且是跟 Δx 成比例的. 微分的另外一个主要性质——使它跟 Δy 区别开来的特征——只有在变化过程中才能够认识到, 这就是: 若我们考虑增量 Δx 趋于零(无穷小), 则 dy 与 Δy 之间的差将同时变为任意地小, 即使是对 Δx 而言.

无穷小分析对于自然现象研究的大多数应用就建立在小增量可由微分来替代这一事实上. 这一点读者可从微分方程的实例看得特别清楚, 本书的第二卷第五章和第六章就是专讲微分方程的.

为了要知道表达某一过程的函数, 我们先力图获得一个把这函数跟它的某阶导数确切地联系起来的方程. 把这种方程, 就是所谓微分方程, 建立起来的方法往往归结于把所求函数的增量由相应的微分来替代.

作为一个例子, 让我们来

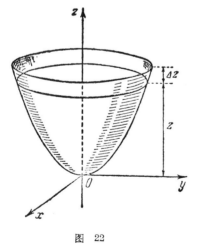

图 22

解下面的问题. 在已给定了一个直角坐标系 $Oxyz$ 的空间, 我们考虑一个曲面, 由(在 Oyz 平面中)方程为 $z=y^2$ 的抛物线旋转而成. 这曲面称为旋转抛物面(图 22). 设有一物体由这抛物面以及跟 Oxy 平面平行而且相距 z 的平面所围成, 并以 v 记这物体的体积. 显然, v 是 $z(z>0)$ 的一个函数.

为了要知道函数 v 等于什么, 让我们来试求它的微分 dv. 函数 v 在 z 点的增量 Δv 等于由抛物面及两个跟 Oxy 平面平行而且分别相距 z 与 $z+\Delta z$ 的平面所围成的体积.

容易看出, 量 Δv 大于半径为 $\sqrt{z}$ 而高为 Δz 的圆柱体体积, 但小于半径为 $\sqrt{z+\Delta z}$ 而高为 Δz 的圆柱体体积. 这样,

$$\pi z \Delta z < \Delta v < \pi(z+\Delta z)\Delta z,$$

从而有

$$\Delta v = \pi(z+\theta \Delta z)\Delta z = \pi z \Delta z + \pi \theta (\Delta z)^2,$$

其中 θ 是随 Δz 而定并且满足不等式 $0<\theta<1$ 的某一个数.

这样, 我们已成功地将增量 Δv 表达为和的形式, 其第一项与 Δz 成比例而第二项为关于 Δz(当 $\Delta z \to 0$ 时)的高阶无穷小. 由此可知第一项就是函数 v 的微分:

$$dv = \pi z \Delta z,$$

或

$$dv = \pi z\, dz,$$

因为对于自变量 z 有等式 $\Delta z = dz$ 成立.

所得到的等式把(变量 v 与 z 的)微分 dv 与 dz 互相联系起来, 所以称为微分方程.

若我们注意到

$$\frac{dv}{dz} = v',$$

其中 v' 是 v 对变量 z 的导数, 则我们的微分方程还可以写成下面的形式:

$$v' = \pi z.$$

要解出这个极简单的微分方程就是要寻出其导数是等于 πz 的 z 的函数. 在后面 §10 与 §11 中将以普遍形式讲到同样的问题, 但现在我们让读者自己去验证上述问题的解是函数

$v=\dfrac{\pi z^2}{2}+C$, 其中 C 可以取作任何常数[1]. 在这一场合, 函数所表达的是我们所考虑的物体的体积, 显然在 $z=0$ 时等于零(看图22), 因此 $C=0$, 所以我们的函数就由等式 $v=\dfrac{\pi z^2}{2}$ 确定.

中值定理及其应用的举例 微分是通过自变量的增量与起点上的导数来表达函数增量的近似值的. 若问题在于从 $x=a$ 到 $x=b$ 一段上的增量, 则有

$$f(b)-f(a)\approx f'(a)(b-a).$$

我们也可以得到这种样子的准确的等式, 只要把右面起点上的导数 $f'(a)$ 用区间 $(a,\,b)$ 中适当地选定的某一点上的导数来替代就是. 更准确些说: 若 $y=f(x)$ 是区间 $a\leqslant x\leqslant b$ 上的可微函数, 则在区间的内部必有一点 ξ, 使准确的等式

$$f(b)-f(a)=f'(\xi)(b-a) \tag{22}$$

成立.

这条"中值定理", 又称为拉格朗日公式或有限增量公式, 具有极简单的几何意义. 设在函数 $f(x)$ 的图形中把对应于 $x=a$ 与 $x=b$ 的两点 A 与 B 用弦 AB 连接起来(图23). 让我们把直线 AB 跟本身平行地向上或向下移动. 于是当我们的直线跟图形最

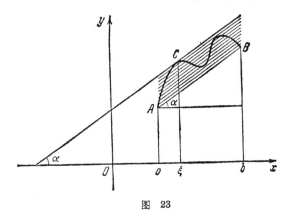

图 23

---

1) 这就给出了一切的解(见第149页注解).

后一次相交的时候，这直线将跟图形相切于某一点 O。在这一点（设其横坐标 $x=\xi$）上，切线跟弦 AB 有同样的倾斜角 α。但对弦说来，

$$\operatorname{tg}\alpha=\frac{f(b)-f(a)}{b-a}.$$

另一方面，在 O 点上

$$\operatorname{tg}\alpha=f'(\xi).$$

等式 $\qquad\qquad \dfrac{f(b)-f(a)}{b-a}=f'(\xi)$

正好表达了中值定理[1]。

公式(22)有一个独特的地方，就是在它里边出现了一个对我们说来是未知的点 ξ，我们所知道的每次只是它在"区间 (a, b) 的某处"。尽管具有这样的不确定性，这公式还是有重大的理论意义，是分析中许多定理赖以证明的工具。它的直接的实践意义也是巨大的，因为它使得有可能在导数的变动范围为已知时把函数的增量估计出来。例如，

$$|\sin b-\sin a|=|\cos\xi|(b-a)\leqslant b-a.$$

在这里 a, b 及 ξ 都是以弧度表出的角；ξ 是 a 与 b 之间的某一个值；它是未知的，但我们知道 $|\cos\xi|\leqslant1$。

由公式(22)显然可知，导数始终等于零的函数必为常量，它在任何分段上不可能得到异于零的增量。通过类似的途径读者现在容易证明，导数始终为正的函数必然单调增，而在导数为负时单调减。让我们不加证明提出中值定理的一种推广：

对于任何在 $[a, b]$ 中可微的函数 $\varphi(x)$ 与 $\psi(x)$[只须在 (a, b) 内 $\psi'(x)\neq0$]，下列等式是确实的[2]：

$$\frac{\varphi(b)-\varphi(a)}{\psi(b)-\psi(a)}=\frac{\varphi'(\xi)}{\psi'(\xi)}, \qquad (23)$$

---

1) 当然，上述推论只是说明了定理的几何意义，但并不是定理的严格证明。

2) 直接地应用中值定理于函数

$$f(x)=\varphi(x)-\frac{\varphi(b)-\varphi(a)}{\psi(b)-\psi(a)}\psi(x),$$

即可得到公式(23)。

其中 ξ 是区间 (a, b) 的某一点[1].

由这一论断可以得到一种普遍的方法来计算如下形式的极限：

$$\lim_{x \to 0} \frac{\varphi(x)}{\psi(x)}, \tag{24}$$

其中 $\varphi(0) = \psi(0) = 0$. 利用公式 (23)，让我们指出

$$\frac{\varphi(x)}{\psi(x)} = \frac{\varphi(x) - \varphi(0)}{\psi(x) - \psi(0)} = \frac{\varphi'(\xi)}{\psi'(\xi)},$$

其中 ξ 位于 0 与 x 之间，因此跟 x 一起趋于 0. 这使我们可以用 $\lim\limits_{x \to 0} \dfrac{\varphi'(x)}{\psi'(x)}$ 来替代极限 (24)，在许多场合就大大地便利了极限的寻求[2].

例 试求 $\lim\limits_{x \to 0} \dfrac{x - \sin x}{x^3}$. 三次应用所说的法则，我们依次得到

$$\lim_{x \to 0} \frac{x - \sin x}{x^3} = \lim_{x \to 0} \frac{1 - \cos x}{3x^2} = \lim_{x \to 0} \frac{\sin x}{6x} = \lim_{x \to 0} \frac{\cos x}{6} = \frac{1}{6}.$$

§9. 泰 勒 公 式

函数

$$p(x) = a_0 + a_1 x + a_2 x^2 + \cdots + a_n x^n$$

(其中系数 a_k 都是常数) 称为 n 次多项式. 特别是函数 $y = ax + b$ 与 $y = ax^2 + bx + c$ 分别为一次与二次多项式. 多项式可以看作是最简单的函数. 按已给定的 x 值计算多项式, 用加、减、乘三种运算就已足够, 连除法也是不需要的. 多项式对于任何 x 是连续的并有任意阶的导数. 顺便指出, 多项式的导数还是多项式, 但次数减少一, 而 n 次多项式的 $n+1$ 阶及更高阶的导数就都等于零了.

---

1) 关于 $[a, b]$ 与 (a, b) 这两个记号参阅第 91 页注解. ——译者注

2) 在寻求分子与分母都趋于无穷大的比式的极限时, 这一法则还是正确的. 这方法对于寻求这样的极限 (又称为解不定型) 极有效用, 以后, 比如说, 在第二卷第十二章 §3 中也将加以应用.

若在多项式之外再加上如下形式的函数：

$$y = \frac{a_0 + a_1 x + \cdots + a_n x^n}{b_0 + b_1 x + \cdots + b_m x^m},$$

其计算已经需要除法，还加上函数 $\sqrt{x}$ 与 $\sqrt[3]{x}$，以及最后加上这种种函数的算术组合——这些就是我们借助于中学教程里所学到的方法就能够计算的一切函数。

我们在中学时也已经得到了关于其他许多函数的概念，如

$$\sqrt[5]{x}, \lg x, \sin x, \text{arc tg } x, \cdots$$

我们知道了这些函数的最重要性质，但是初等数学不曾回答这一个问题：怎样来计算它们？例如，要得到 $\lg x$ 或 $\sin x$，必须对 x 作怎样的运算？对于这种问题，分析中所研究出来的方法才提供了答案。我们在这里要比较详细地说明其中的一种方法。

泰勒公式　设在某一个里边包含有 a 点的区间上给定了一个任意阶可微的函数 $f(x)$。一次多项式

$$p_1(x) = f(a) + f'(a)(x - a)$$

就在 $x = a$ 点上跟 $f(x)$ 相合，而且不难验证在这一点上还跟 $f(x)$ 有同样的导数。这多项式的图形是一条跟 $f(x)$ 的图形在 a 点相切的直线。我们又可以挑出这样一个二次多项式，就是

$$p_2(x) = f(a) + f'(a)(x - a) + \frac{f''(a)}{2}(x - a)^2,$$

使在 $x = a$ 点上跟 $f(x)$ 有共同的值以及同样的一阶与二阶导数。这二次多项式的图形将在 a 点的附近更密切地紧贴着函数 $f(x)$ 的图形。自然我们希望，假如我们造出一个多项式，在 $x = a$ 上跟 $f(x)$ 有同样的一阶至 n 阶导数，那末这多项式在与 a 邻近的 x 值上将更好地接近于 $f(x)$。这样就得到了表达泰勒公式的近似等式：

$$f(x) \approx f(a) + f'(a)(x - a) + \frac{f''(a)}{2!}(x - a)^2$$
$$+ \cdots + \frac{f^{(n)}(a)}{n!}(x - a)^n. \tag{25}$$

这公式的右面是 $x - a$ 的 n 次多项式。若已知 $f(a), f'(a), \cdots,$

$f^{(n)}(a)$，我们就可以对每一个 x 实地来计算这个多项式。

对于 $n+1$ 阶可微的函数，容易证明，这公式的右面跟左面只相差一个微小的比 $(x-a)^n$ 更迅速地趋于零的量。此外，这是唯一可能的 n 次多项式，它在与 a 邻近的 x 点上跟 $f(x)$ 相差一个当 $x \to a$ 时比 $(x-a)^n$ 更迅速地趋于零的量。在 $f(x)$ 是 n 次代数多项式的场合，近似等式(25)就变为准确的等式。

最后，而且异常重要的，我们还能够简单地表出究竟公式(25)的右面跟 $f(x)$ 相差多少。这就是说，为了要使等式(25)成为准确的等式，还必须在右面加上这公式的所谓"余项"：

$$f(x) = f(a) + f'(a)(x-a) + \cdots + \frac{f^{(n)}(a)}{n!}(x-a)^n$$
$$+ \frac{f^{(n+1)}(\xi)}{(n+1)!}(x-a)^{n+1}. \qquad (26)$$

添上去的最后一项[1]

$$R_{n+1}(x) = \frac{f^{(n+1)}(\xi)}{(n+1)!}(x-a)^{n+1}$$

具有这样的特性，就是这里边的导数应当每次不在 a 点本身上，而在特别挑定的、我们并不预先知道的、但总在 a 与 x 所成区间之内的一点 ξ 上来计算。

等式(26)的证明虽颇繁重，但在实质上并不太复杂。让我们来引述一种稍微有点矫揉造作的而却简短的证明。

为了要确定在近似等式(25)中左面跟右面究竟相差多少，让我们来考虑等式(25)左右两面的差跟量 $-(x-a)^{n+1}$ 之比：

$$\frac{f(x) - \left[f(a) + f'(a)(x-a) + \cdots + \frac{f^{(n)}(a)}{n!}(x-a)^n \right]}{-(x-a)^{n+1}}. \qquad (27)$$

我们还要引用变量 u 的函数

$$\varphi(u) = f(u) + f'(u)(x-u) + \cdots + \frac{f^{(n)}(u)}{n!}(x-u)^n,$$

其中 x 当作是固定的量(即常量)。于是(27)式的分子不是别的，

---

1) 这只是余项 $R_{n+1}(x)$ 的各种可能表达式中的一种。

而是函数 $\varphi(u)$ 从 $u=a$ 转变到 $u=x$ 时的增量, 而分母是函数

$$\psi(u)=(x-u)^{n+1}$$

在同一分段上的增量. 余下来的事就是利用在上一节中所说的中值定理的推广:

$$\frac{\varphi(x)-\varphi(a)}{\psi(x)-\psi(a)}=\frac{\varphi'(\xi)}{\psi'(\xi)}.$$

把函数 $\varphi(u)$ 与 $\psi(u)$ 对 u 求导数(这时必须记得 x 是常量; 我们已经把它固定起来), 就可知

$$\frac{\varphi'(\xi)}{\psi'(\xi)}=-\frac{f^{(n+1)}(\xi)}{(n+1)!}.$$

令最后的表达式跟起初的量(27)相等, 恰巧得到(26)那种样子的泰勒公式.

从(26)那种样子的泰勒公式不仅仅是近似地计算 $f(x)$ 的工具, 而且还使我们得以估计出这里所容许的误差.

现在来看一个简单的例子:

$$y=\sin x.$$

当 $x=0$ 时函数 $\sin x$ 及其任意阶导数的值都是我们知道的. 让我们利用这一情况, 把 $\sin x$ 的泰勒公式写出, 假设 $a=0$ 并以 $n=4$ 的场合为限. 我们逐一求得

$$f(x)=\sin x, \qquad f'(x)=\cos x, \qquad f''(x)=-\sin x,$$
$$f'''(x)=-\cos x, \quad f^{\text{IV}}(x)=\sin x, \qquad f^{\text{V}}(x)=\cos x,$$
$$f(0)=0, \qquad\quad f'(0)=1, \qquad\quad f''(0)=0,$$
$$f'''(0)=-1, \qquad f^{\text{IV}}(0)=0, \qquad f^{\text{V}}(\xi)=\cos \xi.$$

所以 $\qquad \sin x=x-\dfrac{x^3}{6}+R_5$, 式中 $R_5=\dfrac{x^5}{120}\cos \xi.$

虽然准确的 R_5 值是我们所不知道的, 但是由于 $|\cos \xi|\leqslant 1$, 我们不难加以估计. 若把 x 的值限于从 0 到 $\dfrac{\pi}{4}$, 则对于这样的 x 有

$$|R_5|=\left|\frac{x^5}{120}\cos \xi\right|\leqslant \frac{1}{120}\left(\frac{\pi}{4}\right)^5<\frac{1}{400}.$$

因此, 在区间 $\left[0, \dfrac{\pi}{4}\right]$ 上函数 $\sin x$ 可以在 $\dfrac{1}{400}$ 的准确度内当作是

等于三次多项式

$$\sin x = x - \frac{1}{6}x^3.$$

若我们在 $\sin x$ 按泰勒公式展开时取更多的项，则可以得到更高次的多项式，更准确地与 $\sin x$ 相近似.

三角及其他许多算表都是用同样的方法计算出来的.

自然界的规律一般地可以很近似地由任意阶可微的函数来表达，而这种函数又可近似地由多项式表出；多项式次数的选择决定于所需要的准确度.

泰勒级数 若在公式(25)中所取的项数愈来愈多，则由余项 $R_{n+1}(x)$ 所表达的(25)式右面跟 $f(x)$ 的误差可以趋近于零. 当然，这决不是经常的情况：并非对每一个函数，对每一个 x 值都如此. 但是有广阔的一类函数（称为分析函数），其余项至少对于包围着点 a 的某一区间的 x 值确实在 $n\to\infty$ 时趋于零. 正是对这样的函数说来，泰勒公式使我们可以把 $f(x)$ 计算到任何准确度. 让我们更仔细地来看一看这种函数.

若在 $n\to\infty$ 时 $R_{n+1}(x)\to0$，则由(26)得

$$f(x) = \lim_{n\to\infty}\left[f(a)+f'(a)(x-a)+\cdots+\frac{f^{(n)}(a)}{n!}(x-a)^n\right].$$

在这一场合，我们说，$f(x)$ 已展开为按 $x-a$ 的升幂排列的收敛无穷级数：

$$f(x) = f(a)+f'(a)(x-a)+\frac{f''(a)}{2!}(x-a)^2+\cdots$$

称为泰勒级数，而且 $f(x)$ 就称为这级数的和. 让我们举一些大家所熟知的函数被展开为泰勒级数的实例（在这些例子中 $a=0$）：

1) $(1+x)^n = 1+nx+\frac{n(n-1)}{2!}x^2+\frac{n(n-1)(n-2)}{3!}x^3+\cdots$

   （对 $|x|<1$ 及任何实数 n 正确）.

2) $\sin x = x-\frac{x^3}{3!}+\frac{x^5}{5!}-\frac{x^7}{7!}+\cdots$ （对一切 x 正确）.

3) $\cos x = 1-\frac{x^2}{2!}+\frac{x^4}{4!}-\frac{x^6}{6!}+\cdots$ （对一切 x 正确）.

4) $e^x = 1 + x + \dfrac{x^2}{2!} + \dfrac{x^3}{3!} + \cdots$ (对一切 x 正确).

5) $\operatorname{arc\,tg} x = x - \dfrac{x^3}{3} + \dfrac{x^5}{5} - \cdots$ (对 $|x| < 1$ 正确).

这些例子中的第一个就是著名的牛顿二项式，首先由牛顿求出对一切 n 有效，但在他那时候还完全只以整数的 n 作为根据. 这一例子成了后来建立普遍泰勒公式的范例. 最后两个例子则在 $x = 1$ 时可用来计算数 e 和 π 到任何准确度.

泰勒公式给分析应用中的大多数计算问题开辟了道路，其实践的意义是非常巨大的.

被展开为泰勒级数的函数以很大的准确度表达了自然界中的许多规律性: 物理与化学的过程, 物体的运动等等. 只要把它们考虑作复变量函数, 它们的理论就获得充分的明晰性和完美性. 这种函数的理论将在第二卷第九章中占有相应的地位.

函数由多项式近似地来表达这一概念本身以及用无穷多个较简单项之和的形式来表示函数的问题在分析中得到了远大的发展，成为数学的一个独立分支——函数逼近理论(见第二卷第十二章).

§10. 积 分

从第一章以及本章的§1读者早已知道，积分的概念及一般地说积分学乃起源于需要求解某些具体的问题，其典型的例子是寻求曲线形面积的问题. 这一节所要讲的就是这个问题. 由这个问题我们也将知道微分学与积分学问题之间的联系究竟在哪里，这在十八世纪才完全弄清楚.

面积 设在 x 轴之上有一条曲线作为函数 $y = f(x)$ 的图形. 让我们试求由曲线 $y = f(x)$, x 轴以及通过点 $x = a$ 与 $x = b$ 而跟 y 轴平行的两条直线所围成的一块面积 S.

要解决这个问题，让我们象下面这样子来做. 把区间 $[a, b]$ 分成 n 个(不必等长的)小段，第一个小段的长度记作 $\varDelta x_1$, 第二个

Δx_2, $\cdots$, 最后一个 Δx_n. 在每一个小段中各挑定一点 ξ_1, ξ_2, $\cdots$, ξ_n,

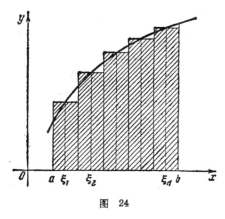

然后让我们组成下面的和:

$$S_n = f(\xi_1)\Delta x_1 + f(\xi_2)\Delta x_2$$
$$+ \cdots + f(\xi_n)\Delta x_n.$$

(28)

量 S_n 显然等于图 24 中加有阴影的各矩形的面积之和.

把区间 $[a, b]$ 分得愈细, S_n 将跟面积 S 愈接近. 若我们把 $[a, b]$ 分成

图 24

愈来愈细的小段而作出一连串这样的图,则和 S_n 将趋于 S.

因为 $[a, b]$ 是可以分作不相等的小段的,我们还得明确一下所谓分得"愈来愈细"应当怎样理解. 我们要假定,不仅 n 无限制增大,而且甚至连各小段长度 Δx_i 中的最大者也趋于零. 于是

$$S = \lim_{\max \Delta x_i \to 0} [f(\xi_1)\Delta x_1 + f(\xi_2)\Delta x_2 + \cdots + f(\xi_n)\Delta x_n]$$

$$= \lim_{\max \Delta x_i \to 0} \sum_{i=1}^{n} f(\xi_i)\Delta x_i.$$

(29)

面积的计算已归结为极限(29)的寻求.

我们要指出,当我们提出我们的问题时,我们还只有关于曲线形面积的经验上概念,而并没有确切的定义. 由于上面所作的推论的结果,我们才获得了面积概念的确切定义. 这就是极限(29). 现在我们不仅有面积的直觉概念,而且还拥有它的数学定义,使我们得以把面积算出来(对照

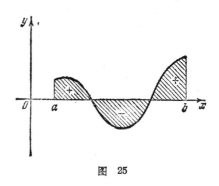

图 25

第 104 页上关于圆周长度及第 109 页上关于速度的话).

我们在上面假定 $f(x) \geqslant 0$. 若 $f(x)$ 改变正负号, 如图 25, 则极限(29)所给出的是位于曲线 $y = f(x)$ 与 x 轴之间的各块面积的代数和, 其中位于 x 轴之上的各块面积都当作带有正号, 而位于 x 轴之下的带有负号.

定积分 还有其他许多问题也使得极限(29)的计算成为必要. 例如, 设点在直线上以变速 $v = f(t)$ 运动. 怎样来确定从 $t = a$ 到 $t = b$ 一段时间内点所经历的路程 s 呢?

我们要假定函数 $f(t)$ 是连续的, 也就是说, 在小段的时间中速度的变化也小. 让我们把 $[a, b]$ 分成长度为 Δt_1, Δt_2, $\cdots$, Δt_n 的 n 个小段. 为了要近似地计算在每一小段时间 Δt_i 内所经历的路程, 我们把这段时间中的速度当作常量, 而且就等于这段时间中任意选定的某一瞬时 ξ_i 的速度. 于是点所经历的全部路程就近似地由和式

$$s_n = \sum_{i=1}^{n} f(\xi_i) \Delta t_i$$

表出, 而从 a 到 b 整段时间内所经历路程 s 的准确值我们可以看到就是这样的和在小段愈分愈细时的极限, ——这是一个跟(29)同一形式的极限:

$$s = \lim_{\max \Delta t_i \to 0} \sum_{i=1}^{n} f(\xi_i) \Delta t_i.$$

我们可以引述许多具体的问题, 它们的解决都归结于类似极限的计算. 我们以后还要碰到这样的问题, 但上面的例子已经足够说明这种极限的重要性. 极限(29)称为函数 $f(x)$ 在区间 $[a, b]$ 上所取的定积分, 记作

$$\int_a^b f(x) \, dx.$$

表达式 $f(x) dx$ 称为被积表达式, a 与 b 为积分限; a 是下限, b 是上限.

微分学与积分学的联系 §1 的例 2 可以作为直接计算定积分的一个例子. 现在我们可以说, 那里所考虑的问题归结于计算

定积分

$$\int_0^b ax\,dx.$$

在§3中我们考虑过另外一个例子,从而求得了由抛物线 $y=x^2$ 所围成的面积,这里,问题归结于计算积分

$$\int_0^1 x^2\,dx.$$

这两个积分所以都能算出,是由于我们已经知道了最初 n 个自然数之和及这些数平方之和的简单公式. 但决不是对每一个函数 $f(x)$ 都能求出(即用简单公式表出)和式(28),其中点 ξ_i 与增量 Δx_i 是由这种或那种规律给出的, 况且在可能这样去求和的场合,它的实现并不是靠了一种普遍的方法,而是靠了各种各样极特殊的、好像是每一个问题所各别地固有的方法.

因此,发生了定积分普遍计算方法的寻求问题. 在历史上,这问题有很长一个时期以具体课题的形式摆在数学家的面前, 这种课题就在于找出一种普遍的方法来确定曲线形面积、曲面所围成物体的体积等等.

我们在前面提到过阿基米德已能计算抛物线弓形及其他一些图形的面积. 后来, 那些已经知道解法的关于计算面积、体积、物体重心等等同类的个别问题,数目逐渐增多.但这些问题的普遍解法的创造过程开始时是极缓慢的. 普遍的方法只有在积累了充分多的理论与计算资料之后才能够创造出来, 而资料的产生又是跟实践的需要有紧密联系的. 累积与推广的过程在中世纪晚期才加速发展起来, 这是直接由于欧洲的旧(封建制度)生产关系崩溃而新(资本主义)生产关系崛起的时代生产力得到蓬勃发展的结果.

有关定积分计算问题的各种事实的积累是跟相应的有关函数求导数问题的研究同时发生的. 读者在§1中已经知道,这一项巨大的准备工作是在十七世纪在牛顿和莱布尼茨的著作中得到完成的. 在这样的意义上我们说牛顿和莱布尼茨是微积分学的创始者.

牛顿和莱布尼茨的主要功绩之一就是在他们的著作中完全阐

明了存在于微分学与积分学之间的深奥联系. 特别是这个联系给极广大的一类函数提供了定积分的一般计算方法.

为了要说明这个联系,让我们回到力学的例子上去.

我们假定有一质点沿着直线运动,其速度 $v=f(t)$ 是时间 t 的函数. 我们已经知道质点在 $t=t_1$ 与 $t=t_2$ 一段时间内所经历的路程 σ 等于定积分:

$$\sigma = \int_{t_1}^{t_2} f(t) dt.$$

此外,我们再假定质点的运动规律为已知,就是把路程 s 与时间 t 的相倚性表达出来的函数 $s=F(t)$ 为已知,其中路程 s 是从直线上所挑定的某一个起点 A 算起的. 在 $[t_1, t_2]$ 一段时间内所经历的路程 σ 显然就等于下面的差:

$$\sigma = F(t_2) - F(t_1).$$

这样,从物理的推论我们达到了等式

$$\int_{t_1}^{t_2} f(t) dt = F(t_2) - F(t_1),$$

这等式表达了质点的运动规律与速度之间的关系.

由数学的观点看来,像我们从 §5 中所知道的那样,函数 $F(t)$ 可以被定义为这样一个函数,就是它的导数对于考虑中的一切 t 都等于 $f(t)$,即

$$F'(t) = f(t), \quad (a < x < b).$$

这样一个函数称为 $f(t)$ 的一个原函数.

应当注意,函数 $f(t)$ 若至少有一个原函数,就同时有无穷多个原函数,因为若 $F(t)$ 是 $f(t)$ 的原函数,则 $F(t)+C$,其中 C 为任意常量,也是 $f(t)$ 的原函数. 但这已经把 $f(t)$ 的一切原函数包罗无遗,因为若 $F_1(t)$ 与 $F_2(t)$ 是同一个函数 $f(t)$ 的原函数,则两者的差 $\varphi(x) = F_1(t) - F_2(t)$ 在所考虑的 t 的变化区间上处处有导数 $\varphi'(t)$ 等于零,因此是一个常量[1].

---

1) 据中值定理,得

$$\varphi(t) - \varphi(t_0) = \varphi'(\nu)(t - t_0) = 0,$$

其中 ν 在 t 与 t_0 之间. 据此,对一切 t 有 $\varphi(t) = \varphi(t_0) =$ 常数.

由物理的观点看来，因常量 C 取不同的值而确定的各种运动规律，其差别只在于起算路程的起点 O 也随着而有各种不同的地位．

从以上所说，可以得到这样的结论：设 $f(x)$ 已在区间 $[a, b]$ 上给定并且满足一些极普遍的条件，只要函数 $f(x)$ 在这些条件下可以当作是质点在瞬时 x 的运动速度，就有下列等式成立：

$$\int_a^b f(x)dx = F(b) - F(a), \tag{30}$$

式中 $F(x)$ 是 $f(x)$ 的任何一个原函数[1]．

这等式就是著名的牛顿与莱布尼茨公式，这公式把计算一个函数的定积分问题归结为寻求该函数的原函数问题，因此在一式之中就使微分学与积分学发生了联系．

曾经成为大数学家研究对象的许多特殊问题，借助于这个公式就自动地得到解决，而这公式所表达的不过是函数 $f(x)$ 在区间 $[a, b]$ 上的定积分等于这一函数的任何一个原函数在区间左右两端上的数值之差[2]．差式 (30) 通常还写成下面的样子：

$$F(x)\Big|_a^b = F(b) - F(a).$$

例 1 等式

$$\left(\frac{x^3}{3}\right)' = x^2$$

表示函数 $\dfrac{x^3}{3}$ 是函数 x^2 的原函数．因此，根据牛顿与莱布尼茨公式，

$$\int_0^a x^2 dx = \frac{x^3}{3}\Big|_0^a = \frac{a^3}{3} - \frac{0}{3} = \frac{a^3}{3}.$$

例 2 设 c 与 c' 是在一条直线上的两个电荷，彼此相隔的距离为 r．沿着这条直线在两者之间互相作用的力 F 等于

---

1) 我们可以不求助于力学的例子而用数学方法来证明：若函数 $f(x)$ 在 $[a, b]$ 上连续（或甚至于虽间断但按勒贝格的理论可积，见第三卷第十五章），则必有 $f(x)$ 的原函数 $F(x)$ 存在以及等式 (30) 成立．

2) 这公式已得到了各种不同的推广（例如，见 §13，奥斯特洛格拉特斯基公式）．

$$F = \frac{a}{r^2}$$

$(a = kcc'$, 式中 k 是一个常量). 当电荷 c 静止不动而电荷 c' 在区间 $[R_1, R_2]$ 上移动时, 我们把区间 $[R_1, R_2]$ 分作小段 Δr_i, 就可以来计算这个力所作的功 W 了. 在每一个小段上我们近似地把力当作常量, 于是在这样的小段上的功等于 $\frac{a}{r_i^2} \Delta r_i$. 使小段愈分愈细, 我们便确信功 W 等于下列积分:

$$W = \lim_{n \to \infty} \sum_{i=1}^{n} \frac{a}{r_i^2} \Delta r_i = \int_{R_1}^{R_2} \frac{a}{r^2} \, dr.$$

这个积分我们立刻可以求出, 只要注意到

$$\frac{a}{r^2} = \left(-\frac{a}{r} \right)',$$

就得到

$$W = -\frac{a}{r} \Big|_{R_1}^{R_2} = a \left(\frac{1}{R_1} - \frac{1}{R_2} \right).$$

特别是, 当起先与电荷 c 相距 R_1 的电荷 c' 被移到了无穷远处的时候, 力 F 所作的功等于

$$W = \lim_{R_2 \to \infty} a \left(\frac{1}{R_1} - \frac{1}{R_2} \right) = \frac{a}{R_1}.$$

从我们导出牛顿与莱布尼茨公式的推论中, 就显然可见这公式是在数学上表达了客观现实中的一种确定而深奥的联系. 牛顿与莱布尼茨公式正是数学本身反映出客观规律性的一个美妙而且极重要的例子.

应该说, 牛顿是站在物理的观点上来进行他的数学研究的. 他的创立微积分学原理的著作是跟他的创立力学原理的著作不可分割的.

像导数、积分那样的数学分析概念本身在牛顿和他的同时代人的观念中还完全"不曾脱离"它们的物理与几何原型(速度、面积). 它们在实际上带有一半数学而一半物理的性质. 问题在于当时对于这些概念所下的定义由数学的观点看来还是不能使人满意的, 所以对这些概念的正确运用在稍许复杂的场合就需要研究者有本领甚至在中间的推理阶段上不脱离问题的具体的一面.

由这个观点看来，牛顿与莱布尼茨的创作的性质是不相同的[1]，牛顿在其研究的所有阶段上始终受着物理观点的指导．莱布尼茨的研究却跟物理学没有这样密切的直接关系，这在缺乏清晰数学定义的情况下有时候在个别的研究阶段上引导他到错误的结论．另一方面，莱布尼茨的创作所独有的特征在于力图普遍化，力图找到尽可能更普遍的方法来解决数学分析的问题．

莱布尼茨的最重大功绩在于创造了反映出事物本质的数学符号．数学分析的那些基本概念的记法，例如微分 dx，二阶微分 d^2x，积分 $\int y\,dx$，导数 $\dfrac{d}{dx}$ 都是莱布尼茨所提出的．这些记号至今还在沿用，足见它们是多么的确切和方便．

妥善地选定的符号可以大大地促使我们的计算与推论变得迅速而容易．它甚至有时候还可以使我们免于堕入错误的结论．对此有充分理解的莱布尼茨在他的创作中就非常注意记号的选择．

数学分析的概念(导数、积分等等)当然在牛顿和莱布尼茨之后继续发展而且直到我们的时代还在发展．但是我们要着重指出在这发展过程中的一个确定的阶段，这一阶段发生在上一世纪的初叶并且首先是跟柯西的著作有关系的．

柯西提供了极限概念的清晰、形式的定义而且在这基础上提供了连续性、导数、微分与积分概念的定义．这些定义都已经在这一章的适当的地方一一引述．在近世分析中我们广泛地使用着这些定义．

这些成就的重要性在于，这样一来，不仅在算术、代数与初等几何中，而且还在一个新的极广阔的数学领域，即数学分析中，也可能纯粹形式地进行运算而同时得到正确的结果．

关于数学分析的一批主要结果在任何场合上的应用，现在我们可以这样说：若起始的数据实际上正确，则数学推论的结果也实际上正确；若我们相信起始的数据充分准确，则所得到结果的正确

---

1) 牛顿和莱布尼茨的发明是各自独立地得到的．

性不必由实践来验证，而只要检验形式推论的正确性就足够了．

以上所说自然还需要下面的保留，在数学推论中，我们从实践取来的起始数据只在某些误差的限度内才是正确的．这就引导到如下的情况：当我们对实际数据进行数学的推论时，在每一步上所得到的结果又带有某些误差，同时这种误差随着推论步数的增多而积累起来[1]．

回到定积分，让我们来看一看下面这个具有根本重要性的问题．对于怎样一些在区间 $[a, b]$ 上给定的函数 $f(x)$，我们可以保证有定积分 $\int_a^b f(x)dx$ 存在，也就是可以保证有这样一个数存在，当 $\max \Delta x_i \to 0$ 时和式 $\sum_1^n f(\xi_i) \Delta x_i$ 就趋于这个数？我们要注意，这一个数，不论区间 $[a, b]$ 怎样分法，也不论点 ξ_i 怎样取法，都应当是相同的．

那些函数，它的定积分也就是极限(29)确实存在的，称为在区间 $[a, b]$ 上可积．上一世纪的相应研究已经显示所有的连续函数都是可积的．

也有间断而可积的函数．例如，在区间 $[a, b]$ 上单调而有界的函数就属于这种函数之列．

在 $[a, b]$ 的有理点上等于0、无理点上等于1的函数可以作为不可积函数的一个例子，因为不论把区间怎样划分，积分和 s_n 将等于0或1，但看我们取作 ξ_i 的是有理数还是无理数．

我们要指出，关于怎样实地求出定积分的问题，在许多场合牛顿-莱布尼茨公式已提供了解答．但这里产生了另外一个问题，就是怎样从已给的函数求出原函数，即以已给函数作为导数的函数．我们就要转到这一个问题上去．顺便可以指出，在其他的数学问题中，特别是在求解微分方程时原函数的寻求也具有重大的意义．

---

1) 例如，由公式 $a=b$ 及 $b=c$ 可以推知 $a=c$．在实践中这一关系是这样的：由 $a=b$ 正确到 ε 及 $b=c$ 正确到 ε，可以推知 $a=c$ 正确到 2ε．

§11. 不定积分. 积分的技术

在数学中我们通常把已给函数 $f(x)$ 的任意原函数 称为 $f(x)$ 的不定积分, 并记作

$$\int f(x)\,dx.$$

因此, 若 $F(x)$ 是 $f(x)$ 的某一个完全确定的原函数, 则 $f(x)$ 的不定积分就等于

$$\int f(x)\,dx = F(x) + C, \tag{31}$$

式中 C 是任意常数.

我们还要指出, 若函数 $f(x)$ 在区间 $[a,b]$ 上给定, $F(x)$ 是它的原函数而 x 是区间 $[a,b]$ 的点, 则根据牛顿-莱布尼茨公式, 可以写出

$$F(x) = F(a) + \int_a^x f(t)\,dt.$$

这样, 在等式右面的积分跟 $f(x)$ 的原函数 $F(x)$ 只相差一个常量 $F(a)$. 在这样的场合, 这一个积分, (在 x 可变时)当作上限 x 的函数看待, 正是 $f(x)$ 的某一个完全确定的原函数, 因而 $f(x)$ 的不定积分还可以写成下面的形式:

$$\int f(x)\,dx = \int_a^x f(t)\,dt + C,$$

式中 C 是任意常量.

让我们把基本的不定积分表列举于下, 这是直接从相应的导数表(见 §6)编成的:

$$\int x^a\,dx = \frac{x^{a+1}}{a+1} + C \quad (a \neq 1), \qquad \int \cos x\,dx = \sin x + C,$$

$$\int \sec^2 x\,dx = \operatorname{tg} x + C, \qquad\qquad \int a^x\,dx = \frac{a^x}{\ln a} + C,$$

$$\int \frac{dx}{x} = \ln|x| + C^{1)}, \qquad \int e^x\,dx = e^x + C,$$

$$\int \frac{dx}{\sqrt{1-x^2}} = \arcsin x + C = -\arccos x + C_1 \quad \left(C_1 - C = \frac{\pi}{2}\right),$$

$$\int \sin x\,dx = -\cos x + C, \qquad \int \frac{dx}{1+x^2} = \operatorname{arc\,tg} x + C. \qquad (32)$$

不定积分的一般性质也可以根据导数的相应的性质推出来. 例如, 由和的微分法则我们得到公式

$$\int [f(x) \pm \varphi(x)]\,dx = \int f(x)\,dx \pm \int \varphi(x)\,dx + C,$$

而由常数因子 k 可从导数符号下移出的法则得到

$$\int k f(x)\,dx = k \int f(x)\,dx + C.$$

这样

$$\int \left(3x^2 + 2x - \frac{3}{\sqrt{x}} + \frac{4}{x} - 1\right)dx$$

$$= 3\frac{x^3}{3} + \frac{2x^2}{2} - 3\frac{x^{-\frac{1}{2}+1}}{-\frac{1}{2}+1} + 4\ln|x| - x + C$$

$$= x^3 + x^2 - x - \frac{2}{3}\sqrt{x} + \ln x^4 + C.$$

我们有好些计算不定积分的方法. 让我们来看一看其中的一种方法, 就是变量置换法或换元法[2], 这是以下列等式的正确性作为根据的:

$$\int f(x)\,dx = \int f[\varphi(t)]\varphi'(t)\,dt + C, \qquad (33)$$

式中 $x = \varphi(t)$ 是可微函数. 关系式(33)应当这样加以理解: 若在跟(33)式左面相等的函数

$$F(x) = \int f(x)\,dx$$

---

1) 当 $x > 0$ 时, $\qquad (\ln|x|)' = (\ln x)' = \dfrac{1}{x},$

   当 $x < 0$ 时, $\qquad (\ln|x|)' = [\ln(-x)]' = \dfrac{1}{-x}(-1) = \dfrac{1}{x}.$

2) 变量又称变元, 或简称为元. ——译者注

中令 $x = \varphi(t)$，则得到这样一个函数 $F[\varphi(t)]$，它对 t 的导数就等于(33)式右面积分符号下的表达式. 这是可以从关于复合函数导数的定理直接推出来的.

让我们就换元法的应用再举一些例子：

$$\int e^{kx}\, dx = \int e^t \frac{1}{k}\, dt = \frac{1}{k}\int e^t dt = \frac{1}{k}e^t + C = \frac{e^{kx}}{k} + C$$

(令 $kx = t$，从而有 $k\, dx = dt$).

$$\int \frac{x\, dx}{\sqrt{a^2 - x^2}} = -\int dt = -t + C = -\sqrt{a^2 - x^2} + C$$

$\left(\text{令 } t = \sqrt{a^2 - x^2}\text{，从而有 } dt = -\dfrac{x\, dx}{\sqrt{a^2 - x^2}}\right).$

$$\int \sqrt{a^2 - x^2}\, dx = \int \sqrt{a^2 - a^2 \sin^2 u}\, a\cos u\, du$$

$$= a^2 \int \cos^2 u\, du = a^2 \int \frac{1 + \cos 2u}{2}\, du$$

$$= \frac{a^2}{2}\left(u + \frac{\sin 2u}{2}\right) + C$$

$$= \frac{a^2}{2}\left(u + \sin u \cos u\right) + C$$

$$= \frac{a^2}{2}\left(\arcsin \frac{x}{a} + \frac{x}{a^2}\sqrt{a^2 - x^2}\right) + C$$

(令 $x = a\sin u$).

从这些例子显然可见，换元法大大地扩充了我们现在所能够加以积分的那种初等函数，所谓能够加以积分就是说能够求得仍属初等函数的原函数. 但应当注意，由计算的观点看来，一般地说，积分的处境远比微分来得恶劣.

由 §6 已经知道任何初等函数的导数又是初等函数，这是利用微分法则就可以完全有效地求得到的. 但是相反的论断，一般地说，并不真确，因为存在着那样的初等函数，它的不定积分不再是初等函数. 例如，e^{-x^2}，$\dfrac{1}{\ln x}$，$\dfrac{\sin x}{x}$ 等就是这样的函数. 要得到这些函数的积分，不得不使用近似方法，并且引入一些无法化成初等函数的新函数. 我们不可能在这个问题上逗留很久，我们只想指出，在初等数学中就可以找到许多例子，其中一种运算可以在某一类的数中施行而它的逆运算就不能在同一类中实现；如任何正有理数的平方是有理数，但有理数的平方根就决非始终是有理数．类似地，对初等函数微分，所得到的还是初等函数，但对初等函数积分就可以使我们脱离这一类函数了．

有些不能用初等函数来计算的积分在数学及其应用中具有重大的意义．积分

$$\int_0^x e^{-t^2}\,dt$$

就是这样的一个例子，它在概率论中起着极巨大的作用（见第二卷第十一章）．我们还要指出积分

$$\int_0^\varphi \frac{d\theta}{\sqrt{1-k^2\sin^2\theta}} \quad \text{与} \quad \int_0^\varphi \sqrt{1-k^2\sin^2\theta}\,d\theta \quad (k^2<1)$$

分别有第一与第二种椭圆积分之称．有极多的力学与物理学问题归结为这两个积分的计算（见第二卷第五章§1，例3）．就自变量 k 与 φ 取各种不同的值，已经编造出这些积分值的明细表，这是用近似方法算出的，但有很高的准确度．

应当强调指出，要证明这个或那个初等函数是无法用初等函数来积分的，在每一个各别的场合引起极大的困难．上一世纪的一些杰出的数学家与分析学家都竭其才智于这些问题，而这些问题的研究也在分析的发展中起了重大的作用．在这方面车比雪夫曾经得到一些主要的结果，特别是他充分研究了如下形式的积分是不是可能用初等函数来积分的问题：

$$\int x^m(a+bx^s)^p\,dx,$$

式中 m, s 与 p 都是有理数．在车比雪夫之前，牛顿早就得到可使这个积分用初等函数积出的指数 m, s 及 p 之间的三种关系，车比雪夫证明了在所有其他的场合这积分都是不能用初等函数表达的．

我们还要引述另一种积分方法——分部积分法．这是以读者所已经知道的关于两函数 u 与 v 之积的导数公式：

$$(uv)' = uv' + u'v$$

作为根据的. 这公式还可以这样写:

$$uv' = (uv)' - u'v.$$

现在让我们对左右两边分别积分, 并且注意

$$\int (uv)' dx = uv + C,$$

最后就得到等式

$$\int uv' dx = uv - \int u'v \, dx,$$

这个公式称为分部积分公式(我们没有写出常数 C, 因为可以把它看作是已经包括在等式中的一个不定积分里).

让我们就这公式的应用举一些例子. 试计算 $\int xe^x \, dx$. 在这个积分中可令 $u=x$ 而 $v'=e^x$, 不是 $u'=1$, $v=e^x$, 从而有

$$\int xe^x \, dx = xe^x - \int 1 \cdot e^x \, dx = xe^x - e^x + C.$$

在积分 $\int \ln x \, dx$ 中, 令 $u=\ln x$, $v'=1$ 方才适当, 于是 $u' = \dfrac{1}{x}$, $v=x$, 而

$$\int \ln x \, dx = x \ln x - \int dx = x \ln x - x + C.$$

还有一个特异的例子, 须两次分部积分, 然后从所得到的等式中获得所求的积分:

$$\int e^x \sin x \, dx = e^x \sin x - \int e^x \cos x \, dx$$

$$= e^x \sin x - e^x \cos x - \int e^x \sin x \, dx,$$

从而有

$$\int e^x \sin x \, dx = \frac{e^x}{2}(\sin x - \cos x) + C.$$

我们就以这个例子作为这一节的结尾, 读者从这一节中仅仅得到了积分理论的一些肤浅的观念. 这理论的许多方法我们都不曾讲到, 特别是我们在这里不曾接触到极饶趣味的有理分式积分理论, 上一世纪的著名数学家与力学家奥斯特洛格拉特斯基曾对该理论作出重大的贡献.

§12. 多 元 函 数

到现在为止我们所讲的都是一元函数，但在实践中我们往往还必须碰到由二元、三元以及一般地说由多元来确定的函数。例如，矩形的面积是其底 x 与高 y 的函数：

$$S = xy.$$

长方体的体积是其长、宽、高的函数：

$$v = xyz.$$

两点 A 与 B 之间的距离是这两点的六个坐标的函数：

$$r = \sqrt{(x_1 - x_2)^2 + (y_1 - y_2)^2 + (z_1 - z_2)^2},$$

大家所知道的公式

$$pv = RT$$

表达了一定数量的气体的体积 v 怎样随着它的压力 p 与绝对温度 T 而定。

正像一元函数一样，多元函数常常只在变量在某一区域上取值时才给出。例如，函数

$$u = \ln(1 - x^2 - y^2 - z^2) \tag{34}$$

仅在 x, y, z 的值满足条件

$$x^2 + y^2 + z^2 < 1 \tag{35}$$

时方才给定(对于其他的 x, y, z，函数值不是实数)。坐标满足不等式(35)的空间点集显然填满了一个半径为 1 而中心在原点的球。边界的点不属于这个球。它的表面仿佛"已被剥掉"。这样的球称为开球。函数(34)只在 (x, y, z) 三个数是这个开球 G 各点的坐标时才有定义。通常我们就简短地说，函数(34)定义于开球 G。

这里是另外一个例子。一个已受到不均匀加热的物体 V 的温度是这物体上各点的坐标 x, y, z 的某一个函数。这函数并未对所有 (x, y, z) 三个数。而只在 (x, y, z) 是物体 V 各点的坐标时才有定义。

最后，作为第三个例子，让我们考虑函数

$$u = \varphi(x) + \varphi(y) + \varphi(z),$$

式中 φ 是定义于区间 $[0, 1]$ 的一元函数. 显然函数 u 只在 (x, y, z) 三个数是立方体:

$$0 \leqslant x \leqslant 1, \ 0 \leqslant y \leqslant 1, \ 0 \leqslant z \leqslant 1$$

各点的坐标时才有定义.

让我们把三元函数的定义提出来. 设已知 (x, y, z) 三个数的集(空间点集) E. 若对应于 E 的每三个数(每点), 根据某一法则有一个确定的数 u, 则我们说 u 是 x, y, z(点)的函数, 定义于三个数的集(点集) E, 记作

$$u = F(x, y, z).$$

除了 F 外, 也可以用其他的字母: f, φ, ψ.

在实践中作为集 E 的往往是填满某些几何体(区域), 如球、立方体、环等等的点集, 于是我们就简单地说函数定义于这个几何体(区域). 我们可以类似地来定义二元、四元等等函数.

隐函数 我们要指出, 二元函数在某种情况下可以很好地作为给出一元函数的工具. 设已知二元函数 $F(x, y)$, 让我们构成方程

$$F(x, y) = 0. \tag{36}$$

一般地说, 它确定了 (x, y) 平面的某一个 (x, y) 点集, 在这些点上我们的函数都等于零. 往往这样的点集就是某一条曲线, 这曲线可以当作是一个或几个单值一元函数 $y = \varphi(x)$ 或 $x = \psi(y)$ 的图形. 在这样的场合, 我们说, 这些单值的函数是借助于方程(36)而被隐含地确定的[1]. 例如, 方程

$$x^2 + y^2 - r^2 = 0.$$

就以隐含的方式确定了两个一元函数:

$$y = +\sqrt{r^2 - x^2} \quad 与 \quad y = -\sqrt{r^2 - x^2}.$$

但是应当注意, 像(36)那样的方程也可以不确定任何函数. 例如, 方程

---

1) 我们也往往这样说: 在方程 $F(x, y) = 0$ 中 y (或 x) 是 x (或 y) 的隐函数. ——译者注

$$x^2 + y^2 + 1 = 0$$

显然并未给出任何实函数,因为没有一对实数能够满足这个方程.

几何的表示 二元函数可以借助于空间坐标系而很直观地由曲面来表示. 这样,函数

$$z = f(x, y) \qquad (37)$$

就在三维空间直角坐标系中被绘成一个曲面, 这曲面是坐标满足方程(37)的点 M 的轨迹(图 26).

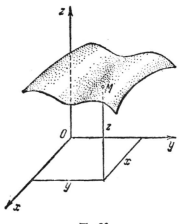

另外还有一种极方便的表示函数(37)的方法, 在实践中早已得到广泛的应用. 取定了一连串的值 $z_1, z_2, \cdots$, 我们就在同一个 Oxy 平面上绘出曲线:

图 26

$$z_1 = f(x, y), \quad z_2 = f(x, y), \cdots,$$

就是所谓函数 $f(x, y)$ 的等高线. 按照等高线,只要它们相应于彼此充分接近的 z 值, 就可以很好地看出函数 $f(x, y)$ 的变化, 正如按照地形图上的等高线就可以把地势的变化测定.

在图 27 中已经绘出了函数 $z = x^2 + y^2$ 的等高线图; 在旁边又

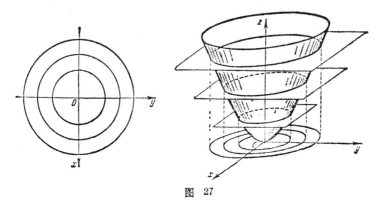

图 27

显示了这些线是怎样作出的．在第三章图50（第232页）中给函数 $z=xy$ 绘出了同样的等高线图．

偏导数与微分　让我们简略地说一说多元函数的微分法．我们以任意的二元函数

$$z=f(x, y)$$

作为例子．若把 y 的值固定，就是说，把 y 当作是不变的，则我们的二元函数就变为一元 x 的函数．它的导数，如果存在，称为对 x 的偏导数，记作

$$\frac{\partial z}{\partial x} \text{ 或 } \frac{\partial f}{\partial x} \text{ 或 } f'_x(x, y).$$

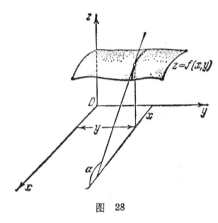

图　28

最后一种记法强调指出，对 x 的偏导数，一般地说，是 x 和 y 的函数．我们可以类似地来定义对 y 的偏导数．

在几何上我们的函数是由空间直角坐标系里的一个曲面来表示的．把 y 固定后所得到的 x 的函数则由一条平面曲线表出，这曲线是由那个与 Oxz 平面平行而且相距 y 的平面跟曲面相截而成（图28）．偏导数 $\frac{\partial z}{\partial x}$ 显然就等于这曲线在 (x, y) 点上的切线跟 x 轴正向所成交角的正切．

一般地说，若已给 n 元 $x_1, \cdots, x_n$ 的函数 $z=f(x_1, x_2, \cdots, x_n)$，则在其他各元：

$$x_1, x_2, \cdots, x_{i-1}, x_{i+1}, \cdots, x_n$$

的值作为固定时对 x_i 所算出的导数称为偏导数 $\frac{\partial z}{\partial x_i}$．

我们可以说，一个函数对变元 x_i 的偏导数是这函数在 x_i 变化方向的变化率．我们还可以来定义对任意给定方向的导数，所谓任意给定的方向就不必一定跟这个或那个坐标轴相同，但我们不拟加以细说．

例 1) $z = \dfrac{x}{y}$, $\dfrac{\partial z}{\partial x} = \dfrac{1}{y}$, $\dfrac{\partial z}{\partial y} = -\dfrac{x}{y^2}$.

2) $u = \dfrac{1}{\sqrt{x^2 + y^2 + z^2}}$,

$$\frac{\partial u}{\partial x} = -\frac{1}{x^2 + y^2 + z^2} \frac{2x}{2\sqrt{x^2 + y^2 + z^2}} = -\frac{x}{(x^2 + y^2 + z^2)^{3/2}}.$$

有时候我们还需要对偏导数再求偏导数——这就是所谓二阶偏导数. 二元函数有四个这样的偏导数:

$$\frac{\partial^2 u}{\partial x^2}, \quad \frac{\partial^2 u}{\partial x \, \partial y}, \quad \frac{\partial^2 u}{\partial y \, \partial x}, \quad \frac{\partial^2 u}{\partial y^2}.$$

但是在这些导数连续的场合,上面所写的第二和第三个(所谓混合导数)可以证明是相同的:

$$\frac{\partial^2 u}{\partial x \, \partial y} = \frac{\partial^2 u}{\partial y \, \partial x}.$$

例如,就前面所考虑的第一个函数而论,

$$\frac{\partial^2 z}{\partial x^2} = 0, \quad \frac{\partial^2 z}{\partial x \, \partial y} = -\frac{1}{y^2}, \quad \frac{\partial^2 z}{\partial y \, \partial x} = -\frac{1}{y^2}, \quad \frac{\partial^2 z}{\partial y^2} = \frac{2x}{y^3},$$

读者可立即看到混合导数是相同的.

对于多元函数,正像对于一元函数一样,我们也可以引入微分概念.

为明确起见,让我们来看二元函数

$$z = f(x, y).$$

若它有连续的偏导数,则我们可以证明,相应于自变量增量 Δx 与 Δy 的函数增量

$$\Delta z = f(x + \Delta x, \ y + \Delta y) - f(x, y)$$

可以写成 $\quad \Delta z = \dfrac{\partial f}{\partial x} \Delta x + \dfrac{\partial f}{\partial y} \Delta y + \alpha \sqrt{(\Delta x)^2 + (\Delta y)^2}$,

其中 $\dfrac{\partial f}{\partial x}$ 与 $\dfrac{\partial f}{\partial y}$ 是函数在点 (x, y) 上的偏导数,而量 α 随着 Δx 与 Δy 而定,并且当 $\Delta x \to 0$, $\Delta y \to 0$ 时 $\alpha \to 0$.

上式右面最初两项之和

$$dz = \frac{\partial f}{\partial x} \Delta x + \frac{\partial f}{\partial y} \Delta y$$

线性地[1]随着 $\varDelta x$ 与 $\varDelta y$ 而定，称为函数的微分. 最后一项里边有着跟 $\varDelta x$ 与 $\varDelta y$ 一起趋零的因子 α, 所以就表明 x 与 y 的共同变化的量

$$\rho = \sqrt{(\varDelta x)^2 + (\varDelta y)^2}$$

而论，这一项是关于 ρ 的高阶无穷小.

这里是微分概念应用的一个例子. 钟摆振动的周期是按照下列公式来计算的:

$$T = 2\pi \sqrt{\frac{l}{g}},$$

其中 l 是摆的长度而 g 是重力加速度. 我们假定已知 l 与 g 分别有误差 $\varDelta l$ 与 $\varDelta g$. 于是我们在计算 T 时所招致的误差将等于与自变量增量 $\varDelta l$ 和 $\varDelta g$ 相对应的增量 $\varDelta T$. 近似地以 dT 替代 $\varDelta T$, 则有

$$\varDelta T \approx dT = \pi \left(\frac{\varDelta l}{\sqrt{lg}} - \frac{\sqrt{l}\,\varDelta g}{\sqrt{g^3}} \right).$$

我们不知道 $\varDelta l$ 与 $\varDelta g$ 的正负号，但显然可以从下面的不等式来估计 $\varDelta T$:

$$|\varDelta T| < \pi \left(\frac{|\varDelta l|}{\sqrt{lg}} + \sqrt{\frac{l}{g^3}}\,|\varDelta g| \right),$$

而在两面各除以 T 后，得

$$\frac{|\varDelta T|}{T} < \frac{1}{2} \left(\frac{|\varDelta l|}{l} + \frac{|\varDelta g|}{g} \right).$$

所以，在实际上可以认为 T 的相对误差就等于 l 与 g 的相对误差的平均值.

为了记法的对称起见，自变量的增量 $\varDelta x$ 与 $\varDelta y$ 通常记作 dx 与 dy, 并且也称为这些自变量的微分. 用了这样的记法，函数 $u = f(x, y, z)$ 的微分就可写成:

$$du = \frac{\partial f}{\partial x}\,dx + \frac{\partial f}{\partial y}\,dy + \frac{\partial f}{\partial z}\,dz.$$

每次当我们必须跟多元函数发生关系的时候(而这在分析对

---

1) 一般地说，函数 $Ax + By + C$(其中 A, B, C 为常数)称为 x 与 y 的线性函数. 若 $C = 0$, 则称为齐次线性函数. 在这里我们省略了"齐次"字样.

技术与物理学问题的大量应用中是常有的事), 偏导数起着巨大的作用. 关于怎样从一个函数的偏导数的性质来恢复这个函数的问题, 我们还将在第二卷第六章中看到.

下面我们就偏导数在分析中的应用举出一些最简单的范例.

隐函数求导法 设有 x 的隐函数 y 由方程

$$F(x, y) = 0 \tag{38}$$

给出, 而我们需要知道这函数的导数. 若 x, y 满足等式 (38) 而我们给 x 以增量 Δx, 则 y 将得到那样的增量 Δy, 使得 $x + \Delta x$ 与 $y + \Delta y$ 又满足 (38). 所以[1]

$$F(x + \Delta x, y + \Delta y) - F(x, y)$$

$$= \frac{\partial F}{\partial x} \Delta x + \frac{\partial F}{\partial y} \Delta y + \alpha \sqrt{(\Delta x)^2 + (\Delta y)^2} = 0.$$

据此, 只要 $\dfrac{\partial F}{\partial y} \neq 0$, 就有

$$\lim_{\Delta x \to 0} \frac{\Delta y}{\Delta x} = y'_x = - \frac{\dfrac{\partial F}{\partial x}}{\dfrac{\partial F}{\partial y}}.$$

这样, 我们得到了一个对 x 的隐函数 y 求导数的方法, 可不必先把方程 (38) 对 y 解开.

极大与极小问题 若一个函数, 比如说二元函数 $z = f(x, y)$, 在点 (x_0, y_0) 达到极大, 也就是说, 若对于邻近 (x_0, y_0) 的一切点 (x, y) 有 $f(x_0, y_0) \geqslant f(x, y)$, 则这一点也应当是曲面 $z = f(x, y)$ 被平行于 Oxz 或 Oyz 的平面所截出的曲线上的极高点. 所以在这样的点上必然满足条件

$$f'_x(x, y) = 0, \quad f'_y(x, y) = 0. \tag{39}$$

在局部极小的点上也应当满足同样的条件. 所以函数的最大与最小值首先应当在满足条件 (39) 的点中去寻求. (此外, 不要忘记在函数定义域边界上的点以及函数的导数不存在的点, 如果有的话.)

---

1) 我们假定 $F(x, y)$ 有连续的对 x 与 y 的导数.

为了要确定所找到的满足条件(39)的点实际上是不是极大或极小点,往往要利用各种各样间接的推论. 例如,若根据某种理由已知函数可微并且在区域内部达到极小,而在那里只有一个满足条件(39)的点,则显然就在这一点上达到极小.

举一个具体的例子来说,假设我们要用铁皮做一个(无盖的)具有已知容积 V 的长方盒,使所耗费的材料尽可能地少. 若把这盒底的两边记作 x 与 y,则盒高 h 将等于 $\dfrac{V}{xy}$,因而盒的表面积 S 将由 x 与 y 的函数:

$$S = xy + \frac{V}{xy}(2x + 2y) = xy + 2V\left(\frac{1}{x} + \frac{1}{y}\right) \tag{40}$$

表出. 因为 x 与 y 按照题意应当是正的,所以问题归结于从 (x, y) 坐标平面第一象限内的一切点 (x, y) 中求出函数 $S(x, y)$ 的极小,这一个区域我们记作 G.

若在区域 G 的某一点上函数达到极小,则在这一点上偏导数必须等于零:

$$\frac{\partial S}{\partial x} = y - \frac{2V}{x^2} = 0, \quad \frac{\partial S}{\partial y} = x - \frac{2V}{y^2} = 0,$$

即 $yx^2 = 2V$,$xy^2 = 2V$,从而得到盒的长、宽、高:

$$x = y = \sqrt[3]{2V} \quad \text{及} \quad h = \sqrt[3]{\frac{V}{4}}. \tag{41}$$

我们已经解决了所提出的问题,但是完全不曾阐明解答的根据. 严格的数学家将对我们说:"你们一开始就假定在所设条件下有表面积最小的盒子存在,而从这个假定出发,找到了它的长、宽、高. 因此,直到现在你们所得到的还只是这样的论断:如果在 G 内有使函数 S 达到极小的点 (x, y) 存在,那末它的坐标必须由等式(41)来确定. 请先证明 S 在 G 上有极小存在,我才认为你们的结果正确." 这意见是有充分道理的,因为就拿我们的函数 S 来说,我们马上可以看到它在区域 G 中是没有极大的. 我们要指出怎样才可以确认在这一场合我们的函数真正在区域 G 的某一点 (x, y) 上达到它的极小.

我们将在这里取作根据的而且在分析中可以十分严格地加以证明的基本论断如下所述. 若一元或多元函数 f 在某一个由边界围成并且包含边界在内的有限区域 H 上处处连续, 则在 H 中总至少有一点, 使这函数达到极小(极大). 借助于这个论断, 我们就不难彻底地来分析我们的例子.

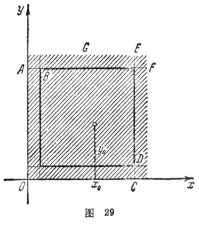

图 29

让我们取定区域 G 的任何一点 (x_0, y_0), 设在这一点上 $S(x_0, y_0) = N$. 其次, 让我们取定一个同时满足不等式 $R > N$, $2\sqrt{R} > N$ 的数 R, 并作一边长为 R^2 的正方形 Ω_R 如图 29, 其中 $AB = CD = \dfrac{1}{R}$.

让我们在区域 G 的位于正方形 Ω_R 外部的点上来估计函数 $S(x, y)$ 的下界. 若区域 G 的点有横坐标 $x < \dfrac{1}{R}$, 则

$$S(x, y) = xy + 2\sqrt{V}\left(\frac{1}{x} + \frac{1}{y}\right) > 2\sqrt{V}\,\frac{1}{x} > 2\sqrt{V} R > N.$$

类似地, 若区域 G 的点有纵坐标 $y < \dfrac{1}{R}$, 则也有 $S > N$, 其次, 若区域 G 的点有横坐标 $x > \dfrac{1}{R}$ 而位于直线 AF 之上, 或者有纵坐标 $y > \dfrac{1}{R}$ 而位于直线 CE 之右, 则

$$S(x, y) > xy > \frac{1}{R} R^2 = R > N.$$

这样, 对于区域 G 的在正方形 Ω_R 外部的一切点, 有不等式 $S(x, y) > N$ 成立, 又因为 $S(x_0, y_0) = N$, 所以点 (x_0, y_0) 属于正方形, 因此我们的函数在 G 上的极小就等于它在正方形上的极小.

但是函数 $S(x, y)$ 在这正方形的内部及边界上连续, 于是根据上述论断在正方形中有一点 (x, y), 使我们的函数在正方形上达到极小, 因此也就在我们的区域 G 中达到极小. 至此, 极小的存在已得到证明.

在对定义于无限区域上的函数寻求极大或极小时, 我们可以怎样来进行讨论, 上面所引用的推论就是一个范例.

泰勒公式 多元函数, 也跟一元函数一样, 可以用泰勒公式来表达. 例如, 把函数

$$u = f(x, y)$$

在点 (x_0, y_0) 的邻近展开, 若限于 $x - x_0$ 与 $y - y_0$ 的一次及二次幂, 就有如下形式:

$$f(x, y) = f(x_0, y_0) + [f_x'(x_0, y_0)(x - x_0) + f_y'(x_0, y_0)(y - y_0)]$$
$$+ \frac{1}{2!}[f_{xx}''(x_0, y_0)(x - x_0)^2 + 2f_{xy}''(x_0, y_0)(x - x_0)$$
$$(y - y_0) + f_{yy}''(x_0, y_0)(y - y_0)^2] + R_3.$$

这时, 若函数 $f(x, y)$ 有连续的二阶偏导数, 则当

$$r = \sqrt{(x - x_0)^2 + (y - y_0)^2},$$

即点 (x, y) 与 (x_0, y_0) 之间的距离趋零时, 余项 R_3 要比 r^2 更迅速地趋于零. 泰勒公式提供了一种极普遍的工具, 借以给出各种函数并近似地计算它们的数值.

我们要指出, 借助于这个公式我们也就可以解决上面所提出的关于在 $\frac{\partial f}{\partial x} = \frac{\partial f}{\partial y} = 0$ 的点上函数究竟有没有极大或极小的问题. 事实上, 若这些条件已在某一点 (x_0, y_0) 上成立, 则根据泰勒公式, 对于邻近 (x_0, y_0) 的点 (x, y) 来说, 函数值将与 $f(x_0, y_0)$ 相差下面的量:

$$f(x, y) - f(x_0, y_0)$$
$$= \frac{1}{2!}[A(x - x_0)^2 + 2B(x - x_0)(y - y_0) + C(y - y_0)^2] + R_3.$$

$$(42)$$

其中 A, B 与 C 分别记点 (x_0, y_0) 上的二阶偏导数 f_{xx}'', f_{xy}'' 与 f_{yy}''.

若我们看到函数

$$\Phi(x, y) = A(x-x_0)^2 + 2B(x-x_0)(y-y_0) + C(y-y_0)^2$$

对于任意的、不同时等于零的 $x-x_0$ 与 $y-y_0$ 都是正的，则在这种场合等式 (42) 的整个右面对于微小的 $x-x_0$ 与 $y-y_0$ 将是正的，因为在 $x-x_0$ 与 $y-y_0$ 充分小时，量 R_3 的绝对值显然小于 $\frac{1}{2}\Phi(x, y)$. 由此可见函数 f 这时在点 (x_0, y_0) 达到极小. 反之，若函数 $\Phi(x, y)$ 对于任意的 $x-x_0$ 与 $y-y_0$ 都是负的，则这就使等式 (42) 的整个右面对于微小的 $x-x_0$ 与 $y-y_0$ 也为负值，因而在点 (x_0, y_0) 上有极大.

在更复杂的场合,必须考虑泰勒公式中二次以后的各项.

关于三元及更多元函数的极大与极小问题也可用完全类似的方法来讨论. 作为一个练习,读者可以自己来证明下面的结果: 设在空间已给定的点

$$P_1(x_1, y_1, z_1), P_2(x_2, y_2, z_2), \cdots, P_n(x_n, y_n, z_n)$$

上分别安置着已知的质量

$$m_1, m_2, \cdots, m_n,$$

这一组质量对 $P(x, y, z)$ 点的力矩 M 等于每一质量乘上它到 P 点距离的平方,再一一相加:

$$M(x, y, z) = \sum_{i=1}^{n} m_i [(x-x_i)^2 + (y-y_i)^2 + (z-z_i)^2],$$

而这一组的所谓重心有坐标

$$x = \frac{\sum_{i=1}^{n} m_i x_i}{\sum_{i=1}^{n} m_i}, \quad y = \frac{\sum_{i=1}^{n} m_i y_i}{\sum_{i=1}^{n} m_i}, \quad z = \frac{\sum_{i=1}^{n} m_i z_i}{\sum_{i=1}^{n} m_i}.$$

若把 P 点放在重心上, M 就取得所有可能值中的极小.

相对极大与极小 对于多元函数还可以提出一种稍微不同的极大与极小问题. 让我们用简单的例子来说明. 设已知一圆,其半径为 R, 而我们要从这圆的一切内接矩形中求出一个具有最大面积的矩形. 矩形的面积等于它的两边的乘积 xy, 其中 x 与 y 都

是正的而且在这一场合还有关系式 $x^2+y^2=(2R)^2$ 加以联系，如图 30 显然可见．这样，我们就只要从满足关系式 $x^2+y^2=4R^2$ 的 x 与 y 中去寻求函数 $f(x,y)=xy$ 的极大．

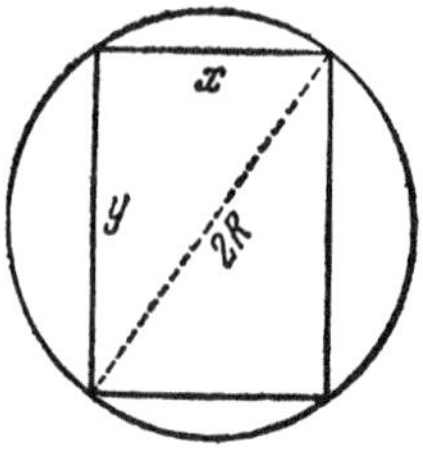

图 30

在实践中很频繁地发生类似的问题，就是我们需要只从满足某一关系式

$$\varphi(x,y)=0$$

的 x 与 y 中求出某一函数 $f(x,y)$ 的极大（或极小）．

当然，我们可以先把方程 $\varphi(x,y)=0$ 对 y 解开，把所得到的 y 的表达式代入 $f(x,y)$，然后对一元 x 的函数求通常的极大．但这一条路往往是复杂的，而且有时候是行不通的．

为解决这一类的问题，在分析中产生了一种更便利的方法，称为拉格朗日乘数法．它的用意是十分简单的．让我们考虑函数

$$F(x,y)=f(x,y)+\lambda\varphi(x,y),$$

式中 λ 是一个任意常数．显然，对于满足条件 $\varphi(x,y)=0$ 的 x 与 y，$F(x,y)$ 的值就跟 $f(x,y)$ 的相同．

对于函数 $F(x,y)$ 我们将在 x,y 没有任何联系的情况下来寻求极大．在极大点上必须遵守条件 $\dfrac{\partial F}{\partial x}=\dfrac{\partial F}{\partial y}=0^{1)}$，也就是

$$\frac{\partial f}{\partial x}+\lambda\frac{\partial\varphi}{\partial x}=0, \tag{43}$$

$$\frac{\partial f}{\partial y}+\lambda\frac{\partial\varphi}{\partial y}=0. \tag{44}$$

在 $F(x,y)$ 极大点上的 x 与 y 值就是方程组(43),(44)的一组解而且当然跟这些方程中所含的系数 λ 有关．现在我们假定已经选定数 λ，使得极大点的坐标满足条件

$$\varphi(x,y)=0. \tag{45}$$

于是这一点也将是原来的问题中的局部极大点．

---

1) 当然这里所说的是在函数 $F(x,y)$ 的定义域内部所达到的极大，函数 $f(x,y)$ 与 $\varphi(x,y)$ 都假定是可微的．

事实上,我们可以用几何方法像下面这样来看我们的问题.函数 $f(x, y)$ 已在某一个区域 G 中给定(图 31). 满足条件 $\varphi(x, y) = 0$ 的通常是某一条曲线 Γ 的点. 我们要在曲线 Γ 的点上求出 $f(x, y)$ 的最大值. 若 $F(x, y)$ 在曲线 Γ 的点上达到极大, 则从这一点向任何一面作不大的位移, 包括沿曲线 Γ 的位移

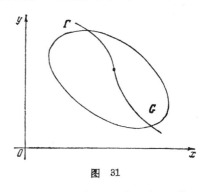

图 31

在内, $F(x, y)$ 都不增大. 但在沿 Γ 移动时 $F(x, y)$ 的值跟 $f(x, y)$ 的相同,这就是说, 在沿曲线作微小位移时函数 $f(x, y)$ 也不增大,因此在这一点上有局部极大.

这些设想提出了解决问题的简单方法.让我们构成方程(43),(44), (45); 对未知数 x, y, λ 来求解这方程组; 得到一组或几组解:

$$(x_1, y_1, \lambda_1), (x_2, y_2, \lambda_2), \cdots. \tag{46}$$

在点 (x_1, y_1), (x_2, y_2), $\cdots$ 之外, 还要加入曲线 Γ 在穿过区域 G 时所碰到的 G 的边界点, 然后从所有这些点中挑出那一个使 $f(x, y)$ 取得最大(或最小)值的点.

当然,我们的启发推论还丝毫不曾证明这个方法的正确性.事实上, 我们并未证明, 当 λ 取某值时所得到的函数 $F(x, y)$ 的极大点就是那个使 $f(x, y)$, 对曲线 Γ 的邻点来说, 达到局部极大的点. 但是我们可以证明——而这是在所有分析教本中看得到的——$f(x, y)$ 在曲线 Γ 上的任何局部极大点 (x_0, y_0) 都可依上述方法求出, 只要在这一点上导数 $\varphi_x'(x_0, y_0)$, $\varphi_y'(x_0, y_0)$ 不同时变为零[1].

---

1) 在斯米尔诺夫《高等数学教程》(卷一第二分册第 427 页)中读者可以找到一个简单的例子,说明我们若机械地应用拉格朗日方法而除了上面所列举的点外不去考虑那些既满足 (45) 又满足条件 $\varphi_x'(x_0, y_0) = 0$, $\varphi_y'(x_0, y_0) = 0$ 的点, 则由于最后这个特征,就求不出解答来.

让我们把在这一小节开头所引述的例子用拉格朗日方法来求解．在这一场合 $f(x, y)=xy$；$\varphi(x, y)=x^2+y^2-4R^2$．构成方程 (43)，(44)，(45)：

$$y+2\lambda x=0, \quad x+2\lambda y=0, \quad x^2+y^2=4R^2.$$

考虑到 x 与 y 都是正的，由这方程组得到唯一的解：

$$x=y=R\sqrt{2} \quad \left(\lambda=-\frac{1}{2}\right).$$

对于这样彼此相等的 x 与 y，也就是说，在内接正方形的场合，面积确实达到极大．

拉格朗日方法还可推广到三元以及更多元函数的场合．类似条件(45)的辅助方程在这时可以有好几个(但少于元数)，并且就得引入相应数目的辅助乘数．

这里是关于寻求相对极大或极小问题的另外两个例子．

例 1 要制造一个有已知容积 V 的无盖圆桶，在怎样的高度 h 及怎样的半径 r 时所用的铁片材料最省？也就是说，桶的表面积为最小？

这问题显然可归结于寻求 r 与 h 二元函数

$$f(r, h)=2\pi rh+\pi r^2$$

的极小，但附有条件 $\pi r^2 h=V$，这条件可写成

$$\varphi(r, h)=\pi r^2 h-V=0.$$

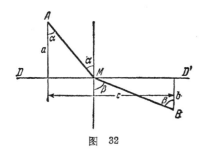

图 32

例 2 有一个动点须从 A 前进至 B(图 32)．在 AM 一段路程上它以速度 v_1 移动，而在 MB 一段路程上以速度 v_2 移动．问点 M 应当放在直线 DD' 的哪一点上，这动点才能最迅速地自 A 至 B 通过全程？

让我们取已在图 32 中标出的角 α 与 β 作为未知数．自点 A 与 B 向直线 DD' 所作垂直线的长度 a 与 b 以及这两个垂足之间

的距离 c 都是我们所已知的. 容易看出,动点通过全程的时间可由公式

$$f(\alpha, \beta) = \frac{a}{v_1 \cos \alpha} + \frac{b}{v_2 \cos \beta}$$

表出. 我们要把这个表达式的极小找出来,但不能忘记在 α 与 β 之间有关系式

$$a \operatorname{tg} \alpha + b \operatorname{tg} \beta = c.$$

所引述的两个例子读者都可以自己应用拉格朗日方法来求解. 在第二个例子中容易看到,当点 M 在最有利的位置时有条件

$$\frac{\sin \alpha}{\sin \beta} = \frac{v_1}{v_2}$$

成立. 这就是著名的光线折射定律. 这样,当光线从一种介质射至另一种介质时,它所受到的屈折总使它以最短的时间从一种介质的一点到达另一种介质的一点. 这一类的结论已经不仅有计算上的,而且还有极大的认识上的趣味;它们促使精确的自然科学去进窥自然界的更深奥和普遍的规律性.

最后,我们要指出,在用拉格朗日方法解题时所引入的乘数 λ 并非仅仅是一些辅助的数. 它们是每次跟各个特殊问题的本质有密切联系的,并且具有跟该问题有关联的具体意义.

§13. 积分概念的推广

在 §10 中我们把和式

$$\sum_{i=1}^{n} f(\xi_i) \Delta x_i$$

当区间 $[a, b]$ 的最大分段 Δx_i 趋于零时的极限称为函数 $f(x)$ 在区间 $[a, b]$ 上的定积分. 尽管确实有这种极限存在的函数 $f(x)$ 是包罗很广的一类(可积函数类),特别是一切连续函数以及甚至于许多间断函数也都包括在内,但这类函数有着严重的缺点. 把两个可积函数相加、相减、相乘以及在一定条件下相除,我们可以证明所得到的函数又是可积的. 对于 $\dfrac{f(x)}{\varphi(x)}$,只要量 $\dfrac{1}{\varphi(x)}$ 在 $[a, b]$

中有界,这是无论如何正确的.但若我们从一连串可积函数 $f_1(x)$, $f_2(x)$, $f_3(x)$, … 经过取极限的步骤而得到某一函数,使得

$$f(x) = \lim_{n \to \infty} f_n(x),$$

对于 $[a, b]$ 中的一切 x 成立,则极限函数 $f(x)$ 未必一定是可积的.

在许多场合,上述这种情况以及其他一些情况,都在广泛应用极限过程的数学工具本身中造成异常的错综复杂.

这种处境的出路是在积分概念的进一步推广中找到的. 在这样的推广中最重要的就是勒贝格积分,读者可以在讲述实变函数论的第三卷第十五章中看到. 我们在那里要说一说实践上极重要的关于积分在其他方面的推广.

重积分 我们已经熟悉了在一维区域——区间——上所给定的一元函数的积分过程. 但类似的过程还可能推广到在相应区域上所给定的二元、三元以及一般地说多元函数.

例如,设在直角坐标系中已给定曲面

$$z = f(x, y),$$

而在 Oxy 平面中已给定由闭曲线 Γ 所围成的区域 G. 我们要确定由这个曲面、Oxy 平面及通过曲线 Γ 而母线平行 Oz 轴的柱面所围成的体积(图 33). 为了要解决这个问题,我们用任何平行于 Ox 与 Oy 轴的直线网把平面区域 G 划成小的分区,并把其中成为完全矩形的分区逐一编号:

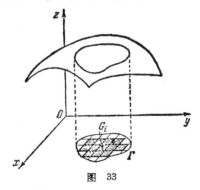

图 33

$$G_1, G_2, \cdots, G_n.$$

若直线网充分地细密,则区域 G 的绝大部分已被编了号的矩形所占尽,我们在每一个这样的矩形中选定任意一点:

$$(\xi_1, \eta_1), (\xi_2, \eta_2), \cdots, (\xi_n, \eta_n),$$

并且为简便起见,不仅用 G_i 记矩形而且还用 G_i 记这矩形面积的

数值. 于是让我们构成和式

$$S_n = f(\xi_1, \eta_1)G_1 + f(\xi_2, \eta_2)G_2 + \cdots + f(\xi_n, \eta_n)G_n$$

$$= \sum_{i=1}^{n} f(\xi_i, \eta_i)G_i. \tag{47}$$

显然, 若曲面是连续的而直线网充分地细密, 则我们可以使这个和式跟所求体积 V 任意地接近. 若在分区划得愈来愈小(即连各矩形对角线中的最大的也趋于零)时, 取和式(47)的极限, 我们就准确地求得了我们的体积:

$$\lim_{\max d(G_i) \to 0} \sum_{i=1}^{n} f(\xi_i, \eta_i)G_i = V. \tag{48}$$

由分析的观点看来, 要确定体积 V, 就需要对函数 $f(x, y)$ 及它的定义域 G 作等式(48)左面所指出的某种数学运算. 这种运算称为 f 在区域 G 中的积分运算, 而运算的结果是函数 f 在区域 G 上的(二重)积分. 这结果通常是这样记写的:

$$\iint\limits_{G} f(x, y)\,dx\,dy = \lim_{\max d(G_i) \to 0} \sum_{i=1}^{n} f(\xi_i, \eta_i)G_i. \tag{49}$$

类似地我们可以定义三元函数在三维区域 G 上的积分, 这个区域 G 是空间的某一种形体. 我们又把区域 G 划成小的分区, 但这次所用的, 是跟空间坐标平面相平行的平面, 从这些分区中间挑出完全的长方体并逐一编号:

$$G_1, \ G_2, \ \cdots, \ G_n.$$

在每一个长方体中取一个任意点:

$$(\xi_1, \eta_1, \zeta_1), \ (\xi_2, \eta_2, \zeta_2), \ \cdots, \ (\xi_n, \eta_n, \zeta_n),$$

并构成和式

$$S = \sum_{i=1}^{n} f(\xi_i, \eta_i, \zeta_i)G_i, \tag{50}$$

其中 G_i 就表示长方体 G_i 的体积. 最后, 我们把 $f(x, y, z)$ 在区域 G 上的积分定义为和式(50)当最大直径 $d(G_i)$ 趋于零时的极限:

$$\lim_{\max d(G_i) \to 0} \sum_{i=1}^{n} f(\xi_i, \eta_i, \zeta_i)G_i = \iiint\limits_{G} f(x, y, z)\,dx\,dy\,dz. \tag{51}$$

让我们来看一个例子. 试想象区域 G 充满了一种不均匀的

质量,而且表达质量在 G 中分布密度的函数 $\rho(x, y, z)$ 是已知的.
质量在点 (x, y, z) 的密度 $\rho(x, y, z)$ 被定义为:包含点 (x, y, z) 在
内的任何小区域的质量与其体积之比,当这区域的直径[1] 趋于零
时的极限.为了要确定物体 G 的质量,我们自然要推论如下.用
一连串跟坐标平面平行的平面把区域 G 划成小的分区,并把其中
成为完全长方体的逐一编号:

$$G_1,\ G_2,\ \cdots,\ G_n.$$

若划分 G 的平面充分地细密,则我们即使把非完全长方体区域的
质量略去而把每一个正则区域 G_i(完全长方体)的质量近似地由
下列乘积来确定:

$$\rho(\xi_i,\ \eta_i,\ \zeta_i)G_i,$$

其中 $(\xi_i,\ \eta_i,\ \zeta_i)$ 是 G_i 的任意一点,也将招致很小的误差.结果质
量 M 的近似值将由和式

$$S_n = \sum_{i=1}^{n} \rho(\xi_i,\ \eta_i,\ \zeta_i)G_i$$

表出,而其准确的表达式显然是这一和式当 G_i 的最大直径趋于零
时的极限,即

$$M = \iiint\limits_{G} \rho(x,\ y,\ z)\,dx\,dy\,dz = \lim_{\max d(G_i) \to 0} \sum_{i=1}^{n} \rho(\xi_i,\ \eta_i,\ \zeta_i)G_i.$$

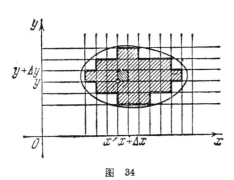

图　34

积分(49)与(51)分
别有二重与三重积分之
称.

让我们来考察一个
导致二重积分的问题.
试想象在平面上有水流
过.同时,在平面的不
同地点有地下的水以不
同的强度 $f(x, y)$ 渗出
来(或者,反之,有水流入土壤).让我们选定一个由闭合周界所围

1) 一个区域的两点之间距离的上确界称为这区域的直径.

成的区域 G (图 34)，并且假定我们已知强度 $f(x, y)$，即对于区域 G 的每一点已知每分钟每平方公分平面上所渗出的地下水的数量(在地下水渗出的地方，$f(x, y) > 0$，而在水从土壤中流走的地方，$f(x, y) < 0$). 问在整个区域 G 中每分钟渗出多少水？

若我们把区域 G 划成不大的分区，在每一分区上把 $f(x, y)$ 当作固定不变来近似地计算渗出的水量，然后在分区划得愈来愈小时取极限，则我们就得到土壤所放出的总水量的积分式：

$$\iint_G f(x, y) \, dx \, dy.$$

最先引用二重积分的乃是欧拉. 现在在各种极不相同的计算与研究中二重积分已成为经常使用的工具.

我们可以证明——但这不在我们的讨论范围之内——重积分的计算一般地可以化成寻常一维积分的叠次计算.

线积分与面积分 最后，我们应当指出，积分还可以有另外两种推广. 例如，要确定对于沿着已知曲线运动的质点所施变力的功，自然地引导到所谓曲线积分；而要寻求以已知面密度连续地分布着电的曲面上的总电荷，则引导到一种新的概念——曲面积分.

设在空间有液体流过(图 35)而同时液体粒子在点 (x, y) 的速度由函数 $P(x, y)$ 表出. 这样，速度是跟 z 无关的. 若我们要想

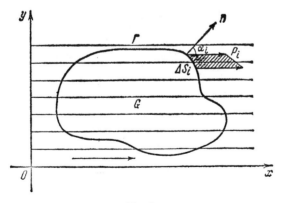

图 35

确定每分钟流出周界 $\Gamma^{1)}$ 之外的液体数量, 则可推论如下. 把 Γ 划分为小段 $\varDelta s_i$, 流过一小段 $\varDelta s_i$ 的水量就近似地等于图 35 中加有阴影的, 好像是在一分钟内从周界这一段挤出来的一小股液体. 但加有阴影的平行四边形的面积等于

$$P_i(x,\ y)\cdot\varDelta s_i\cdot\cos\alpha_i,$$

式中 α_i 是 x 轴的方向 $\bar{x}$ 与从 (由周界 Γ 所围成的) 区域 G 向外所作的切线方向 (沿着这切线就可以近似地当作是曲线段 $\varDelta s_i$ 的方向) 的垂线 $\bar{n}$ 之间的夹角. 把这样的平行四边形面积一一相加, 并且在周界 Γ 愈分愈细时取极限, 我们就得到一分钟内流过周界 Γ 的水量, 记作

$$\int_{\Gamma}P(x,\ y)\cos(\bar{n},\ \bar{x})ds,$$

称为曲线积分. 若水流不是平行的, 则流速将在每一点 $(x,\ y)$ 有沿 x 轴的分量 $P(x,\ y)$ 及沿 y 轴的分量 $Q(x,\ y)$. 在这一场合, 可以用类似的推论来确定流过周界 Γ 的水量将等于

$$\int_{\Gamma}[P(x,\ y)\cos(\bar{n},\ \bar{x})+Q(x,\ y)\cos(\bar{n},\ \bar{y})]ds^{2)}.$$

当我们谈到在曲面 G 上对已在这曲面各点 $M(x,\ y,\ z)$ 上给定的函数 $f(M)$ 求积分时, 这就是指下列和式在积分域 G 被愈来愈细地划成面积等于 $\varDelta\sigma_i$ 的分区时所趋极限:

$$\lim\sum_{i=1}^{n}f(M_i)\varDelta\sigma_i=\iint_{G}f(x,\ y,\ z)d\sigma.$$

对于重积分、线积分与面积分, 都不仅有普遍的计算与变换方法, 而且也有近似算法.

奥斯特洛格拉特斯基公式 在某一体积 (或平面区域) 上的三重 (或二重) 积分与这体积表面 (或区域边界) 上的面积分 (或线积

---

1) 更准确地说, 流过底为周界 Γ 而高等于 1 的柱面.

2) 因为在曲线上作很小的位移时坐标 y 的微分恰巧等于 $\cos(\bar{n},\ \bar{x})ds$ 而微分 dx 等于 $\cos(\bar{n},\ \bar{y})ds$, 所以最后这个积分常常写成下面的形式:

$$\int_{\Gamma}[P(x,\ y)dy-Q(x,\ y)dx].$$

分)之间有着极重要的相倚性,这种相倚性的极普遍形式是在上一世纪中叶被奥斯特洛格拉特斯基发现的.

我们不准备在这里证明这个具有广泛应用的奥斯特洛格拉特斯基一般公式,但力图在最简单的特殊场合中用例子来说明这个公式.

试想像在土壤的平面上有稳定的水流通过,其中始终有一部分水漏入土壤或从土壤里出来. 让我们选定某一个由周界 Γ 所围成的区域 G,并假定对于这区域的每一点已知水流速度在 x 轴与 y 轴的分量 $P(x, y)$ 与 $Q(x, y)$.

让我们计算在点 (x, y) 的附近水以怎样的强度从土壤里出来. 为此我们要考虑一个紧靠着点 (x, y) 而两边为 Δx 与 Δy 的小矩形.

由于速度分量 $P(x, y)$ 在一分钟内通过左纵界而流入这小矩形的水约为 $P(x, y)\Delta y$,而同时通过右纵界而流出的水约为 $P(x+\Delta x, y)\Delta y$. 整个说来,在单位面积上通过小正方形左右纵界而流出的水量近似地等于

$$\frac{[P(x+\Delta x, y) - P(x, y)]\Delta y}{\Delta x \, \Delta y}.$$

若令 Δx 趋于零,则在极限中得到

$$\frac{\partial P}{\partial x}.$$

相应地,水在 y 轴方向流出这小区域的强度由量

$$\frac{\partial Q}{\partial y}$$

表出. 这就是说,在点 (x, y) 上水从土壤渗出的强度将等于

$$\frac{\partial P}{\partial x} + \frac{\partial Q}{\partial y}.$$

从土壤里出来的水的总量,像我们在以前所已经看到的那样,就等于这个表达每点上渗水强度的函数的二重积分,即

$$\iint\limits_{G} \left(\frac{\partial P}{\partial x} + \frac{\partial Q}{\partial y} \right) dx \, dy. \tag{52}$$

所有这些水量应当同时流出周界 Γ 之外. 但流出周界 Γ 的总水量, 我们已经知道, 由 Γ 上的线积分

$$\int_{\Gamma}[P(x, y)\cos(\bar{n}, \bar{x})+Q(x, y)\cos(\bar{n}, \bar{y})]ds \tag{53}$$

表出.

量(52)与(53)的相等也就表达了最简单的二维场合的奥斯特洛格拉特斯基公式

$$\iint_{G}\left(\frac{\partial P}{\partial x}+\frac{\partial Q}{\partial y}\right)dx\,dy$$

$$=\int_{\Gamma}[P(x, y)\cos(\bar{n}, \bar{x})+Q(x, y)\cos(\bar{n}, \bar{y})]ds.$$

我们只用物理上的例子说明了这个公式的意义. 它是可以在数学上证明的.

这样, 奥斯特洛格拉特斯基的数学定理反映出现实的确定的规律性, 而在上面的例子中我们就把它理解为不可压缩流体在数量上的保持平衡.

奥斯特洛格拉特斯基还证明了更普遍的、把多维体积上的积分跟这体积边界上的积分联系起来的公式. 特别是对于由曲面 Γ 所围成的三维形体 G, 这公式有下面的样子:

$$\iiint_{G}\left(\frac{\partial P}{\partial x}+\frac{\partial Q}{\partial y}+\frac{\partial R}{\partial z}\right)dx\,dy\,dz$$

$$=\iint_{\Gamma}[P\cos(\bar{n}, \bar{x})+Q\cos(\bar{n}, \bar{y})+R\cos(\bar{n}, \bar{z})]d\sigma,$$

式中 $d\sigma$ 是面元素.

值得注意的是积分学基本定理

$$\int_{a}^{b}f(x)dx=F(b)-F(a) \tag{54}$$

可以看作是奥斯特洛格拉特斯基公式的一维场合. 等式(54)把区间 $[a, b]$ 上的积分跟由两个端点 a 与 b 所构成的"零维"边界上的"积分"联系了起来.

公式(54)可以用下面的比拟来加以说明. 试想象有水在一个

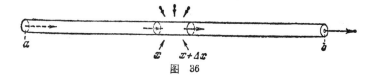

图 36

截面为常数 $s=1$ 的直管中流过, 而水流的速度 $F(x)$ 随截面而异 (图36). 通过多孔的管壁在不同的截面有水以不同的强度从外面渗入管中(或从管中渗出). 若我们考虑直管从 x 到 $x+\Delta x$ 的一段, 则在单位时间内从这一段渗入管中的水量应当跟沿管流出与流入这一段的水量之差 $F(x+\Delta x)-F(x)$ 相抵. 所以在这一段渗入的水量跟差 $F(x+\Delta x)-F(x)$ 相同, 而强度 $f(x)$, 即从无限小的一段所渗入的水量与该段距离之比, 就等于:

$$f(x)=\lim_{\Delta x\to 0}\frac{F(x+\Delta x)-F(x)}{\Delta x}=F'(x).$$

在 $[a,b]$ 整个一段上流入管中与流出管外的总水量应当是相同的. 但通过管壁而流入的量等于 $\int_a^b f(x)dx$, 而沿管通过两头而流出的量是 $F(b)-F(a)$. 公式(54)恰巧表达了这些量的相等.

§14. 级 数

级数概念 在数学中像下面这样的表达式:

$$u_0+u_1+u_2+\cdots$$

称为级数.

数 u_k 称为级数的项. 级数的项无穷多并且都按照一定的次序排列, 因此相应于每一个自然数 k 有一个确定的值 u_k.

读者应当注意, 我们现在不讲能不能计算及怎样计算这种表达式. 在表达式的各项 u_k 之间都有着加号, 这一情况好像指出所有的项必须加起来. 但是它们的数目无穷多, 而数的加法只是就有尽个数的被加数来定义的.

让我们把级数最初 n 项的和记作 S_n; 我们称它为级数的前 n 项的部分和. 结果我们得到数列:

$$S_1 = u_0,$$
$$S_2 = u_0 + u_1,$$
$$\cdots\cdots\cdots\cdots\cdots\cdots$$
$$S_n = u_0 + u_1 + \cdots + u_{n-1},$$
$$\cdots\cdots\cdots\cdots\cdots\cdots$$

并且可以说这里是一个变量 S_n, 其中 $n = 1, 2, \cdots$.

若变量 S_n 在 $n \to \infty$ 时趋于一确定而有尽的极限:

$$\lim_{n \to \infty} S_n = S,$$

则级数称为收敛. 这一个极限便称为级数的和. 在这种场合我们写成

$$S = u_0 + u_1 + u_2 + \cdots.$$

若在 $n \to \infty$ 时 S_n 的极限不存在, 则级数称为发散, 而在这种场合再要说级数的和就没有意义了[1]. 不过, 若所有的 u_n 有相同的正负号, 则在这种场合我们通常说级数的和等于正或负的无穷大.

作为一个例子, 让我们来看一看公比为 x 的几何级数:

$$1 + x + x^2 + \cdots,$$

它的最初 n 项之和等于

$$S_n(x) = \frac{1 - x^n}{1 - x} \quad (x \neq 1); \tag{55}$$

在 $|x| < 1$ 的场合, 这个和有极限:

$$\lim_{n \to \infty} S_n(x) = \frac{1}{1 - x},$$

因此当 $|x| < 1$ 时可以写成

$$\frac{1}{1 - x} = 1 + x + x^2 + \cdots,$$

若 $|x| > 1$, 则显然

$$\lim_{n \to \infty} S_n(x) = \infty,$$

---

1) 我们要指出, 级数和还可以有推广的定义, 根据这种定义我们可以或多或少自然地把"广义和"的概念归属于发散级数. 这样的级数就称为可求和的. 以发散级数的广义和来作运算, 有时候是有效用的.

而级数就发散了. 当 $x=1$ 时情况也相同, 这可以直接证实, 因为公式(55)在 $x=1$ 时已经没有意义. 最后, 当 $x=-1$ 时级数的前 n 项的和轮流地取值 $+1$ 与 0, 所以级数也将发散.

相应于每一个级数,其部分和的诸值 S_1, S_2, S_3, … 构成一个确定的序列. 级数的收敛与否就决定于这序列是否有极限. 反之,相应于任何的数的序列 S_1, S_2, S_3, …, 就有级数:
$$S_1+(S_2-S_1)+(S_3-S_2)+\cdots,$$
其部分和便是这序列中的各数. 这样, 按序列取值的变量的理论可以归结为相应的级数的理论, 而反之亦然. 但是这两种理论各自有其独立的意义. 在有些场合以直接讨论变量比较便利, 而在另外一些场合则以考虑跟它等价的级数比较便利.

我们要指出, 级数从很早的时候起就已经成为一种重要的工具, 借以计算和表达种种不同的量, 首先是函数. 自然, 数学家对于级数概念的见解在历史上是有变更的, 并且跟整个无穷小分析的发展情形有紧密联系. 上述关于级数收敛与发散的清晰定义是在上世纪初才同跟它有关的极限概念一起形成的.

若级数收敛, 则其普通项在 n 无限制增大时趋于零, 因为
$$\lim_{n\to\infty} u_n = \lim_{n\to\infty}(S_{n+1}-S_n) = S-S = 0.$$

从后面的一些例子, 我们将看到, 反过来的论断一般地说是不正确的. 但所说准则很有用, 因为它提供了级数收敛的必要条件. 例如, 公比为 $x>1$ 的几何级数是发散的, 这一情况从级数的普通项不趋于零已可断定.

若级数由正项构成, 则它的部分和 S_n 随着 n 而增大, 并且只可能有两种场合: 或者变量 S_n 在 n 充分大时成为大于任何预先给定的数 A, 这时对于 n 的随后诸值 S_n 就变成永远大于 A, 因而 $\lim_{n\to\infty} S_n = \infty$, 就是说, 级数发散; 或者有这样一个数 A 存在, 对于 n 的一切值 S_n 不超过 A, 但这时变量 S_n 将不得不趋于一个确定、有限而不超过 A 的极限, 因而我们的级数将是收敛的.

级数的收敛问题 关于一个已给的级数是否收敛或发散的问

题, 往往可以借助于跟另外一个级数的比较而得到解决. 在这方面, 我们所通常利用的是下述准则.

若已知两个正项级数

$$u_0 + u_1 + u_2 + \cdots,$$
$$v_0 + v_1 + v_2 + \cdots,$$

并且对于某一个值以后的一切自然数 n, 有不等式

$$u_n \leqslant v_n$$

成立, 则当第二个级数收敛时第一个也收敛, 而当第一个级数发散时第二个也发散.

作为一个例子, 让我们来看级数

$$1 + \frac{1}{2} + \frac{1}{3} + \frac{1}{4} + \frac{1}{5} + \frac{1}{6} + \frac{1}{7} + \frac{1}{8} + \cdots,$$

这就是所谓调和级数. 它的各项相应地不小于级数

$$1 + \underline{\frac{1}{2}} + \underline{\frac{1}{4} + \frac{1}{4}} + \underline{\frac{1}{8} + \frac{1}{8} + \frac{1}{8} + \frac{1}{8}} + \underbrace{\frac{1}{16} + \cdots + \frac{1}{16}}_{8 \text{项}} + \cdots$$

的各项, 式中在一条横线上的各项之和都等于 $\frac{1}{2}$.

显然, 第二个级数的部分和 S_n 随着 n 而无限制增大, 因此调和级数是发散的.

级数

$$1 + \frac{1}{2^\alpha} + \frac{1}{3^\alpha} + \frac{1}{4^\alpha} + \cdots, \tag{56}$$

式中 α 是小于 1 的正数, 显然也发散, 因为对于任何 n 有

$$\frac{1}{n^\alpha} > \frac{1}{n} \quad (0 < \alpha < 1).$$

另一方面, 可以证明级数 (56) 在 $\alpha > 1$ 时就将是收敛的. 我们在这里只就 $\alpha \geqslant 2$ 的情形来证明; 为此让我们来考虑正项级数

$$\left(1 - \frac{1}{2}\right) + \left(\frac{1}{2} - \frac{1}{3}\right) + \cdots + \left(\frac{1}{n-1} - \frac{1}{n}\right) + \cdots,$$

这级数是收敛的, 而且其和等于 1, 因为其部分和

$$S_n = 1 - \frac{1}{n+1} \to 1 \quad (n \to \infty).$$

另一方面,其普通项满足不等式:

$$\frac{1}{n-1} - \frac{1}{n} = \frac{1}{(n-1)n} > \frac{1}{n^2},$$

由此可知

$$1 + \frac{1}{2^2} + \frac{1}{3^2} + \frac{1}{4^2} + \cdots$$

是收敛的. 在 $\alpha > 2$ 时级数(56)越发是收敛的了.

我们还要引述一个常常使用的关于审定正项级数收敛与发散的准则,称为达朗贝尔准则,但不加以证明.

假定比式 $\frac{u_{n+1}}{u_n}$ 在 n 趋于无穷大时有极限 q, 于是在 $q < 1$ 时级数显然是收敛的, 在 $q > 1$ 时显然是发散的, 但在 $q = 1$ 时, 级数收敛与否的问题依然悬而未决.

由有限个被加数所组成的通常和式并不会因为各数地位的交换而有所改变. 但对于无穷级数, 一般地说, 这是不正确的. 确有一些收敛级数, 只要把其中各项的位置交换, 就可能使它的和发生变化或甚至于使它变为发散级数. 一个级数, 若具有这样不稳固的和, 已失掉了通常和式的一种主要性质——可交换性. 所以把保有这种性质的级数区别出来是极其重要的. 这就是所谓绝对收敛级数. 我们说级数

$$u_0 + u_1 + u_2 + u_3 + \cdots$$

绝对收敛,意思就是说,由其各项的绝对值所组成的级数

$$|u_0| + |u_1| + |u_2| + |u_3| + \cdots$$

是收敛的. 可以证明, 绝对收敛级数总是收敛的, 也就是说, 它的部分和 S_n 趋于有限的极限. 任何收敛的级数, 要是各项有着相同的正负号, 显然就是绝对收敛的.

级数

$$\frac{\sin x}{1^2} + \frac{\sin 2x}{2^2} + \frac{\sin 3x}{3^2} + \cdots$$

可以作为绝对收敛级数的一个例子,因为级数

$$\left| \frac{\sin x}{1^2} \right| + \left| \frac{\sin 2x}{2^2} \right| + \left| \frac{\sin 3x}{3^2} \right| + \cdots$$

的各项不超过收敛级数

$$1+\frac{1}{2^2}+\frac{1}{3^2}+\cdots$$

的相应各项.

可以作为收敛而非绝对收敛级数的例子的是下面的级数:

$$1-\frac{1}{2}+\frac{1}{3}-\frac{1}{4}+\cdots,$$

读者可试自己加以证明.

函数项级数. 均匀收敛级数 在分析中常常要碰到各项都由 x 的函数所构成的级数. 在上一小节中我们就看到过这种级数的例子, 如级数 $1+x+x^2+x^3+\cdots$. 它对于 x 的某些值是收敛的, 对于另外一些值是发散的. 那些对于某一区间(这区间也可以是整个实数轴或半轴)内一切 x 值都收敛的函数项级数形成了一种在应用上很重要的场合. 我们有必要对这样的级数逐项求导数, 逐项求积分, 并阐明其和是否连续等等问题. 若问题在于由有限个项所组成的通常和式, 则我们已有简单普遍的法则. 我们知道可微函数之和的导数等于各函数的导数之和, 连续函数之和的积分就是各函数的积分之和, 连续函数之和也是连续函数——这一切都是对有限个项说的.

但在转到无穷级数时这些简单的法则, 一般地说, 不再有效了. 我们可以举出收敛函数项级数的许多例子, 对它们逐项求积分与求导数的法则都是不正确的. 恰巧同样地, 当级数由连续函数项组成时, 其和可以不是连续函数. 另一方面, 也有许多级数对于这些法则的效应正像通常有限项的和一样.

对于这一问题的相应的深刻研究显示了这些法则的应用是可以预先保证合法的, 只要所考虑的级数不仅在所考虑的区间(x 的变化区间)的每一个个别点上收敛, 而且这种收敛是对整个区间均匀的. 这样, 在数学分析中(于十九世纪中叶)就形成了级数均匀收敛的重要概念.

让我们来考虑级数

$$S(x)=u_0(x)+u_1(x)+u_2(x)+\cdots,$$

其各项都是定义于区间 $[a, b]$ 的函数. 我们还要假定, 对于这区

间的每一个个别 x 值，它收敛于某一个和 $S(x)$. 这级数的最初 n 项的和

$$S_n(x) = u_0(x) + u_1(x) + \cdots + u_{n-1}(x)$$

也是 x 的定义于 $[a, b]$ 的某一个函数.

现在让我们来考察量 η_n，它等于 $|S(x) - S_n(x)|$ 的值当 x 在 $[a, b]$ 上变动时的上确界[1]. 这个量我们这样记写:

$$\eta_n = \sup_{a < x < b} |S(x) - S_n(x)| \,[2].$$

在量 $|S_n(x) - S(x)|$ 取得其极大值的场合(这种场合显然是有的，比如说，当 $S(x)$ 与 $S_n(x)$ 都是连续的时候), η_n 就不过是 $|S(x) - S_n(x)|$ 在 $[a, b]$ 上的极大值.

由于我们的级数对于区间 $[a, b]$ 的每一个个别 x 值都假定是收敛的,

$$\lim_{n \to \infty} |S(x) - S_n(x)| = 0.$$

但这时量 η_n 可以趋于零. 也可以不趋于零. 若量 η_n 在 $n \to \infty$ 时趋于零, 则级数称为均匀收敛. 在相反的场合, 级数称为非均匀收敛. 我们可以在同样的意义上说到函数序列 $S_n(x)$ 的均匀与非均匀收敛, 在这里不一定要把 S_n 当作部分和而跟级数联系起来.

例 1 函数项级数

$$\frac{1}{x+1} - \frac{1}{(x+1)(x+2)} - \frac{1}{(x+2)(x+3)} - \cdots,$$

我们假定只对于非负的 x 值, 也就是说, 在半直线 $[0, \infty)$ 上有定义. 这级数可以写成下面的形式:

$$\frac{1}{x+1} + \left(\frac{1}{x+2} - \frac{1}{x+1}\right) + \left(\frac{1}{x+3} - \frac{1}{x+2}\right) + \cdots,$$

由此可知它的部分和等于

$$S_n(x) = \frac{1}{x+n},$$

而

$$\lim_{n \to \infty} S_n(x) = 0.$$

---

1) 见第三卷第十五章.

2) sup 是拉丁文 superior(最高)的缩写.

所以这级数对于一切非负的 x 值收敛并有和 $S(x)=0$. 其次,

$$\eta_n = \sup_{0 \leqslant x < \infty} |S(x) - S_n(x)| = \sup_{0 \leqslant x < \infty} \frac{1}{x+n} = \frac{1}{n} \to 0 \quad (n \to \infty),$$

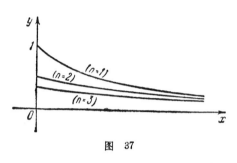

因而我们的级数在半轴 $[0, \infty]$ 上均匀收敛于零. 在图 37 中画出了部分和 $S_n(x)$ 的图形.

图 37

例 2 级数

$$x + x(x-1) + x^2(x-1) + \cdots$$

可以改写为

$$x + (x^2 - x) + (x^3 - x^2) + \cdots,$$

从而有

$$S_n(x) = x^n,$$

因此

$$\lim_{n \to \infty} S_n(x) = \begin{cases} 0, & \text{当 } 0 \leqslant x < 1; \\ 1, & \text{当 } x = 1. \end{cases}$$

这样, 级数的和是一个在区间 $[0, 1]$ 上间断的函数, 间断的地方在点 $x=1$. 量 $|S(x) - S_n(x)|$ 在 $[0, 1]$ 的每一个 x 上小于 1, 但在靠近 $x=1$ 的 x 点上, 就变得跟 1 任意接近. 所以对于一切 $n=1, 2, \cdots$ 有

$$\eta_n = \sup_{0 \leqslant x < 1} |S(x) - S_n(x)| = 1.$$

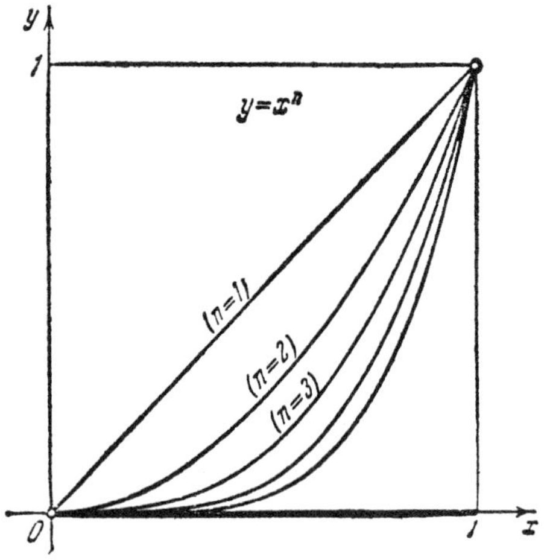

这样, 我们的级数在区间 $[0, 1]$ 上是非均匀收敛的. 在图 38 中绘出了函数 $S_n(x)$ 的图形. 这级数和的图形是由 x 轴上没有右端点的线段 $0 \leqslant x < 1$ 及点

图 38

(1, 1)构成的.

这个例子显示,由连续函数项组成的非均匀收敛级数之和实际上可以是一个间断函数.

另一方面,若就区间 $0 \leqslant x \leqslant q$(其中 $q < 1$)来考虑我们的级数,则

$$\eta_n = \sup_{0 < x \leqslant q} |S(x) - S_n(x)| = \max_{0 < x \leqslant q} x^n = q^n \underset{n \to \infty}{\longrightarrow} 0,$$

因而在这区间上级数均匀收敛,而且我们看到级数的和也连续了. 这一情况,即均匀收敛级数之和为连续函数,像上文已经说过的那样,是一条可以严格地证明的普遍法则.

例3 某一个级数的最初 n 项之和 $S_n(x)$ 的图形如图39中所绘出的粗折线. 显然,对一切 n 将有 $S_n(0) = 0$; 若 $0 < x \leqslant 1$,则对不小于 $\frac{1}{x}$ 的一切 n,即 $n \geqslant \frac{1}{x}$, 将有 $S_n(x) = 0$, 因而对区间 $[0, 1]$ 的任何 x 有

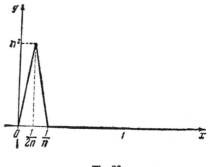

图 39

$$S(x) = \lim_{n \to \infty} S_n(x) = 0.$$

另一方面,

$$\eta_n = \sup_{0 < x \leqslant 1} |S(x) - S_n(x)| = \sup |S_n(x)| = n^2.$$

我们看到,量 η_n 不趋于零;它甚至趋于无穷大. 我们要指出,跟所考虑的序列 $S_n(x)$ 相对应的级数不可能在区间 $[0, 1]$ 上积分,因为

$$\int_0^1 S_1(x) dx = 0, \quad \int_0^1 S_n(x) dx = \frac{1}{2} n^2 \frac{1}{n} = \frac{n}{2},$$

而级数

$$\int_0^1 S_1(x) dx + \int_0^1 [S_2(x) - S_1(x)] dx + \int_0^1 [S_3(x) - S_2(x)] dx + \cdots$$

就变成这样一个发散级数了:

$$\frac{1}{2}+\left(\frac{2}{2}-\frac{1}{2}\right)+\left(\frac{3}{2}-\frac{2}{2}\right)+\left(\frac{4}{2}-\frac{3}{2}\right)+\cdots.$$

让我们把均匀收敛级数的主要性质不加证明而叙述如下:

1. 在区间$[a, b]$上均匀收敛的连续函数项级数之和在这区间上连续.

2. 若连续函数项级数

$$S(x)=u_0(x)+u_1(x)+u_2(x)+\cdots \tag{57}$$

在区间$[a, b]$上均匀收敛, 则我们可以在这区间上把它逐项积分, 就是说, 对于$[a, b]$中的任何x_1, x_2有等式

$$\int_{x_1}^{x_2}S(t)dt=\int_{x_1}^{x_2}u_0(t)dt+\int_{x_1}^{x_2}u_1(t)dt+\cdots$$

成立.

3. 设级数(57)在区间$[a, b]$上收敛而函数$u_k(x)$有连续导数, 于是由级数(57)逐项求导数所得到的等式

$$S'(x)=u_0'(x)+u_1'(x)+u_2'(x)+\cdots \tag{58}$$

显然将在区间$[a, b]$上成立, 只要在等式(58)中右面所得到的级数是均匀收敛的.

幂级数 在§9中我们说过, 若定义于区间$[a, b]$的函数$f(x)$有任意阶导数, 而且在$[a, b]$中任意一点x_0的充分小的邻域中可展开为向它自己收敛的泰勒级数:

$$f(x)=f(x_0)+\frac{f'(x_0)}{1}(x-x_0)+\frac{f''(x_0)}{2!}(x-x_0)^2+\cdots, \tag{59}$$

则这函数称为分析函数. 若引用记号

$$a_n=\frac{f^{(n)}(x_0)}{n!},$$

则这级数还可以写成下面的样子:

$$f(x)=a_0+a_1(x-x_0)+a_2(x-x_0)^2+\cdots. \tag{60}$$

任何这样的级数(其中$a_1, a_2, \cdots$是与x无关的常数)在数学中称为幂级数.

作为一个例子, 让我们考虑幂级数

$$1 + x + x^2 + x^3 + \cdots, \tag{61}$$

其各项构成一个几何级数.

我们知道,对于区间 $-1 < x < 1$ 的一切 x 值这级数是收敛的,而它的和等于

$$S(x) = \frac{1}{1-x}.$$

对于其余的 x 值该级数是发散的.

我们也容易看出,这级数和与前 n 项的部分和之间的差由公式

$$S(x) - S_n(x) = \frac{x^n}{1-x} \tag{62}$$

表出,而若 $-q \leqslant x \leqslant q$,其中 q 是一个小于 1 的正数,则

$$\eta_n = \max |S(x) - S_n(x)| = \frac{q^n}{1-q}.$$

由此可见,在 n 无限制增大时,η_n 趋于零,而我们的级数就在区间 $-q \leqslant x \leqslant q$ 上均匀收敛,不论 q 是怎样一个小于 1 的正数.

容易验证,函数

$$S(x) = \frac{1}{1-x}$$

的 n 阶导数等于

$$S^{(n)}(x) = \frac{n!}{(1-x)^{n+1}},$$

从而有
$$S^{(n)}(0) = n!,$$

由此可知,函数 $S(x)$ 在 $x_0 = 0$ 的泰勒公式的前 n 项之和就跟级数 (59) 的前 n 项之和完全相同. 我们又知道,公式的余项,如等式 (62) 所表出,对于区间 $-1 < x < 1$ 内的一切 x 在 n 无限制增大时趋于零. 于是证明了级数 (61) 就是其和 $S(x)$ 的泰勒公式.

我们还要指出一个事实. 在我们这级数的收敛区间 $-1 < x < 1$ 中取任意点 x_0,容易看出,对于跟 x_0 足够邻近的一切 x,也就是说,对于那些满足不等式

$$\frac{|x - x_0|}{1 - x_0} < 1$$

的一切 x,下列等式总是正确的:

$$S(x) = \frac{1}{1-x} = \frac{1}{1-x_0} \frac{1}{\left(1 - \dfrac{x-x_0}{1-x_0}\right)}$$

$$= \frac{1}{1-x_0} \left[1 + \frac{x-x_0}{1-x_0} + \left(\frac{x-x_0}{1-x_0}\right)^2 + \cdots \right]$$

$$= \frac{1}{1-x_0} + \frac{x-x_0}{(1-x_0)^2} + \frac{(x-x_0)^2}{(1-x_0)^3} + \cdots, \tag{63}$$

读者无须特别费力就可以验证

$$\frac{S^{(n)}(x_0)}{n!} = \frac{1}{(1-x_0)^{n+1}}.$$

因此，级数(63)是其和 $S(x)$ 的泰勒级数，它在级数(61)收敛区间内任意点 x_0 的充分小邻域中收敛于 $S(x)$，这就是说，由于点 x_0 的任意性，$S(x)$ 是一个在这区间上的分析函数.

所有这些就特殊幂级数(61)而说的事实对于任意幂级数也都成立[1]. 这就是说，不论怎样一个形如(60)的幂级数，其中 a_n 是任意的、按任何规律分布的数，相应地有某一个非负数 R(特别是可以变为 ∞)，称为级数(60)的收敛半径，并且具有下述性质：

1. 对于所谓收敛区间 $x_0 - R < x < x_0 + R$ 内的一切 x 值，级数是收敛的，而它的和 $S(x)$ 在这区间上是 x 的分析函数. 这时在完全属于收敛区间的任何区间 $[a, b]$ 上，收敛是均匀的. 这级数本身就是其和的泰勒级数.

2. 在收敛区间的两端，级数也许收敛，也许发散，得看级数的个别性质而定. 但在闭区间 $x_0 - R \leqslant x \leqslant x_0 + R$ 之外，它显然是发散的.

我们让读者去考察下列幂级数：

$$1 + \frac{x}{1} + \frac{x^2}{2!} + \frac{x^3}{3!} + \cdots,$$

$$1 + x + 2! x^2 + 3! x^3 + \cdots,$$

$$1 + x + \frac{x^2}{2} + \frac{x^3}{3} + \cdots,$$

并验证第一个级数的收敛半径等于无穷大，第二个等于零，而第三

---

1) 在第二卷第九章中有较详细的叙述.

个等于一.

按照前面所给出的定义，每一个分析函数可以在其定义区间内任何点的充分小邻域中展开为收敛于这函数的幂级数. 反之，从以上所说的，可知每一个幂级数，只要其收敛半径不等于零，就在其收敛区间中有和是分析函数.

这样，我们看到幂级数是有机地跟分析函数相联系的. 我们还可以说，幂级数在其收敛区间上是表达分析函数的天然工具，而同时也就是以代数多项式来逼近分析函数的天然工具[1].

例如，由于函数 $\dfrac{1}{1-x}$ 可展开为在区间 $-1<x<1$ 内收敛的幂级数：

$$\frac{1}{1-x}=1+x+x^2+x^3+\cdots,$$

可知这级数在任何区间 $-a\leqslant x\leqslant a$ 上均匀收敛，只要 $a<1$，因此就有可能在整个区间 $[-a,\ a]$ 上借助于所考虑的级数的部分和来逼近这函数使其达到任何预期的准确度.

假定我们要在区间 $\left[-\dfrac{1}{2},\ \dfrac{1}{2}\right]$ 上用多项式来逼近函数 $\dfrac{1}{1-x}$，使其准确到 0.01. 我们指出，对于这区间的一切 x 有下列不等式成立：

$$\left|\frac{1}{1-x}-1-x-\cdots-x^n\right|=|x^{n+1}+x^{n+2}+\cdots|$$

$$\leqslant|x|^{n+1}+|x|^{n+2}+\cdots\leqslant\frac{1}{2^{n+1}}+\frac{1}{2^{n+2}}+\cdots=\frac{1}{2^n},$$

而由于 $2^6=64$，$2^7=128$，可知所求的多项式，即在整个区间 $\left[-\dfrac{1}{2},\ \dfrac{1}{2}\right]$ 上以 0.01 的准确度逼近所考虑函数的多项式，将有如下形式：

$$\frac{1}{1-x}\approx1+x+x^2+\cdots+x^7.$$

我们还要提出幂级数的一个极有用的性质：在其收敛区间中它总是可以逐项求导数的. 这一性质在数学中被广泛地应用于求

1) 在幂级数收敛区间之外的近似表达，我们应用其他方法(见第二卷第十二章).

解各种问题.

例如，我们要在 $y(0)=1$ 的附加条件下求解微分方程 $y'=y$，可试求它的幂级数形式的解：

$$y=a_0+a_1x+a_2x^2+\cdots,$$

由于附加条件，必须令 $a_0=1$．假设这级数收敛，我们就有权对它逐项求导数；结果得到

$$y'=a_1+2a_2x+3a_3x^2+\cdots,$$

把这两个级数都代入微分方程并令等式两边的 x 的同幂项的系数相等，即得

$$a_k=\frac{1}{k!} \quad (k=1,\ 2,\ \cdots),$$

因而所求的解将有如下形式：

$$y=1+\frac{x}{1}+\frac{x^2}{2!}+\frac{x^3}{3!}+\cdots,$$

这级数已知是对一切 x 值收敛的，而其和等于 e^x，因而 $y=e^x$．

在这一场合级数的和是我们已知的初等函数．但并非经常如此：由解题所得到的收敛幂级数也可以有并非初等函数的和．由求解应用上很重要的贝塞尔微分方程所得到的级数

$$y_p(x)=x^p\Big[1-\frac{x^2}{2(2p+2)}+\frac{x^4}{2\cdot4(2p+2)(2p+4)}-\cdots\Big]$$

便是一个例子．这样，幂级数又是形成新函数的工具了．

文　献

通　俗　小　册　子

В. Г. 保尔强斯基, 什么是微分法?, 商务印书馆, 1957 年版.

А. И. Маркушевич, Ряды. Гостехиздат, 1947.

А. И. Маркушевич, Площади и лоадрифмы. Гостехиздат, 1952.

И. П. 那汤松, 无穷小量的求和, 科学出版社, 1954 年版.

И. П. Натансон, Простейшие задачи на максимум и минимум. Гостехиздат, 1950.

系 统 的 教 程

А. Ф. 别尔曼特, 数学解析教程, 高等教育出版社, 1955 年版.

В. И. 斯米尔诺夫, 高等数学教程, 卷一, 高等教育出版社, 1952 年版.

Г. П. Толстов, Курс математического анализа, т. I. Гостехиздат, 1954.

Г. М. 菲赫金哥尔茨, 微积分学教程, 高等教育出版社, 1953—1955 年版.

А. Я. 辛钦, 数学分析简明教程, 高等教育出版社, 1954 年版.

————

初等数学全书, 第三卷, 函数和极限, 高等教育出版社, 1955 年版.

（开头两篇包含有初等函数的研究, 极限论的详细叙述, 以及微积分学与级数论的初步知识.）

赵孟养 译
秦元勋 校

第三章　解析几何

§1. 绪　　论

在十七世纪前半叶，产生了数学的全新的一支，叫做解析几何，它使平面上的曲线与有两个未知数的代数方程之间建立了联系．

在数学中发生了极为稀有的情景：在一二十年内出现了巨大的、全新的数学分支，并且这数学分支还是以非常简单的、但是一直未受到应有注意的观念为基础的．解析几何在十七世纪前半叶出现，决不是偶然的．当欧洲过渡到新的资本主义的生产方式时，有一系列的科学部门需要整个地加以改进．正当伽利略的学说和其他的一些学说开始奠定现代的力学时，在自然科学的所有领域里都累积了实验的数据，改善了观察方法，创立了新的理论来代替古老的玄学式的理论．在天文学方面，在先进的学说中间最后得胜的是哥白尼的学说．远洋航行的急骤发展急切地要求着天文学的知识和力学的原理．

力学在军事行动中也是必要的．作为圆锥截线的椭圆和抛物线，它们的几何性质早在离开当时将近 2000 年前的古希腊时代已经知道得很详细了；然而它们一直还像在希腊时代那样，只被当作几何学的对象．一到刻普勒发现行星沿椭圆轨道绕着太阳运动，伽利略发现抛出去的石子沿着抛物线的轨道飞去时，就必须来计算这些椭圆，要来求出炮弹飞驰时所画出的抛物线了；就必须要来发掘由巴斯卡发现的大气压力随高度而递减的法则了；就必须要来实地算出各种不同物体的体积了，诸如此类不胜枚举．

所有这些问题在人类生活中几乎同时地引起了三门全新的数学科学的发展，它们就是：解析几何、微分法和积分法（包括解简单的微分方程).

这三门新的学科从本质上改变了整个数学的面貌. 它们的运用使得直到那时还无法解决的问题变得容易解决了.

在十七世纪的前半叶, 一系列最优秀的数学家已经接近了解析几何的观念, 但是只有两位数学家才特别清楚地认识到创立新的数学部门的可能性. 其中一位是庇埃尔·弗尔马, 他是法国土鲁兹城的市议会的顾问, 世界上最卓越的数学家之一, 另一位是法国著名的哲学家惹耐·笛卡儿. 解析几何的主要创立者无论如何总该推笛卡儿. 唯有作为哲学家的笛卡儿, 才提出了它的全面推广的问题. 笛卡儿发表了长篇的哲学论著"关于下列方法的讨论: 为了很好地在科学中指出其精神和发掘真理, 并应用于折射光学、气象学和几何学".

这著作的后一部分, 以"几何学"命名, 发表在 1637 年, 包含着我们现在叫做解析几何的那门数学理论的十分完全的(虽然有些杂乱的)叙述.

§2. 笛卡儿的两个基本观念

笛卡儿想要创造一种方法, 以便用来解决所有的几何问题, 给出这些问题的所谓一般的解法. 笛卡儿的理论以下面两个观念为基础: 坐标观念和利用坐标方法把带两个未知数的任意代数方程看成平面上的一条曲线的观念.

坐标观念 所谓平面上的点的坐标, 笛卡儿是指这个点的横坐标和纵坐标, 即这点到这平面上两条取定的互相垂直的直线(坐标轴)的距离(具有对应符号)的数值 x 和 y (参看第二章). 坐标轴的交点, 即有坐标$(0, 0)$的点, 叫做坐标原点.

笛卡儿坐标的引入促成了平面的所谓"算术化". 只要给定一对数 x, y, 就等于在几何上指出一个点, 而且反过来也对(图1).

将带两个未知数的方程和平面上的曲线相对比的观念 笛卡儿的第二个观念如下. 在笛卡儿之前, 每当遇到带两个未知数的

代数方程 $F(x, y)=0$ 时，大家都说问题是不定的，从这个方程无法决定这两个未知数. 这是因为其中的一个，例如 x 可以取任意的数，用这个数代替 x，就得到带一个未知数 y 的方程，一般说来从这个方程可以解出 y. 然后这个任意取的 x 连同这样得到的 y 就满足给定的方程. 所以对这种"不定的"方程，人们并不认为是值得关心的.

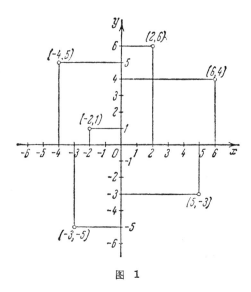

图 1

笛卡儿察觉到另一种情况，他设想带两个未知数的方程中的 x 是点的横坐标，与 x 对应的 y 是点的纵坐标. 于是，如果让 x 连续地改变，则对于每个 x 都可以从方程算出完全确定的 y，因此一般地说也就得到了组成一条曲线的点集合(图 2)[1].

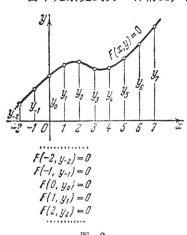

$$F(-2, y_{-2})=0$$
$$F(-1, y_{-1})=0$$
$$F(0, y_0)=0$$
$$F(1, y_1)=0$$
$$F(2, y_2)=0$$

图 2

这样一来，对于带两个变数的每一个代数方程 $F(x, y)=0$，与它对应的是平面上的一条完全确定的曲线，那就是代表了平面上所有那些其坐标

1) 有时方程不被任何具实坐标的点(x, y)所满足,有时一共只有一个或者几个这样的点. 在这种情况下,就说曲线是零曲线或者说曲线退化成点(参看第221页).

满足方程 $F(x, y)=0$ 的点的集合的曲线.

笛卡儿的这种解释开创了整整一门新的科学.

解析几何所能解决的主要问题和解析几何的定义　解析几何造成了以下种种可能:

1) 通过计算来解决作图问题(例如分线段成已知比值,参看本页);

2) 求由某种几何性质给定的曲线的方程(例如从到两个定点的距离之和是常数这个条件得到椭圆的方程,参看第 209 页);

3) 用代数方法证明新的几何定理(例如推导牛顿的直径理论,参看第 206 页);

4) 相反地,从几何方面来看代数方程,说明它的代数性质(例如,利用抛物线与圆的交点来解三次和四次方程,参看第 203—205 页).

因此,解析几何是这样一个数学部门,它在采用了坐标方法的同时,运用代数方法来研究几何对象.

§3. 一些最简单的问题

分线段成已知比值的点的坐标　已知两个点 M_1 和 M_2 的坐标 (x_1, y_1) 和 (x_2, y_2),求分线段 M_1M_2 成比值 m 比 n 的点 M 的坐标 (x, y) (图3). 从加线条的三角形的相似性我们得到

$$\frac{x-x_1}{x_2-x}=\frac{m}{n},$$

于是

$$x=\frac{nx_1+mx_2}{m+n},$$

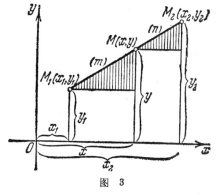

图 3

$$\frac{y-y_1}{y_2-y}=\frac{m}{n}, \quad 于是 \quad y=\frac{ny_1+my_2}{m+n}.$$

两点之间的距离 求坐标是(x_1, y_1)和(x_2, y_2)的两个点M_1和M_2之间的距离d. 根据毕达哥拉斯定理,从加线条的直角三角形(图4) 得到

$$d = \sqrt{(x_2 - x_1)^2 + (y_2 - y_1)^2}.$$

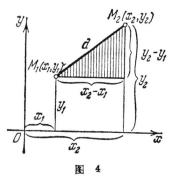

图 4

三角形的面积 求$\triangle M_1 M_2 M_3$的面积S(图5),假如它的顶点的坐标分别是(x_1, y_1), (x_2, y_2), (x_3, y_3). 我们已知三角形的面积看做是两底为y_1, y_3和y_3, y_2的两个梯形的面积之和减去两底为y_1, y_2的梯形的面积,而且把乘积$-(y_1 + y_2)(x_2 - x_1)$改写成$(y_1 + y_2) \times (x_1 - x_2)$,我们就得到

$$S = \frac{1}{2} \left[(y_1 + y_2)(x_1 - x_2) + (y_2 + y_3)(x_2 - x_3) \right.$$
$$\left. + (y_3 + y_1)(x_3 - x_1) \right].$$

在以上几个问题里还需要验证,当有一个或几个坐标或者坐标之差是负数时,得到的公式并无任何改变而依然正确. 这种验证是并不难做的.

求两条曲线的交点 运用第二个基本观念(即认为方程

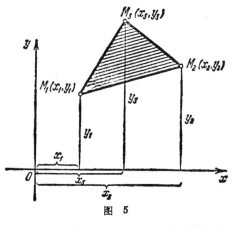

图 5

$F(x, y) = 0$表示曲线的观点),求两条曲线的交点是特别简单的. 为了求两条曲线的交点的坐标,显然只需要联立地解表示这两条曲线的方程. 从这两个方程的普通的解得到的一对数x, y就给

出一个点，它的坐标既满足第一个方程，也满足第二个方程，即该点既在第一条曲线上，也在第二条曲线上，所以这点就是这两条曲线的交点。

我们看到，运用解析几何的方法来解几何问题在实用上极为方便，这特别是因为所有的解都直接以现成的数的形状而得到. 这样的几何学，这样的科学，怎能不恰恰合于那个时代呢?

§4. 由一次和二次方程所表示的曲线的研究

一次方程　在利用笛卡儿的第二个观念时，首先就会考虑什么样的曲线对应于一次方程，即方程

$$Ax + By + C = 0, \tag{1}$$

这里 A, B, C 是一些数值系数，而且 A 和 B 不同时等于零. 可以证明，在平面上与这种方程对应的总是直线.

我们来证明，方程(1)总表示直线，而且反过来，对应于平面上每一条直线的是一个完全确定的方程(1). 实际上，例如设 $B \neq 0$. 那末方程(1)就可以解出

$$y = kx + l,$$

这里 $k = -\dfrac{A}{B}$; $l = -\dfrac{C}{B}$.

我们先来讨论方程 $y = kx$. 它显然表示这样一条直线，这条直线通过坐标原点而且它与 x 轴所成的角 φ 的正切 $\mathrm{tg}\,\varphi$ 就是 k (图 6). 实际上，这个方程可以改写成 $\dfrac{y}{x} = k$，而且上述直线的所有的点 (x, y) 都满足这个方程，至于不在这条直线上的任何点 (x, y)，因为对于它们说 $\dfrac{y}{x}$ 不是大于 k，就是小于 k，都不能满足这个方程. 这时，如果 $\mathrm{tg}\,\varphi > 0$，则对于这种直线上的点说，x 和 y 或者都是正的，或者都是负的，又如果 $\mathrm{tg}\,\varphi < 0$，则 x 和 y 的符号是相反的.

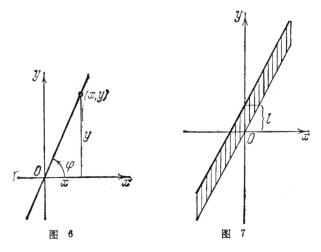

图 6　　　　　　　　　　图 7

　　总之，方程 $y=kx$ 表示通过坐标原点的直线，因此，方程 $y=kx+l$ 也代表一条直线，那就是由前一条直线经过平行移动，使它的所有点的纵坐标都增加同一个 l 而得到的直线(图7)．

　　前面讨论过的几个公式：分线段成已知比值的点的坐标，两个已知点之间的距离，三角形的面积，以及现在关于直线方程的知识，已经能够用来解决很多问题了．

　　通过一个或两个已知点的直线的方程　　设 M_1 是有坐标 x_1 和 y_1 的某个点，k 是某个已知数．方程 $y=kx+l$ 表示一条直线，它与 Ox 轴组成的角的正切等于 k，而且它从 Oy 轴截下的线段等于 l．我们取 l 使这条直线通过点 (x_1, y_1)．为此，点 M_1 的坐标必须满足已知方程，即必须有 $y_1=kx_1+l$，于是 $l=y_1-kx_1$．

　　用这个 l 代入，我们就得到通过已知点 (x_1, y_1) 而且与 Ox 轴组成正切等于 k 的角的直线的方程(图8)．它就是 $y=kx+y_1-kx^1$ 或者

$$y-y_1=k(x-x_1).$$

　　例　　设直线和 Ox 轴之间的角等于 $45°$，而点 M 有坐标 $(3,7)$，那末对应直线的方程(因为 $\operatorname{tg} 45°=1$)就是

$$y-7=1(x-3)　\text{或者}　x-y+4=0.$$

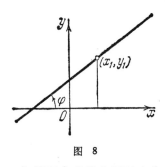

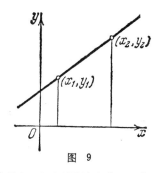

图 8   图 9

如果要求直线在通过点 (x_1, y_1) 的同时, 还通过点 (x_2, y_2), 那末我们就得到加于 k 上的条件 $y_2 - y_1 = k(x_2 - x_1)$. 由此求得 k 并且代入前面的方程, 我们就得到通过两个已知点的直线的方程 (图 9):

$$\frac{x - x_1}{x_2 - x_1} = \frac{y - y_1}{y_2 - y_1}.$$

笛卡儿关于二次方程的结果 笛卡儿还研究了具两个变数的二次方程表示平面上什么曲线的问题, 这种二次方程的一般形状是

$$Ax^2 + Bxy + Cy^2 + Dx + Ey + F = 0,$$

而且他还指出, 这种方程一般地表示椭圆、双曲线或者抛物线——这些都是古代数学家所早已知道的曲线.

以上所说的都是笛卡儿的最重要的成就. 然而笛卡儿的书上远远不止限于这一些; 笛卡儿还研究了一系列有趣的几何轨迹的方程, 讨论了关于变换代数方程的定理, 未加证明地导出了他的著名的符号法则, 那是用来求出只有实根的方程的正根个数的 (参看第四章, §4), 最后, 他还提出了利用抛物线 $y = x^2$ 与圆的交点来求三次和四次方程的实根的卓越方法.

§5. 解三次和四次代数方程的笛卡儿方法

把三次和四次方程变换成没有 x^3 项的四次方程 我们来证

明,解三次和四次的任意方程可以化成解下列形状的方程:
$$x^4 + px^2 + qx + r = 0. \tag{2}$$

设给了三次方程 $z^3 + az^2 + bz + c = 0$. 令 $z = x - \dfrac{a}{3}$,我们得到 $\left(x - \dfrac{a}{3}\right)^3 + a\left(x - \dfrac{a}{3}\right)^2 + b\left(x - \dfrac{a}{3}\right) + c = 0$. 去括弧后 x^2 项互相抵消,我们得到方程 $x^3 + px + q = 0$. 这个方程乘上 x,使它增添一个根 $x_4 = 0$,我们就把它化成 (2) 式,其中 $r = 0$.

对于四次方程 $z^4 + az^3 + bz^2 + cz + d = 0$ 来说,只要令 $z = x - \dfrac{a}{4}$,就可以化成 (2) 式. 因此,解任何三次和四次方程都可以化成解形状 (2) 的方程.

用圆与抛物线 $y = x^2$ 的交点来解三次和四次方程 我们先建立中心为 (a, b) 和半径为 R 的圆的方程. 如果 (x, y) 是某个点,则它到点 (a, b) 的距离的平方等于 $(x - a)^2 + (y - b)^2$ (参看 §3). 因此所讨论的圆的方程是
$$(x - a)^2 + (y - b)^2 = R^2.$$

现在我们再来求出这个圆与抛物线 $y = x^2$ 的交点. 根据 §3 中所说的,为此必须将这个圆的方程和抛物线的方程联立并求解:
$$x^2 + y^2 - 2ax - 2by + a^2 + b^2 - R^2 = 0,$$
$$y = x^2.$$

从第二个方程把 y 代入第一个方程,我们就得到关于 x 的四次方程
$$x^2 + x^4 - 2ax - 2bx^2 + a^2 + b^2 - R^2 = 0,$$
或者方程 $\quad x^4 + (1 - 2b)x^2 - 2ax + a^2 + b^2 - R^2 = 0.$

如果这样地选取 a,b 和 R^2,使得
$$1 - 2b = p, \quad -2a = q, \quad a^2 + b^2 - R^2 = r,$$
则得到的正是方程 (2). 为此必须取
$$a = -\frac{q}{2}, \quad b = \frac{1-p}{2}, \quad R^2 = \frac{q^2}{4} + \frac{(1-p)^2}{r} - r. \tag{3}$$

在 (3) 中的末一个式子里,一般地说,R^2 可能是负的. 然而在方程 (2) 至少有一个实根 x_1 的情形,下列等式成立:

$$x_1^4 + (1-2b)x_1^2 - 2ax_1 + a^2 + b^2 - R^2 = 0. \tag{4}$$

把 x_1^2 记做 y_1, 等式 (4) 可以改写成

$$x_1^2 + y_1^2 - 2ax_1 - 2by_1 + a^2 + b^2 - R^2 = 0,$$

或者 $\qquad (x_1 - a)^2 + (y_1 - b)^2 = R^2.$

因此, 在方程 (2) 有实根的情形, 数 $R^2 = \dfrac{(1-p)^2 + q^2}{4} - r$ 是正数.
方程

$$(x-a)^2 + (y-b)^2 = R^2$$

是圆的方程, 而且方程 (2) 的全部实根都是抛物线 $y = x^2$ 与这个圆的交点的横坐标 (在 $r=0$ 的情形, $R^2 = a^2 + b^2$, 这个圆通过坐标原点).

这样一来, 如果给定了方程 (2) 的系数 p, q, r, 而且按公式 (3) 求出了 a, b, R^2, 那末当 $R^2 < 0$ 时, 方程 (2) 显然没有实根. 而假如 $R^2 \geqslant 0$, 则中心为 (a, b) 和半径为 R 的圆与固定地画着的抛物线 $y = x^2$ 的交点的横坐标, 就给出方程 (2) 的全部实根, 并且在 $R^2 > 0$ 的情形, 得到的圆可以不与抛物线相交, 即方程 (2) 可以没有实根.

例　设给了四次方程

$$x^4 - 4x^2 + x + \frac{5}{2} = 0.$$

于是我们有

$$a = -\frac{1}{2},$$

$$b = \frac{5}{2} = 2\frac{1}{2},$$

$$R = \sqrt{\frac{1}{4} + \frac{25}{4} - \frac{5}{2}} = 2.$$

在图 10 上画着对应的圆和所讨论的方程的根 x_1, x_2, x_3, x_4.

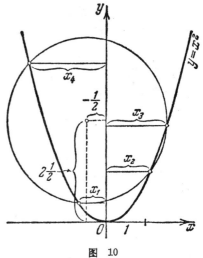

图 10

在 §2, 3, 4, 5 节里包含的是笛卡儿书中最主要的部分, 但是我们用的是简短的而且更

接近于现代的叙述.

从笛卡儿的时代到今天, 解析几何经历了有助于数学各部门的漫长的发展道路. 我们在本章以后各节里将要试着追循这路程上最重要的各个阶段.

首先应该指出, 无穷小分析的发明者就已运用了笛卡儿的方法. 不管是关于曲线的切线或法线(切线在切点处的垂直线)的问题, 还是关于函数的极大或极小的问题, 假如几何地来讨论它的话, 或者是关于曲线在其一点处的曲率半径的问题等等, 首先都要用笛卡儿的方法来讨论这曲线的方程, 然后还得求出切线的方程, 法线的方程, 等等. 所以无穷小分析、微分法和积分法没有解析几何的预先发展是难以想象的.

§6. 牛顿关于直径的普遍理论

第一个把解析几何向前推进了一步的是牛顿. 在1704年, 他讨论了三次曲线(即由带两个未知数的三次代数方程表示的曲线)的理论, 在这同一个工作中, 牛顿顺便得出优美的关于"直径"(对应于已知方向的割线)的普遍理论. 下面就要来说明它.

设给了一条 n 次曲线, 即由带两个未知数的 n 次代数方程表示的曲线, 那末与它相交的任意直线, 一般说来与它有 n 个公共点. 设 M 是割线上这样的点,它是割线与所说 n 次曲线的这些交点的"重心", 即分布在这些交点上的 n 个彼此相等的质点的"重心". 可以证明, 如果取所有彼此平行的割线, 而且对于每条割线都考虑这样的重心 M, 则所有这些点 M 处在一条直线上. 牛顿把这条直线叫做 n 次曲线的"直径"(对应于割线的已知方向). 利用解析几何来证明这个定理一点也不困难, 所以我们要来做一下.

设给了一条 n 次曲线和它的一些彼此平行的割线. 我们选取这样的坐标轴, 使得这些割线平行于 Ox 轴(图11). 于是它们的方程就有形状 $y=l$, 这里 l 是随割线的不同而有差别的常数. 设 $F(x, y)=0$ 是在这样的坐标系里表示所说 n 次曲线的方程. 容

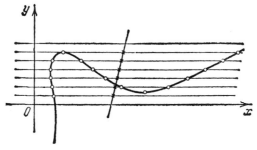

图 11

易证明,当从一个直角坐标系过渡到另一个直角坐标系时,虽然曲线的方程改变了,但是曲线的次数并不改变(这将在§8里证明). 所以 $F(x, y)$ 还是 n 次多项式. 为了求出所说曲线与割线 $y=l$ 的交点的横坐标, 必须联立地解方程 $F(x, y)=0$ 和 $y=l$, 结果得到的一般说来是 x 的 n 次方程

$$F(x, l)=0, \tag{5}$$

从这方程可以求得横坐标 $x_1, x_2, \cdots, x_n$. 按照重心的定义, n 个交点的重心的横坐标 x_0 等于

$$x_0 = \frac{x_1+x_2+\cdots+x_n}{n}.$$

但是, 从代数方程的理论知道, 方程的诸根之和 $x_1+x_2+\cdots+x_n$, 等于未知数的 $n-1$ 次项的系数取相反的符号再被 n 次项的系数除. 而因为 x 和 y 的指数之和在 $F(x, y)$ 的每一项都等于或小于 n, 所以具有 x^n 的项根本不包含 y 而有形状 Ax^n, 这里 A 是常数, 而具有 x^{n-1} 的项即使包含 y, 也不会高于一次, 即有形状 $x^{n-1}(By+C)$. 因此, x^n 的系数是 A, 而 x^{n-1} 的系数是 $Bl+C$, 于是对于已知 l, 我们就有

$$x_0 = -\frac{Bl+C}{nA}.$$

但是割线平行于 Ox 轴, 对于它的全部点都有 $y=l$, 因此割线与所说 n 次曲线的交点的重心的纵坐标也等于 l; 这样一来, 我们最终地得到 $nAx_0+By_0+C=0$, 即所有这些割线的全部被考虑的重心

的坐标 x_c, y_c 都满足一次方程，因此这些重心处在一条直线上。

在 $F(x, y)$ 里不出现 x^n 项时，可以作类似的研讨。

在二次曲线 $(n=2)$ 的情形，两个点的重心就是这两个点之间的中点，所以得到的结论是: 二次曲线的平行弦中点的几何轨迹是直线(图

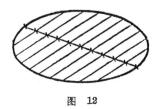

图　12

12)，不论是对于椭圆，还是对于双曲线和抛物线，这是早在古代就已经知道了的。 然而即使对于这些特别情形，要用几何的论证来证明这一点也是非常困难的，可是这个古代所不知道的新的普遍定理，现在却非常简单地证明了。

这样的例子显示出解析几何的力量。

§7. 椭圆、双曲线和抛物线

在这一节和下一节我们要来讨论二次曲线. 首先研究一般的二次方程，然后讨论它的一些最简单的特例。

以坐标原点为中心的圆的方程　我们先讨论方程

$$x^2 + y^2 = a^2.$$

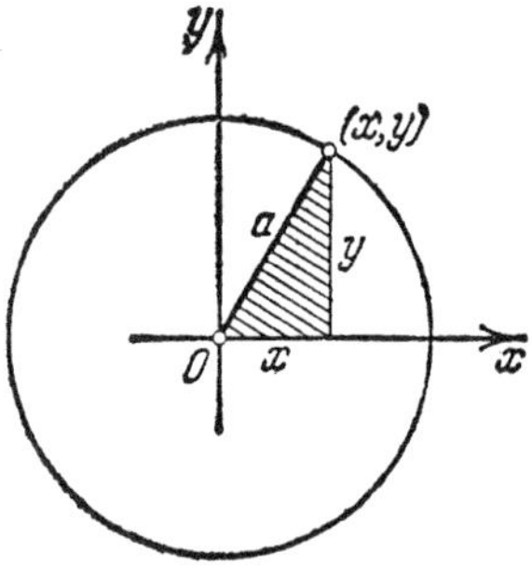

图 13

它显然表示以坐标原点为中心而且有半径 a 的圆，这从对加了斜线的直角三角形(图 13) 引用毕达哥拉斯定理而得出，因为不管在这个圆上取怎样的一个点 (x, y)，它的坐标 x 和 y 满足这个方程，而且反之，如果一个点的坐标 x, y 满足这个方程，则它就属于这个圆，这就是说，这个圆是平面上满足这个方程的所有点的集合。

椭圆的方程和椭圆的焦点性质　设给了两个点 F_1 和 F_2，它们之间的距离等于 $2c$. 我们来求平面上到点 F_1 和 F_2 的距离之

和等于一个常数 $2a$（这里 a 自然要大于 c）的所有点 M 的几何轨迹．这样的曲线叫做椭圆，点 F_1 和 F_2 叫做椭圆的焦点．

我们这样地选取直角坐标系，使得点 F_1 和 F_2 都在 Ox 轴上，而且坐标原点正是它们之间的中点．于是点 F_1 和 F_2 的坐标就是 $(c, 0)$ 和 $(-c, 0)$．我们在所研究的几何轨迹上取任意点 M，设它有坐标 (x, y)，然后写出从点 M 到点 F_1 和 F_2 的距离之和等于 $2a$，即

$$\sqrt{(x-c)^2+(y-0)^2}+\sqrt{(x+c)^2+(y-0)^2}=2a. \tag{6}$$

所说几何轨迹上的任意点的坐标 (x, y) 都满足这个方程，显然反过来也对，那就是说，坐标满足方程(6)的任意点都属于这个几何轨迹．因此，方程(6)是所说几何轨迹的方程．还需要把它简化．

两边平方，我们得到

$$x^2-2cx+c^2+y^2+2\sqrt{(x^2-2cx+c^2+y^2)(x^2+2cx+c^2+y^2)}$$
$$+x^2+2cx+c^2+y^2=4a^2,$$

或者经过简化以后，

$$x^2+y^2+c^2-2a^2=-\sqrt{(x^2+y^2+c^2)^2-4c^2x^2}.$$

两边再平方，我们得到

$$(x^2+y^2+c^2)^2-4a^2(x^2+y^2+c^2)+4a^4=(x^2+y^2+c^2)^2-4c^2a^2,$$

或者经过简化以后，

$$(a^2-c^2)x^2+a^2y^2=(a^2-c^2)a^2.$$

在这里令 $a^2-c^2=b^2$（因为 $a>c$，这是可以做到的），我们得到 $b^2x^2+a^2y^2=a^2b^2$，两边都除以 a^2b^2，我们就有

$$\frac{x^2}{a^2}+\frac{y^2}{b^2}=1. \tag{7}$$

这样一来，所说几何轨迹上的任意点 M 的坐标 (x, y) 满足方程(7)．

可以证明，反过来，如果一个点的坐标满足方程(7)，则它也满足方程(6)．因此，方程(7)是这个几何轨迹的方程，即是椭圆的方程(图 14)．

以上所引的论证是寻求由其若干几何性质给定的曲线方程的

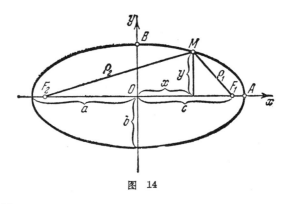

图 14

典型例子.

以椭圆的任意点到两个已知点的距离之和是常数这个性质为基础，我们有利用丝线来画椭圆的熟知方法(图15).

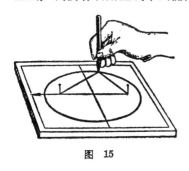

图 15

附注 为了定义什么曲线叫做椭圆，可以不取这里所说的椭圆的焦点性质，而取任何别的能刻画它的几何性质. 例如椭圆是圆向它的直径作"均匀压缩"的结果这一性质(参看第242页)，或者某个别的性质.

在方程(7)上令$y=0$，我们得到$x=\pm a$，即a是线段OA的长度(图14)，这线段叫做椭圆的长半轴. 类似地，令$x=0$，我们得到$y=\pm b$，即b是线段OB的长度，这线段叫做椭圆的短半轴.

数$\varepsilon=\dfrac{c}{a}$叫做椭圆的离心率，并且因为$c=\sqrt{a^2-b^2}<a$，所以椭圆的离心率小于1. 在圆的情形$c=0$，因此$\varepsilon=0$；这时两个焦点合成一个点——圆的中心(因为$OF_1=OF_2=0$)，但是前面用丝线画椭圆的方法仍然能用.

行星的运动规律 刻普勒在研究了铁何·勃拉赫关于火星在天空中运动的大量观察材料以后，发现行星沿着椭圆轨道而绕着大阳运行,这时太阳处在这椭圆的一个焦点上(在行星绕太阳的运动中,另一个焦点不起任何作用)(图16),并且焦半径 ρ 在同样的时间内扫过同样面积的扇形[1],而牛顿则指明,这种运动的必要性可以数学地从惯性定律、加速度与作用力成正比的定律和万有引力定律推得.

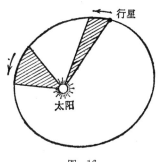

图 16

惯性椭圆 作为椭圆应用在技术问题上的例子,我们来讨论薄板的所谓惯性椭圆. 设有着一块同样厚薄而且由均匀的物质作成的薄板,例如某种形状的一块洋铁板. 我们使它绕着在板平面上的一条轴旋转. 大家知道,沿直线运动的物体,对于这直线运动说有一个与其质量成正比的惯性(不依赖于物体的形状和其质量的分布). 与这相仿,绕轴旋转的物体,例如飞轮,对于这转动说也有惯性. 然而在旋转的情形里,惯性不仅与旋转物体的质量成正比,而且还依赖于这物体的质量对于旋转轴的分布, 因为质量距离旋转轴愈远,对于旋转的惯性就愈大. 譬如说,一根棒非常容易使它立刻绕纵轴作迅速的旋转(图17a). 而如果要它立刻绕垂直于其长的轴作迅速的旋转,则即使令旋转轴通过它的中点,当这根棒不是很轻时,也要费去很大的力量(图17b).

可以证明,物体绕某条轴旋转的惯性,即所谓物体关于这条轴的"惯性矩",等于 $\sum r_i^2 m_i$. ($\sum r_i^2 m_i$ 是和式 $r_1^2 m_1 + r_2^2 m_2 + \cdots + r_n^2 m_n$ 的缩写,并且认为物质分割成按其量说是非常小的微粒,而 m_i 是微粒的质量,r_i 是微粒到旋转轴的距离,而且对物体的全部微粒求总和.)

回到我们的薄板. 设 O 是这薄板的任意点(图18). 我们来讨论这薄板对于通过点 O 而且处在薄板平面上的轴 u 的惯性矩 J_u. 为此我们取 O 作为直角坐标系的原点,再在薄板平面上随便选取

---

1) 行星轨道的离心率极小,因而行星的轨道几乎是一个圆.

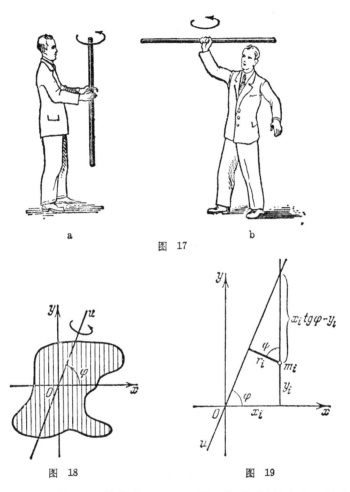

图 17

图 18

图 19

Ox 轴和 Oy 轴, 于是旋转轴 u 就可以用它与 Ox 轴的交角 φ 来刻画. 容易看出(图19),

$$r_i = |(x_i \operatorname{tg} \varphi - y_i) \cos \varphi| = |x_i \sin \varphi - y_i \cos \varphi|.$$

由此

$$\sum r_i^2 m_i = \sum (x_i^2 \sin^2 \varphi - 2x_i y_i \sin \varphi \cos \varphi + y_i^2 \cos^2 \varphi) m_i$$
$$= \sin^2 \varphi \sum x_i^2 m_i - 2 \sin \varphi \cos \varphi \sum x_i y_i m_i + \cos^2 \varphi \sum y_i^2 m_i.$$

量 $\sin^2 \varphi$, $2 \sin \varphi \cos \varphi$ 和 $\cos^2 \varphi$ 可以拿出和号之外, 因为这些量对

于轴 u 说都是常量. 现在我们记

$$\sum x_i^2 m_i = A, \quad -\sum x_i y_i m_i = B, \quad \sum y_i^2 m_i = C.$$

量 A, B 和 C 不依赖于轴 u 的选取, 而只依赖于薄板的形状和其质量的分布以及坐标轴 Ox 和 Oy 的一劳永逸的选择. 总之,

$$J_u = A \sin^2 \varphi + 2B \sin \varphi \cos \varphi + C \cos^2 \varphi.$$

我们来讨论在薄板平面上通过点 O 的所有可能的轴 u. 我们在每条轴上从点 O 起截取一个长度 ρ 的线段, 使 ρ 等于薄板对于这轴的惯性矩 J_u 的平方根的倒数, 即 $\rho = \dfrac{1}{\sqrt{J_u}}$. 于是我们得到

$$\frac{1}{\rho^2} = A \sin^2 \varphi + 2B \sin \varphi \cos \varphi + C \cos^2 \varphi.$$

但是
$$x = \rho \cos \varphi, \quad y = \rho \sin \varphi,$$
因此, 这个几何轨迹的方程有下列形状:

$$Cx^2 + 2Bxy + Ay^2 = 1.$$

得到的是一条二次曲线, 它显然是有界的和封闭的, 即是一个椭圆 (图 20), 因为我们在以后将要证明, 所有其他的二次曲线, 不是无界的, 就是退化成一点.

现在得到了一个值得注意的结果: 不管薄板的形状和大小如何, 也不管其质量如何分布, 这薄板对于处在薄板平面而且通过薄板的已知点 O 的各条轴的惯性矩(特别是与它们的平方根成反比的量 ρ), 刻画出一个椭圆. 这

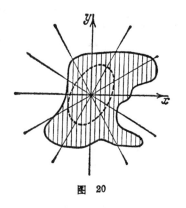

图 20

个椭圆叫做薄板对于点 O 的惯性椭圆. 如果点 O 是薄板的重心, 则这个椭圆叫做薄板的中心惯性椭圆.

惯性椭圆在力学中起着很大作用, 而且它在材料强度里有特别重要的应用. 在材料强度里证明, 假如我们有一根已知截面的横梁, 则它的抗弯强度与其截面对于通过截面重心而垂直于弯曲力方向的轴的惯性矩成正比. 让我们用例子来说明这一点. 假定

小河上的小桥是木板做的，这木板受到过桥行人的重量作用而弯曲．如果同一块木板(而不是较厚的木板)侧面朝上放，它几乎完全不会弯曲，这就是说，侧面朝上放的木板是所谓坚固的．这是因为木板的横截面是相当长的长方形，这截面对于处在其平面上，通过其中心而且垂直于其长边的轴的惯性矩(假如认为截面上质量是均匀分布的)，比对于平行于其长边的轴的惯性矩来得大．如果不是平放，也不是侧着放，而是斜着放，甚至如果取的不是木板，而是有任意截面的材料，例如铁轨，弯曲强度依然与截面对于处在其平面上而且通过其重心的轴的惯性矩成正比．因此，横梁经受弯曲的强度被其截面的惯性椭圆所刻画．

例如，对于普通的长方形截面的木板，这个椭圆有画在图 21 上的形状．这种横梁在 Oz 轴方向上经受弯曲的强度与 bh^2 成正比．

钢梁常常采取"Γ"形的截面；在图 22 上画着这种横梁的截面和惯性椭圆．它在 z 轴的方向具有经受弯曲的最大强度．例如在雪的负荷和特殊的重压下的屋梁，就可以利用它们，这时它们正好在这最适宜的方向上经受弯曲．

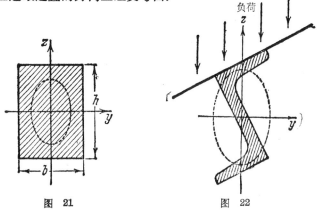

图 21　　　　　　　　图 22

双曲线和它的焦点性质　现在我们来讨论方程

$$\frac{x^2}{a^2} - \frac{y^2}{b^2} = 1,$$

它表示的曲线叫做双曲线. 如果用 c 表示使 $c^2=a^2+b^2$ 的数, 则可以证明, 双曲线是到两个已知点 F_1 和 F_2 的距离之差是常量 $\rho_2-\rho_1=2a$ 的点的几何轨迹, 这里点 F_1 和 F_2 处在 Ox 轴上而且有横坐标 c 和 $-c$(图 23). 点 F_1 和 F_2 也叫做焦点.

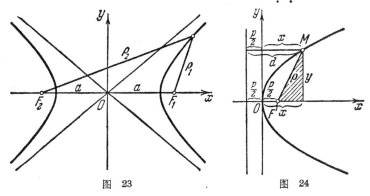

图 23 　　　　　　　　图 24

抛物线和它的准线 最后我们来讨论方程

$$y^2=2px,$$

我们把它所表示的曲线叫做抛物线. 处在 Ox 轴上而且有横坐标 $\frac{p}{2}$ 的点 F 叫做抛物线的焦点, 平行于 Oy 轴的直线 $y=-\frac{p}{2}$ 叫做抛物线的准线. 设 M 是抛物线上的一个点(图 24), 而且 ρ 是其焦半径 MF 的长度, d 是从 M 引到准线的垂直线的长度. 我们对于点 M 来计算 ρ 和 d. 从加斜线的三角形我们得到

$$\rho^2=\left(x-\frac{p}{2}\right)^2+y^2.$$

由于点 M 在抛物线上, 对于它有 $y^2=2px$, 因此

$$\rho^2=\left(x-\frac{p}{2}\right)^2+2px=\left(x+\frac{p}{2}\right)^2.$$

但是直接从图上看到 $d=x+\frac{p}{2}$, 所以 $\rho^2=d^2$, 即 $\rho=d$. 反面的论证表明, 如果有点满足条件 $\rho=d$, 则它就在所说的抛物线上. 因此, 抛物线是这种点的几何轨迹, 从其中每个点到已知点 F(所谓焦点)的距离 ρ, 等于它到已知直线(所谓准线)的距离 d.

抛物线切线的性质 我们来讨论抛物线切线的一个重要性质

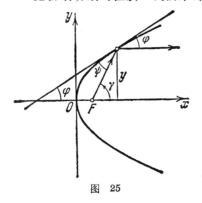

图 25

和它在光学上的应用. 因为对于抛物线说有 $y^2=2px$, 所以对于它说有 $2y\,dy=2pdx$, 即导数(或者说切线对 Ox 轴的倾角 φ 的正切也一样)等于 $\dfrac{dy}{dx}=\operatorname{tg}\varphi=\dfrac{p}{y}$ (图 25).

另一方面, 直接从图上得出

$$\operatorname{tg}\gamma=\frac{y}{x-\dfrac{p}{2}}.$$

但是

$$\operatorname{tg}2\varphi=\frac{2\dfrac{p}{y}}{1-\dfrac{p^2}{y^2}}=\frac{2py}{y^2-p^2}=\frac{2py}{2px-p^2}=\frac{y}{x-\dfrac{p}{2}},$$

即 $\gamma=2\varphi$, 又因为 $\gamma=\varphi+\psi$, 所以 $\psi=\varphi$. 于是从焦点 F 出发的射线, 经过方向与切线方向重合的抛物线微弧的反射, 根据入射角等于反射角的定律, 反射成平行于 Ox 轴(即平行于抛物线的对称轴)的光线而远去.

牛顿根据抛物线的这个性质制造了反射望远镜. 假如制造一个凹面镜, 它的表面是一个所谓旋转抛物面, 即由抛物线绕其轴旋转而得到的曲面, 那末从天体某点发出的、严格地沿着镜"轴"的方向的所有光线, 就被镜面聚集于一个点——镜面的焦点(图 26). 从天体上另外的点发出的、已经不完全平行于镜轴的光线, 也几乎被聚集成靠近焦点的一个点. 因此, 在所谓焦平面上, 即在通过镜面焦点而垂直于其轴的平面上, 我们得到天体的一个倒像, 并且这个像离开焦点愈远就愈模糊, 因为只有严格地平行于镜轴的光线才聚集于一个点; 而不完全平行于轴的光线并不完全聚集于一个点. 得到的像可以在特制的显微镜(所谓透视望远镜)里观看, 这

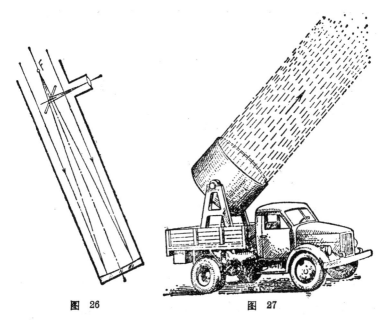

图 26

图 27

时可以直接看,也可以为了不使头部遮住天体,用一个不大的平面镜使光线转向来看,这平面镜放置在望远镜内的焦点附近(比焦点稍稍靠近凹面镜),与凹面镜轴作成 45° 角.

根据抛物线的所说性质还可以制作探照灯(图 27). 在探照灯中,相反地,强有力的光源放在抛物面镜的焦点处,于是它的光线经过镜面的反射,就成为平行于镜轴的光线. 汽车的前灯也有同样的结构(图 28).

在椭圆的情形,容易证明,从它的一个焦点 F_1 出发的光线,

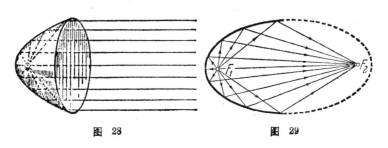

图 28

图 29

经过椭圆的反射,聚集于另一个焦点 F_2 处(图 29). 而在双曲线的情形,从它的一个焦点 F_1 出发的光线,经过它的反射后,成为好象从另一个焦点 F_2 出发的光线(图 30).

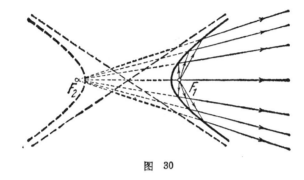

图 30

椭圆和双曲线的准线 与抛物线类似,椭圆和双曲线也有准线,并且有两条准线. 如果取焦点和与它同侧的准线,则对于椭圆的所有点都有 $\frac{\rho}{d} = \varepsilon$,这里 ε 是所说椭圆的离心率,在椭圆的情形它总小于 1,同时对于双曲线对应一支的所有点也都有 $\frac{\rho}{d} = \varepsilon$,这里 ε 是所说双曲线的离心率,并且在双曲线的情形它总大于 1.

因此,椭圆、抛物线和双曲线都是平面上所有这种点的几何轨迹,点到焦点的距离 ρ 对点到准线的距离 d 的比值是常数(图 31 和 32). 只是这个常数在椭圆时小于 1,在抛物线时等于 1,在双曲线时大于 1. 在这意义下,抛物线是从椭圆到双曲线的所谓"极

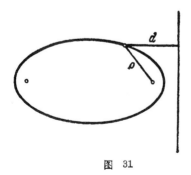

图 31

图 32

限"情形或者"过渡"情形.

圆锥截线　在古希腊时还曾详细地研究了正圆锥被平面所截而得到的曲线. 如果截平面与圆锥的轴作成的角 φ 是 90°, 即如果平面垂直于轴, 则得到的截线是圆. 容易证明, 如果角 φ 小于 90°, 但是大于圆锥的轴与其母线组成的角 α, 则得到的是椭圆. 如

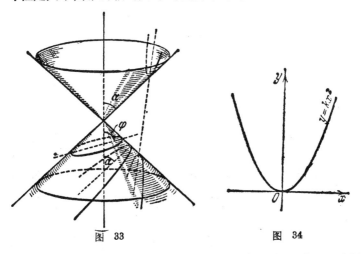

图 33

图 34

果角 φ 等于角 α, 则得到的是抛物线. 如果角 φ 小于角 α, 则得到的截线是双曲线(图33).

抛物线作为与平方成正比的图像和双曲线作为反比的图像　我们要来指出, 与平方成正比的函数

$$y = kx^2$$

的图像是抛物线(图34), 反比函数

$$y = \frac{k}{x} \quad \text{或} \quad xy = k$$

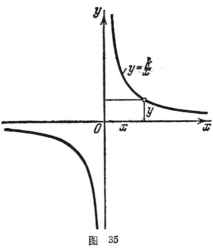

图 35

的图像是双曲线(图 35). 后者是很容易证实的. 双曲线在前面是被定义为由方程

$$\frac{x^2}{a^2} - \frac{y^2}{b^2} = 1$$

所表示的曲线的.

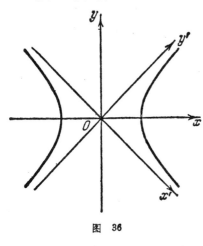

图 36

在特别情形, 当 $a = b$ 时, 这就是所谓"等边双曲线", 它在双曲线中起着与圆在椭圆中相同的作用. 在这种情形, 如果让坐标轴旋转 $45°$ (图 36), 这个方程在新坐标系里就变成

$$x'y' = k.$$

刚才我们讨论了三种重要的二次曲线: 椭圆、双曲线和抛物线, 并且取作它们的定义的是用来表示它们的所谓"标准"方程:

$$\frac{x^2}{a^2} + \frac{y^2}{b^2} = 1, \quad \frac{x^2}{a^2} - \frac{y^2}{b^2} = 1 \quad 和 \quad y^2 = 2px.$$

现在我们要来研究带两个变数的一般的二次方程, 那就是说, 来研究它所表示的究竟是哪样一些曲线的问题.

§8. 把一般的二次方程
化成标准形状

欧拉所作的解析几何的第一个系统的叙述 1748 年在欧拉的《分析引论》里出现了解析几何发展中的重要的一步, 在该书第二卷里, 在其他事物之间, 先给出的是归于函数论和分析其他部分的东西, 但是也叙述了平面上的解析几何, 附有二次曲线的详细的研究, 非常接近于今天解析几何教科书中的叙述, 而且还研究了高阶曲线. 这是在现代字义下的第一本解析几何教程.

把方程化成标准形状的观念   二次方程[1]

$$Ax^2+2Bxy+Cy^2+2Dx+2Ey+F=0$$

包含着六项, 而不像前面所讨论的椭圆、双曲线和抛物线的标准方程那样只包含三项或两项. 这并非由于这种方程表示更复杂的曲线, 而是由于写出这方程时所在的坐标系对它并不是最适宜的. 可以证明, 如果适当地选用笛卡儿直角坐标系, 则带两个变数的二次方程总可以化成下列标准形状中的一个:

1) $\dfrac{x^2}{a^2}+\dfrac{y^2}{b^2}-1=0.$ 椭圆

2) $\dfrac{x^2}{a^2}+\dfrac{y^2}{b^2}+1=0.$ 虚椭圆

3) $\dfrac{x^2}{a^2}+\dfrac{y^2}{b^2}=0.$ 点(一对相交于实点的虚直线)

4) $\dfrac{x^2}{a^2}-\dfrac{y^2}{b^2}-1=0.$ 双曲线

5) $\dfrac{x^2}{a^2}-\dfrac{y^2}{b^2}=0.$ 一对相交的直线

6) $y^2-2px=0.$ 抛物线

7) $x^2-a^2=0.$ 一对平行的直线

8) $x^2+a^2=0.$ 一对虚的平行直线

9) $x^2=0.$ 一对重合的直线

这里 $a,\ b,\ p$ 都不等于零.

在列举的标准形状中, 方程(1), (4)和(6)我们早已知道了; 它们就是椭圆、双曲线和抛物线的标准方程. 列举的方程中有两个不被任何实点所满足, 那就是方程(2)和(8). 事实上, 实数的平方总是正数或者零, 因而在方程(2)的左边已经有两项之和 $\dfrac{x^2}{a^2}+\dfrac{a^2}{b^2}$ 不是负数, 除此而外还有一项 $+1$, 因此左边不能成为零; 同

---

1) $xy,\ x,\ y$ 的系数我们不记做 $B,\ D,\ E$, 而记做 $2B,\ 2D,\ 2E$, 是为了简化后面的公式的写法.

样地，在方程(8)中数 a^2 不是负数，而 a^2 则是正数．从同一些想法知道，方程(3)只被一个点 $(0, 0)$——坐标原点所满足．方程(5)可以写成：

$$\left(\frac{x}{a}-\frac{y}{b}\right)\left(\frac{x}{a}+\frac{y}{b}\right)=0,$$

于是就知道，满足它的是而且只是使一次式 $\frac{x}{a}-\frac{y}{b}$ 或者 $\frac{x}{a}+\frac{y}{b}$ 等于零的那些点，即它所表示的是由这样一对相交直线的全体组成的曲线．方程(7)同样地给出 $(x-a)(x+a)=0$，即对应的曲线是一对平行的直线 $x=a$ 和 $x=-a$．最后，曲线(9)是曲线(7)当 $a=0$ 时的特别(极限)情形，即是一对重合的直线．

坐标变换的公式　为了得到关于二次曲线可能的类型的所说重要结果，我们必须先引出在坐标系改变时点的直角坐标如何改变的公式．

设 x, y 是某个点 M 对于坐标轴 Oxy 的坐标．我们把这些坐标轴平行于自己地移到新位置 $O'x'y'$，而且新原点 O' 对于旧坐标轴的坐标是 ξ 和 η．明显地(图37)，点 M 对于新坐标轴的坐标 x' 及 y' 与它对于旧坐标轴的坐标 x 及 y 的关系由下列公式表示：

$$x=x'+\xi,$$
$$y=y'+\eta,$$

这就是所谓平行移轴的公式．又如果我们让坐标轴 Oxy 绕原点向反时针方向旋转一个角 φ，则容易得知(图38)，把由新坐标线

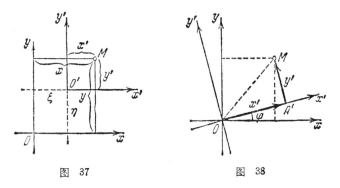

图 37　　　　　　　图 38

段 x' 及 y' 组成的折线 $OA'M$ 投射到 Ox 轴和 Oy 轴上,我们得到

$$x = x' \cos \varphi - y' \sin \varphi,$$
$$y = x' \sin \varphi + y' \cos \varphi,$$

这是旋转直角坐标系的坐标变换的公式[1].

如果给了某条曲线对于坐标轴 Oxy 的方程 $F(x, y) = 0$, 而要写出这同一条曲线的经过变换的方程, 即这同一条曲线对于新坐标轴 $O'x'y'$ 的方程, 那末只要把方程 $F(x, y) = 0$ 中的 x 和 y, 用由变换公式所给的它们通过 x' 和 y' 的表达式代入就成, 举例说, 经过平行移轴, 我们得到变换成的方程

$$F(x' + \xi, y' + \eta) = 0,$$

而经过转轴则得到方程

$$F(x' \cos \varphi - y' \sin \varphi, \ x' \sin \varphi + y' \cos \varphi) = 0.$$

我们注意到,在变换到新坐标轴时,方程的次数不会改变. 实际上, 因为变换公式是一次的, 所以次数不能增高, 但是次数也不能减低, 因为否则经过反逆坐标变换, 次数就要增高了(而后者也是一次的).

把任意二次方程化成 9 种标准形状中的一种　现在让我们来证明,对于无论怎么样给定的带两个变数的二次方程, 总可以先经过转轴, 再经过平行移轴, 使得在最终的坐标轴里, 变换成的方程有形状(1), (2), $\cdots$, (9)中的一个.

实际上,设给定的二次方程有形状

$$Ax^2 + 2Bxy + Cy^2 + 2Dx + 2Ey + F = 0. \tag{8}$$

让轴旋转一个角 φ, 这个角是我们现在要来选取的. 把方程(8)中的 x 和 y 用它们以新坐标表示的式子(按照转轴公式)代入, 经过合并同类项, 我们在变换成的方程

$$A'x'^2 + 2B'x'y' + C'y'^2 + 2D'x' + 2E'y' + F' = 0$$

里得到系数 $2B'$:

$$2B' = -2A \sin \varphi \cos \varphi + 2B(\cos^2 \varphi - \sin^2 \varphi) + 2C \sin \varphi \cos \varphi$$
$$= 2B \cos 2\varphi - (A - C) \sin 2\varphi.$$

---

1) 也叫做转轴的公式. ——译者注

令这个系数等于零, 我们得到

$$2B \cos 2\varphi = (A-C) \sin 2\varphi,$$

于是
$$\mathrm{ctg}\, 2\varphi = \frac{A-C}{2B}.$$

但是因为余切的变动范围是从 $-\infty$ 到 $+\infty$, 所以总可以求得这样的角 φ, 使得这个等式成立. 当坐标轴旋转这样一个角后, 在旋转后的坐标轴 $Ox'y'$ 里, 我们得到在原来坐标轴里由方程 (8) 表示的曲线方程

$$A'x'^2 + C'y'^2 + 2D'x' + 2E'y' + F = 0. \tag{9}$$

即它已经不再包含坐标乘积的项. (F 还是原来的, 因为转轴公式不包含常数项.)

现在我们让已经旋转过的轴 $Ox'y'$ 平移到新位置 $O''x''y''$, 而且设新原点 O'' 对于坐标轴 $Ox'y'$ 的坐标是 ξ', η'. 我们的曲线在这些最终的坐标轴里的方程是

$$A'(x''+\xi')^2 + C'(y''+\eta')^2 + 2D'(x''+\xi')$$
$$+ 2E'(y''+\eta') + F = 0. \tag{10}$$

我们来证明, 总可以如此地选取 ξ' 和 η', 即如此地让坐标轴 $Ox'y'$ 作平行于自己的移动, 使得在坐标轴 $O''x''y''$ 里的最终的方程有标准形状 (1), (2), $\cdots$, (9) 中的一个.

在方程 (10) 里脱去全部括弧而且合并同类项, 我们得到

$$A'x''^2 + C'y''^2 + 2(A'\xi'+D')x''$$
$$+ 2(C'\eta'+E')y'' + F' = 0, \tag{10'}$$

这里我们用 F' 表示所有常数项的和; 对于它是怎样一个数, 我们现在并不感兴趣.

我们来讨论三种可能情形.

I. A' 和 C' 都不等于零. 在这情形里, 取 $\xi' = -\dfrac{D'}{A'}$, $\eta' = -\dfrac{E'}{C'}$, 我们就消去了一次项 x'' 和 y'', 而且得到下列形状的方程:

$$A'x''^2 + C'y''^2 + F' = 0. \tag{I}$$

II. $A' \neq 0$, $C' = 0$, 但是 $E' \neq 0$. 取 $\xi' = -\dfrac{D'}{A'}$, $\eta' = 0$, 即

$y'' = y'$，我们得到方程

$$A'x''^2 + 2E'y' + F' = 0,$$

或者 $\quad\quad\quad A'x''^2 + 2E'\left(y' + \dfrac{F'}{2E'}\right) = 0.$

再沿 Oy' 轴平行移动一个量 $\eta'' = -\dfrac{F'}{2E'}$，我们求得 $y' = y'' - \dfrac{F'}{2E'}$，即 $y' + \dfrac{F'}{2E'} = y''$，于是我们得到方程

$$A'x''^2 + 2E'y'' = 0. \tag{II}$$

如果 $A' = 0$，$C' \neq 0$ 和 $D' \neq 0$，我们只要交换 x 和 y 的地位，就得到上述情形。

III. $A' \neq 0$，$C' = 0$，$E' = 0$. 仍然取 $\xi' = -\dfrac{D'}{A'}$，$\eta' = 0$，我们得到方程

$$A'x''^2 + F' = 0. \tag{III}$$

如果 $A' = 0$，$C' \neq 0$，$D' = 0$. 我们仍然可以交换 x 和 y 的地位。

以上已经穷尽了所有的可能性，因为 A' 和 C' 不能同时等于零，否则就会降低方程的次数，而我们知道在坐标变换下这次数是不会改变的。

总之，经过直角坐标的适当选取，每一个二次方程可以化成三种所谓"归范"方程(I)，(II)和(III)中的一个。

设方程有形状(I)(这种情形里 A' 和 C' 都不等于零). 如果 $F' \neq 0$，则可把方程(I)写成

$$\frac{x''^2}{-\dfrac{F'}{A'}} + \frac{y''^2}{-\dfrac{F'}{C'}} - 1 = 0,$$

然后，根据 A'，C'，F' 的符号，把它化成方程(1)，(2)和(4)中的一个. 如果 x''^2 的分母是负数，而 y''^2 的分母是正数，则还需要改变坐标轴的名称，改 $O''x''$ 为 $O''y''$ 和改 $O''y''$ 为 $O''x''$.

如果 $F' = 0$，则在把方程(I)改写成

$$\frac{x''^2}{\dfrac{1}{A'}} + \frac{y''^2}{\dfrac{1}{C'}} = 0$$

以后,我们引出方程(3)或者(5).

如果方程有形状(II)(在这种情形里 A' 和 E' 都不等于零),则在把它写成

$$x''^2 + \frac{2E'}{A'}\, y'' = 0$$

以后,只要把 $-\dfrac{E'}{A'}$ 记做 p 而且将轴 $O''x''$ 和 $O''y''$ 的名称改为 $O''y''$ 和 $O''x''$,我们就得到方程(6).

最后, 如果我们有形状(III)的方程(并且这时 $A' \neq 0$),则它可以改写成

$$x''^2 + \frac{F'}{A'} = 0,$$

我们就得到方程(7), (8)和(9)中的一个.

刚才证明了的, 关于每一个二次方程都可以化成 9 种标准形状中的一种的定理, 欧拉就已经详细地探讨过了. 欧拉书中的论证只是在形式上与刚才所引的有些不同罢了.

§9. 用三个数规定力、速度和加速度. 向量理论

紧接着欧拉以后, 拉格朗日作了重要的一步. 1788 年拉格朗日在他著的《解析力学》里把力、速度和加速度算术化了,完全像笛卡儿把点算术化一样. 拉格朗日引入他的书中的这个观念, 后来以所谓向量理论的形式出现,是在物理、力学和技术中的极重要的助手.

空间中的直角坐标 首先我们要指出, 不论是笛卡儿还是牛顿都没有能在空间中展开解析几何. 后来在十八世纪前半叶, 这就已经由克雷洛和拉盖尔做到了. 为了在空间中规定一个点 M, 我们取三条互相垂直的轴 Ox, Oy 和 Oz, 而且考虑点 M 到平面 Oyz, Oxz 和 Oxy 的距离, 这些距离取对应的符号就叫做点 M 的横坐标 x、纵坐标 y 和立坐标 z.

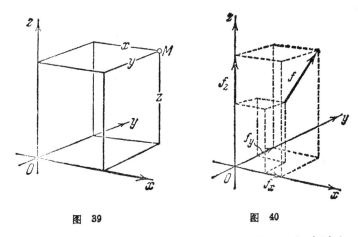

图 39　　　　　　　　　图 40

拉格朗日引入的力、速度和加速度的算术化　我们来讨论一个力 f(图 40). 在取定单位后, 它可以用具有确定的长度和方向的有向线段来表示. 拉格朗日说, 这个力 f 可以分解成沿着轴 Ox, Oy 和 Oz 的三个分力: f_x, f_y 和 f_z; 这些分力作为轴上的有向线段, 已经可以简单地用数来给定它们, 这些数的正负依赖于有向线段的方向是否与轴的正方向相同. 因此就可以讨论例如力 (2, 3, 4)或者力(1, -2, 5)等等. 当力按平行四边形定律相加时, 容易证明(后面将会做到这一点), 它们的对应的分力也相加. 举例说, 上面写过的两力之和是力 (2+1, 3$-$2, 4+5)$=$(3, 1, 9). 对于速度和加速度也可以做同样的工作, 在力学的全部问题中, 可以把联系力、速度和加速度的所有力学方程, 写成联系它们的分力的方程, 即单是联系数的方程; 只是每个方程都得写成三个方程: 一个关于 x 的, 第二个关于 y 的, 第三个关于 z 的.

正好在拉格朗日以后一百年, 数学和物理在当时发展着的电学理论的影响之下, 开始广泛地讨论这种有确定长度和方向的线段的一般理论. 这种线段就被称为向量.

向量理论在力学、物理和技术方面有很大的价值, 而它的叫做向量代数(以别于向量分析)的代数部分, 现在已经是解析几何的重要组成部分.

向量代数　任意的有向线段(不论它表示的是：力、速度、加速度还是任何别的东西)，即有已知长度和确定方向的线段，叫做向量.有同一长度和同一方向的两个向量叫做相等的，即在"向量"概念中考虑的只是它的长度和它的方向.向量可以相加.设给了向量 a, b, $\cdots$, d.从一个点引出向量 a, 然后从向量 a 的终点引出向量 b, 等等.我们得到了所谓向量折线 $ab\cdots d$(图 41).向量 m, 其起点与这折线的第一个向量 a 的起点重合，而其终点则与这折线的最后一个向量 d 的终点重合，这向量就叫做这些向量的和.

$$m = a + b + \cdots + d. \tag{11}$$

容易证明，向量 m 与各项 a, b, $\cdots$, d 选取的次序无关.

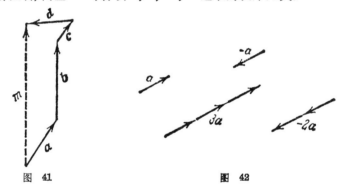

图 41　　　　　　　　　　　　　图 42

长度与向量 a 的长度相等，而方向则与它相反的向量，叫做它的反向量，而且记做 $-a$.

减去向量 a 就是指加上它的反向量.

普通的实数在向量计算里叫做数量，设给了向量 a(图 42)和数量 λ, 那末向量 a 乘上数量(数)λ 的乘积，即 λa, 是指这样一个向量，其长度等于向量 a 的长度 $|a|$ 乘上数 λ 的绝对值，而其方向当 $\lambda > 0$ 时与 a 相同，当 $\lambda < 0$ 时与 a 相反.

我们来讨论笛卡儿直角坐标系 $Oxyz$ 和向量 e_1, e_2, e_3, 这些向量都有单位长度而且方向分别与轴 Ox, Oy, Oz 的正方向相同.明显地，从原点 O 到空间中任意取的点 M(图 43)，可以先沿着向

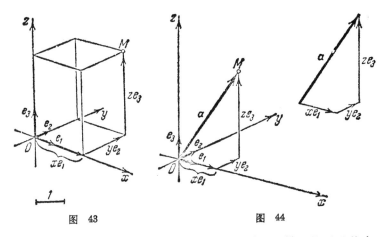

图 43   图 44

量 e_1 走若干"步"(正负整数、分数或无理数"步数"), 然后沿着向量 e_2 走若干"步", 最后沿着向量 e_3 走若干"步". 表明在这时沿向量 e_1, e_2, e_3 必须走若干"步"的数 x, y, z, 显然就是点 M 的笛卡儿坐标.

设给了一个向量 a; 我们让一个点从这向量的起点移动到它的终点, 而且把这个移动分解成平行于轴 Ox, Oy 和 Oz 的移动, 于是如果这时这个点平行于 Ox 轴移动 xe_1, 平行于 Oy 轴移动 ye_2, 平行于 Oz 轴移动 ze_3, 则

$$a = xe_1 + ye_2 + ze_3. \tag{12}$$

数 x, y, z 叫做向量 a 的 <u>坐标</u>. 当把向量 a 的起点放在坐标原点 O 上时, 这显然就是这个向量的终点 M 的坐标(图44). 由此可知, 当向量相加时它们的同名坐标相加, 相减时它们的同名坐标相减. 如果第一个向量沿 Ox 轴"挪动" xe_1, 第二个向量沿 Ox 轴"挪动" $x'e_1$, 则它们之和显然沿 Ox 轴"挪动" $(x+x')e_1$, 等等(图45). 还可以知道, 当向量乘上某个数时, 它的坐标也乘上这个数.

数量乘积和它的性质 如果给了两个向量 a 和 b, 则等于它们的长度乘上它们之间角 φ 的余弦的乘积 $|a||b|\cos\varphi$ 的数, 就叫做它们的数量乘积, 而且记做 ab 或者 (ab). 设 (x, y, z) 是向量 a 的坐标, $(\bar{x}, \bar{y}, \bar{z})$ 是向量 b 的坐标, 这时候数量乘积就等于

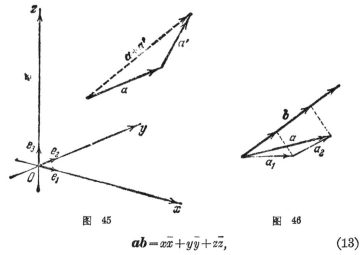

图 45　　　　　　　　图 46

$$ab = x\bar{x} + y\bar{y} + z\bar{z}, \tag{13}$$

即等于它们的同名坐标的乘积之和.

这个重要公式可以这样地来证明. 我们先作以下的注解:

1° 如果我们让数量乘积中的一个向量(例如向量 a) 乘上一个数 λ, 则整个数量乘积显然也乘上这同一个数, 即

$$(\lambda a)b = \lambda(ab).$$

2° 数量乘积是可分配的, 即如果向量 $a = c_1 + a_2$, 则 $ab = a_1 b + a_2 b$.

实际上, 这个等式的左边等于向量 b 的长度乘上向量 a 在向量 b 的轴上的投影数值(图 46), 而右边则等于向量 b 的长度乘上向量 a_1 和 a_2 在向量 b 的轴上的投影数值之和. 但是[1]

$$пр.\ a = пр.\ a_1 + пр.\ a_2,$$

这就证明了等式的正确性.

现在设给了两个向量 a 和 b, 而且它们对向量 e_1, e_2, e_3 的分解式是 $a = xe_1 + ye_2 + ze_3$, $b = \bar{x}e_1 + \bar{y}e_2 + \bar{z}e_3$, 那末

$$ab = (xe_1 + ye_2 + ze_3)(\bar{x}e_1 + \bar{y}e_2 + \bar{z}e_3).$$

根据分配性(2°), 括弧里的向量之和的数量乘积可以像多项式那

---

1) пр 是俄文 проекция (投影)的前两个字母, пр. a 代表向量 a 的投影数值. ——译者注

样相乘, 而根据(1°), 在所得到的每一项里都可以把数量因子放在前面, 所以

$$ab = x\bar{x}e_1e_1 + x\bar{y}e_1e_2 + x\bar{z}e_1e_3 + y\bar{x}e_2e_1 + y\bar{y}e_2e_2$$
$$+ y\bar{z}e_2e_3 + z\bar{x}e_3e_1 + z\bar{y}e_3e_2 + z\bar{z}e_3e_3.$$

但是 　　$|e_1| = |e_2| = |e_3| = 1$, $\cos 0° = 1$ 和 $\cos 90° = 0$.

因此 　　　　$e_1e_1 = 1$, 　　$e_1e_2 = 0$, 　　$e_1e_3 = 0$,

　　　　　　$e_2e_1 = 0$, 　　$e_2e_2 = 1$, 　　$e_2e_3 = 0$,

　　　　　　$e_3e_1 = 0$, 　　$e_3e_2 = 0$, 　　$e_3e_3 = 1$.

这样一来,

$$ab = x\bar{x} + y\bar{y} + z\bar{z}. \tag{14}$$

我们注意到, 如果向量 a 和 b 互相垂直, 则 $\varphi = 90°$, $\cos \varphi = 0$, 因而有等式

$$x\bar{x} + y\bar{y} + z\bar{z} = 0. \tag{15}$$

这就是容易验证的向量 a 和 b 互相垂直的条件.

两个方向之间的角 我们来讨论由其与坐标轴的夹角 α, β, γ 决定的方向. 通过坐标原点 O 引这个方向的直线, 而且在这直线上截取单位长度的线段 OA(图 47). 在这情形下, 点 A 的坐标 (即向量 $\overrightarrow{OA}$ 的坐标)正是 $\cos \alpha$, $\cos \beta$, $\cos \gamma$. 如果还有由角 $\bar{\alpha}$, $\bar{\beta}$, $\bar{\gamma}$ 给定的第二个方向, 则关于这第二个方向的类似的向量 $\overrightarrow{OB}$ 就有坐标 $\cos \bar{\alpha}$, $\cos \bar{\beta}$, $\cos \bar{\gamma}$(图 48). 设 φ 是这两个向量之间的

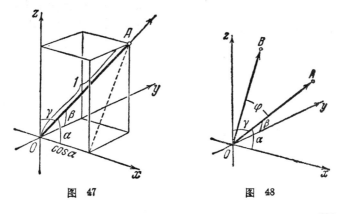

图 47　　　　　　　　　　　图 48

角,那末它们的数量乘积就等于 $1 \cdot 1 \cos \varphi$,于是我们求得

$$\cos \varphi = \cos \alpha \cos \bar{a} + \cos \beta \cos \bar{\beta} + \cos \gamma \cos \bar{\gamma}. \tag{16}$$

这是关于两个方向之间的角的余弦的重要公式.

§10. 空间解析几何.空间中的曲面的方程和曲线的方程

如果给了方程 $z = f(x, y)$,而且认为 x 和 y 分别是点的横坐标和纵坐标,z 是立坐标,则这个方程就表示一个曲面 P,从平面 Oxy 的点 (x, y) 上引出等于 z 的垂直线段,就可以得到这个曲面.这些垂直线段的端点的几何轨迹就给出由这方程表示的曲面.如果联系 x, y 和 z 的方程并未对 z 解出,则可以先把 z 解出,然后再来作出这个曲面 P. 一般在解析几何里,所谓由带三个变数 x, y, z 的方程表示的曲面,指的是空间中坐标 x, y, z 满足这个方程的全体点的集合(图 49).

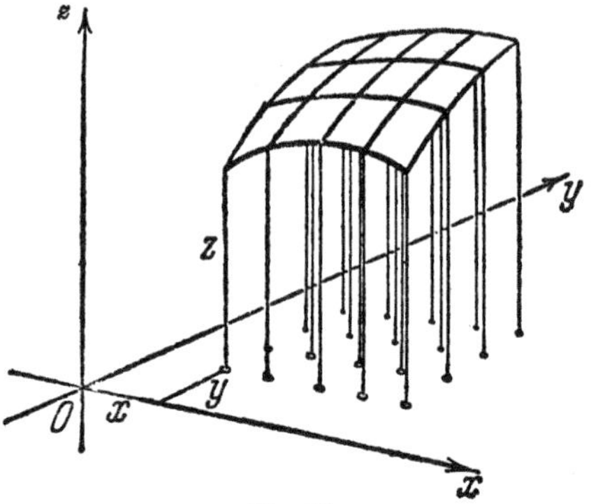

图 49

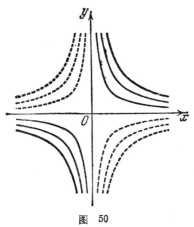

图 50

在第二章里就曾经说过,两个变数的函数 $f(x, y)$,不仅可以描述曲面 P,而且可以描述这曲面的水平线组,那就是让函数 $f(x, y)$ 取常数值时在平面 Oxy 上所表示的曲线.这曲线组显然

不是别的, 正是曲面 P 在平面 Oxy 上的地形图.

例 方程 $xy=z$ 给出例如这样的水平线: $\cdots$, $xy=-3$, $xy=-2$, $xy=-1$, $xy=0$, $xy=1$, $xy=2$, $xy=3$, $\cdots$它们全都是双曲线(图 50), 除掉曲线 $xy=0$, 这曲线正是一对坐标轴, 得到的显然是一个马鞍形曲面(图 51)(所谓双曲抛物面).

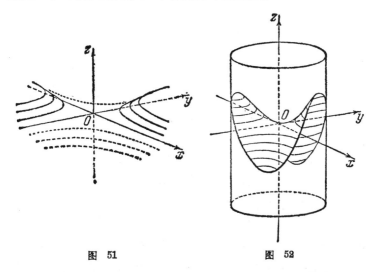

图 51   图 52

为了给定空间中的曲线, 可以用相交于这曲线的任何两个曲面 P 和 Q 的方程. 譬如说, 方程组

$$xy=z,$$
$$x^2+y^2=1$$

给定一条空间曲线(图 52). 方程 $xy=z$ 决定刚才讨论过的双曲抛物面, 方程 $x^2+y^2=1$ 决定一个圆柱面, 它有单位长的半径, 它的轴就是 Oz 轴. 因此所说的方程组给定抛物面与圆柱面的交线, 就画在图 52 上.

如果在这方程组里随意地取一个未知数(例如 x)的值, 然后对 y 和 z 来解这个组, 则得到的就是这曲线上各个点的坐标.

平面的方程和直线的方程 可以证明, 每一个带三个变数的一次方程

$$Ax + By + Cz + D = 0$$

表示一个平面,反过来也对. 根据以上所说,显然直线可以用一组两个这种方程来给定:

$$A_1 x + B_1 y + C_1 z + D_1 = 0,$$
$$A_2 x + B_2 y + C_2 z + D_2 = 0,$$

即作为两个平面的交线而给定.

带三个变数的一般的二次方程和它的十七个标准形状 带三个变数的二次方程

$$A_1 x^2 + A_2 y^2 + A_3 z^2 + 2B_1 yz + 2B_2 xz + 2B_3 xy$$
$$+ 2C_1 x + 2C_2 y + 2C_3 z + D = 0 \qquad (17)$$

包含 10 项. 就像对于带两个变数的方程所曾经做过的一样,可以证明,对应地让给定的直角坐标系绕原点旋转以后,可以把方程 (17) 化成

$$A_1' x'^2 + A_2' y'^2 + A_3' z'^2 + 2C_1' x' + 2C_2' y' + 2C_3' z' + D = 0, \qquad (18)$$

即消去了变数乘积的项. 只是与平面的情形相比,证明这样地简化方程的可能性现在要困难得多. 证明的难点就在于:平面上绕点的旋转由一个角 φ 决定,我们那时就选取了一个角. 然而在空间中,立体绕不动点的旋转由三个不相关的角(欧拉角)φ, θ, ψ 决定,并且是十分复杂的. 所以必须通过迂回的途径(参看第三卷第十六章里利用正交变换把二次齐式化成平方和的理论)来证明在方程中消去变数乘积项的可能性. 然后,也象在平面上一样,再作某个平行移轴而且把方程约简,此后方程 (18) 终于具有下列标准形状中的一个:

1) $\dfrac{x^2}{a^2} + \dfrac{y^2}{b^2} + \dfrac{z^2}{c^2} - 1 = 0$ 椭圆面

2) $\dfrac{x^2}{a^2} + \dfrac{y^2}{b^2} + \dfrac{z^2}{c^2} + 1 = 0$ 虚椭圆面

3) $\dfrac{x^2}{a^2} + \dfrac{y^2}{b^2} - \dfrac{z^2}{c^2} - 1 = 0$ 单叶双曲面

4) $\dfrac{x^2}{a^2} + \dfrac{y^2}{b^2} - \dfrac{z^2}{c^2} + 1 = 0$ 双叶双曲面

5) $\dfrac{x^2}{a^2}+\dfrac{y^2}{b^2}-\dfrac{z^2}{c^2}=0$ 二次锥面

6) $\dfrac{x^2}{a^2}+\dfrac{y^2}{b^2}+\dfrac{z^2}{c^2}=0$ **虚二次锥面**

7) $\dfrac{x^2}{a^2}+\dfrac{y^2}{b^2}-2cz=0$ 椭圆抛物面

8) $\dfrac{x^2}{a^2}-\dfrac{y^2}{b^2}-2cz=0$ 双曲抛物面

9) $\dfrac{x^2}{a^2}+\dfrac{y^2}{b^2}-1=0$ 椭圆柱面

10) $\dfrac{x^2}{a^2}+\dfrac{y^2}{b^2}+1=0$ 虚椭圆柱面

11) $\dfrac{x^2}{a^2}+\dfrac{y^2}{b^2}=0$ 一对虚的相交平面

12) $\dfrac{x^2}{a^2}-\dfrac{y^2}{b^2}-1=0$ 双曲柱面

13) $\dfrac{x^2}{a^2}-\dfrac{y^2}{b^2}=0$ 一对相交的平面

14) $y^2-2px=0$ 抛物柱面

15) $x^2-a^2=0$ 一对平行的平面

16) $x^2+a^2=0$ 一对虚的平行平面

17) $x^2=0$ 一对重合的平面

最后九个标准方程(9)—(17)不包含带 z 的项而且正是平面 Oxy 上二次曲线的标准方程. 在空间中这些方程都表示柱面, 它们的导线是在平面 Oxy 上的对应的二次曲线, 它们的母线平行于 Oz 轴. 实际上, 如果这些方程中的任何一个被坐标 $(x_1, y_1, 0)$ 的点所满足, 则它也被坐标 (x_1, y_1, z) 的点所满足, 这时 z 可以任意地取值, 因为在方程中根本没有带 z 的项.

在方程(1)—(8)中容易看出, 方程(2)不被任何有实数坐标 (x, y, z) 的点所满足, 而方程(6)则只被一个这样的点 $(0, 0, 0)$——坐标原点所满足. 因此, 剩下只要研究六个方程: (1), (3), (4),

(5), (7), (8).

椭圆面 我们来比较由方程 $\frac{x^2}{a^2}+\frac{y^2}{b^2}+\frac{z^2}{c^2}-1=0$ 表示的曲面和由方程 $x^2+y^2+z^2-1=0$ 表示的曲面. 其中第二个方程显然

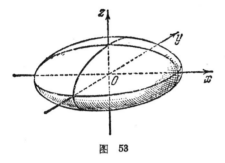

图 53

是一个球面 C 的方程, 这球面以坐标原点为中心而且半径等于1, 这是因为 $x^2+y^2+z^2$ 是从点(x, y, z)到原点 O 的距离的平方. 如果(x, y, z)是球面 C 上的点, 即满足第二个方程, 则(ax, by, cz)是坐标满足第一个方程的点. 因此, 由第一个方程表示的曲面可以这样地从球面 C 得到, 只要把球面上点的所有横坐标 x 换成 ax, 纵坐标 y 换成 by, 立坐标 z 换成 cz, 即只要让球面 C 作背着平面 Oyz, Oxz 和 Oxy 而且有伸展系数 a, b 和 c 的均匀伸展. 这个曲面叫做椭圆面(图 53).

双曲面和二次锥面 现在我们来讨论方程(3), (4)和(5), 即讨论下列形状的方程:

$$\frac{x^2}{a^2}+\frac{y^2}{b^2}-\frac{z^2}{c^2}=\delta, \tag{19}$$

这里 $\delta=1$, -1 或 0. 我们来比较这个方程与方程

$$\frac{x^2}{a^2}+\frac{y^2}{a^2}-\frac{z^2}{c^2}=\delta, \tag{20}$$

这后一个方程中 y^2 的分母也是 a^2, 而不像方程(19)中是 b^2. 与以前作过的注解类似, 曲面(19)从曲面(20)经过背着平面 Oxz 作系数 b/a 的伸展而得到.

现在让我们来看一下曲面(20)是什么. 我们取垂直于 Oz 轴的任何平面 $z=h$, 来研究它与曲面(20)的交线. 把 $z=h$ 代入方程(20), 我们得到方程

$$x^2+y^2=a^2\left(\delta+\frac{h^2}{c^2}\right).$$

如果 $\delta+\dfrac{h^2}{c^2}$ 是正数，则得到的方程与方程 $z=h$ 共同给出一个圆，这个圆处在平面 $z=h$ 上而且有中心在 Oz 轴上. 如果 $\delta+\dfrac{h^2}{c^2}$ 是负数(这只有当 $\delta=-1$ 而且 h^2 较小时才可能)，则平面 $z=h$ 根本不与曲面(20)相交，因为平方和 x^2+y^2 不能是负数.

因此，整个曲面(20)由圆组成，这些圆处在垂直于 Oz 轴的平面上而且有中心在 Oz 轴上. 但是在这种情形下，曲面(20)是绕 Oz 轴的旋转曲面. 于是只要让它与通过 Oz 轴的任何平面相交来求出它的"经线"，即求出处在通过旋转轴的平面上的、由它来转出曲面的曲线.

我们让曲面(20)与坐标平面 Oxz(即平面 $y=0$)相交 (图 54)，把 $y=0$ 代入方程(20)，我们就得到经线的方程

$$\frac{x^2}{a^2}-\frac{z^2}{c^2}=\delta.$$

当 $\delta=1$ 时它是双曲线 I，当 $\delta=-1$ 时它是双曲线 II，当 $\delta=0$ 时它是一对相交的直线 III. 在旋转下它们给出所谓单叶旋转双曲面(图 55)、双叶旋转双曲面(图 56)和正圆锥面(图 57).

抛物面 还剩下方程(7)和(8). 我们来比较其中的第一个方程

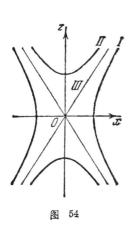

图 54

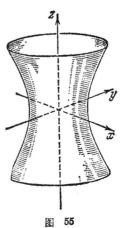

图 55

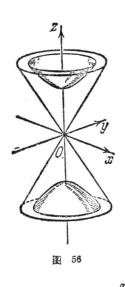

图 56

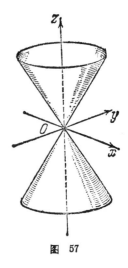

图 57

与方程

$$\frac{x^2}{a^2} + \frac{y^2}{b^2} = 2cz$$

$$\frac{x^2}{a^2} + \frac{y^2}{a^2} = 2cz,$$

后者经过与上段相类似的研究可以肯定，它表示的是由抛物线 $x^2 = 2a^2cz$ 绕 Oz 轴旋转而得到的曲面——所谓旋转抛物面(图 58)，我们在谈论抛物面镜时已经提到它了．一般的椭圆抛物面(7)从旋转抛物面经过背着平面 Oxz 的伸展而得到．

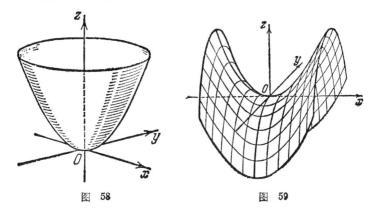

图 58   图 59

曲面(8)必须用另一种方式来研究：例如研究它与平面 $z=h$ 的交线，它们都是双曲线．曲面(8)的水平线图画在图 50 上．我们还在图 51 上看到这曲面对于坐标轴的另一个位置．它有图 59 上所画的形状，而且叫做双曲抛物面．它与平行于平面 Oxz 的平面的交线是相同的抛物线．平行于平面 Oyz 的平面也截出相同的截线．

单叶双曲面的直母线　单叶双曲面和双曲抛物面也像锥面和柱面一样，可以从移动直线而得到，这是非常奇妙但是并不十分显然的．在双曲面的情形，这只要对于单叶旋转双曲面 $\dfrac{x^2}{a^2}+\dfrac{y^2}{a^2}-\dfrac{z^2}{c^2}=1$ 证明就成了，因为一般的单叶双曲面从它作背着平面 Oxz 的均匀伸展而得到，而在这种伸展下，任意直线都还变成直线．让旋转双曲面与平行于平面 Oxz 的平面 $y=a$ 相交．用 $y=a$ 代入．我们得到

$$\frac{x^2}{a^2}+\frac{a^2}{a^2}-\frac{z^2}{c^2}=1 \quad \text{或者} \quad \frac{x^2}{a^2}-\frac{z^2}{c^2}=0.$$

但是这个方程与方程 $y=a$ 共同给出平面 $y=a$ 上的一对直线： $\dfrac{x}{a}-\dfrac{z}{c}=0$ 和 $\dfrac{x}{a}+\dfrac{z}{c}=0$.

总之，我们已经发现，在双曲面上有着一对相交的直线．现在如果让双曲面绕 Oz 轴旋转，则这两条直线中的每一条直线显然都扫过整个双曲面（图 60）．

容易证明：1)得到的同一族中的任意两条直线都不在一个平面上（即所谓相错），2)一族中的任意直线与另一族中的所有直线都相交（除掉与它相对的一条直线，那是与它平行的），3)同一族中的任意三条直线都不平行于同一个平面．

图 60

利用火柴和针，容易得到关于单叶旋转双曲面的形象．如果用针穿过一根火柴的中部，而且把另一根火柴的中部穿在针的尖

端,使它与第一根火柴有平行的位置,则在以第一根火柴为轴作旋转时,第二根火柴画出一个圆柱面(图61).而如果第二根火柴垂直地穿在针上,但是不平行于第一根火柴,则它在同样的旋转下就画出一个旋转单叶双曲面,在转得很快时我们可以很好地看到它(图62).

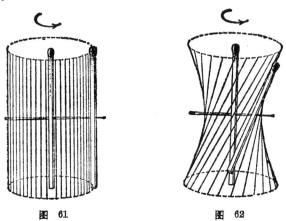

图 61　　　　　　　图 62

二次方程研究的总结　　虽然一般的带三个变数的二次方程可以表示十七种本质上不同的曲面,但是要记住这些曲面并不困难.其中最后九种正是立在九种可能的二次曲线上的柱面.而前面八种则分成四对:两个椭圆面(实的和虚的),两个双曲面(单叶的和双叶的),两个二次锥面(实的和虚的)和两个抛物面(椭圆的和双曲的).所有这些曲面在力学、物理和技术中都起着重要的作用.(惯性椭圆面,弹性椭圆面,物理学中罗仑兹变换里的双曲面,抛物面镜的旋转抛物面,等等.)

§11. 仿射变换和正交变换

解析几何下一步重要的发展是在其中(而且一般地在几何学中)引入变换理论.这需要详细说明一下为什么.

平面向着直线的"压缩"　　我们来讨论一个非常简单的平面变

换——向着直线的具有系数 k 的"压缩". 设在平面上给了直线 a 和一个正数 k, 例如 $k=\dfrac{2}{3}$. 我们让直线 a 的全部点留在原地, 而把不在这直线上的每一个点 M, 换成这样一个点 M', 点 M' 与点 M 处在直线 a 的同侧, 而且与 M 同在 a 的一条垂直线上, 但是从点 M' 到直线 a 的距离等于从点 M 到直线 a 的距离的 $\dfrac{2}{3}$. 如果系数 k 像刚才那样小于1, 则作的是真正的平面向着直线的压缩; 而如果 k 大于1, 则作的将是平面背着直线的伸展, 但是为了方便起见, 在这两种情况下我们都说是"压缩", 只是把"压缩"这个词放在引号里.

被变换的点和图形叫做原像, 而它所变换成的东西则叫做它的像. 举例说, 点 M' 是点 M 的像(图 63).

让我们来证明, 在平面向着直线的均匀"压缩"下, 平面上的每一条直线都变成直线. 实际上, 设平面以"压缩"系数 k 被"压"向处在这平面上的直线 a. 设 b 是平面上的任意直线, O 是它与直线 a 的交点, B 是它的任意别的点, BA 是从这个点引到直线 a 上的垂直线(图 64). 经过"压缩", 点 B 变成这垂直线上的一个点 B', 使 $B'A = k \cdot BA$. 所以角 $B'OA$ 的正切就等于 $\dfrac{AB'}{OA} = \dfrac{k \cdot AB}{OA}$, 即等于直线 b 与直线 a 的夹角的正切的 k 倍, 这就是说, 对于由直线 b 上不同的点变成的所有点 B' 说, 角 $B'OA$ 的正切都相同. 因此, 所有的点 B' 处在同一条直线上, 这直线通过点 O 而且与直线 a 的夹角有这样的正切.

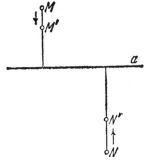

图 63

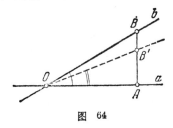

图 64

在"压缩"下,平行直线还成为平行直线. 实际上,如果直线 b 和 c 与直线 a 的夹角有相同的正切,则它们的像 b' 和 c' 与 a 的夹角的正切因为都与上述正切相差一个因子 k,所以也彼此相同,即直线 b' 和 c' 也彼此平行.

平面上的每一个直线段在平面向着直线的"压缩"下均匀地缩短(或者伸长,虽然对于不同方向的线段它们的伸缩程度是不同的). 所谓"均匀"缩短,我们是说,线段的中点还是中点,三分点还是三分点,等等,这就是说,线段就其长度说均匀地受到压缩. 实际上,不管点 M 分线段 M_1M_2 成什么比值,它的像 M' 分这线段的像 $M_1'M_2'$ 成同一个比值,这是因为平行直线(现在是直线 a 的垂直线)分它们的割线(这时是 b 和 b')为成比例的部分(图 65).

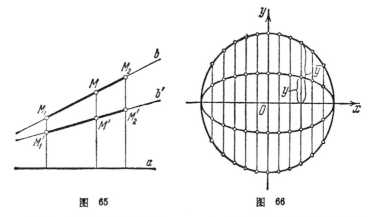

图 65　　　　　　　　图 66

椭圆是圆经过"压缩"的结果　我们来讨论以原点为中心而且有半径 a 的圆. 根据毕达哥拉斯定理,它的方程是 $x^2+\bar{y}^2=a^2$. 我们不写 y,而写 $\bar{y}$,是因为我们在以后还要用到 y. 我们来看一下,当平面向着 Ox 轴作系数 $\dfrac{b}{a}$ 的"压缩"时(图 66),这个圆将会变成什么. 经过这种"压缩",所有点的 x 值保留原来的,而 $\bar{y}$ 值则变成等于 $y=\bar{y}\dfrac{b}{a}$,即 $\bar{y}=\dfrac{a}{b}y$. 把 $\bar{y}$ 代入上面写出的圆的方程,我们就有:$x^2+\dfrac{a^2}{b^2}y^2=a^2$ 或者 $\dfrac{x^2}{a^2}+\dfrac{y^2}{b^2}=1$,这就是由所说的圆

经过向着 Ox 轴的压缩而得到的曲线在同样的坐标轴里的方程. 我们看到, 得出的是椭圆. 总之, 我们证明了, 椭圆是圆经过"压缩"的结果.

由于椭圆是圆经过"压缩"的结果, 由此直接得出椭圆的很多性质. 举例说, 前面提过直径的性质: 如果给了椭圆的平行割线, 则这些割线上的弦的中点处在一条直线上(图12). 这个性质就可以用下列方法证明. 我们作相反的伸展把椭圆变成圆. 这时椭圆的平行弦变成圆的平行弦, 而它们的中点则变成这些弦的中点. 但是圆的平行弦的中点处在它的直径上, 即处在一条直线上, 因此, 椭圆的平行弦的中点也在一条直线上. 那就是说, 当这个圆经过"压缩"变成椭圆时, 圆的直径还变成一条直线, 这些中点就处在这条直线上.

下面是"压缩"理论的另一个应用. 因为圆的每一个铅垂的长条, 当它压向 Ox 轴时, 并不改变其宽度, 而改变其长度为 b/a 倍, 所以这长条的面积在压缩后等于原先的面积乘上 b/a, 而因为圆的面积等于 πa^2, 所以对应的椭圆的面积等于 $\pi a^2 \dfrac{b}{a} = \pi ab$.

解更复杂的问题的例子 设给了一个椭圆, 需要找出外切于这个椭圆的最小面积的三角形. 我们先对圆来解这个问题. 我们

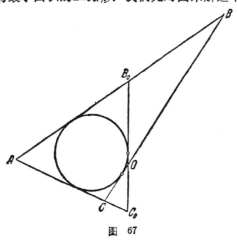

图 67

来证明, 在圆的情形, 这三角形是等边三角形. 实际上, 设外切三角形不是等边的, 即它的最小角(我们把它记做 B)小于 $60°$, 而最大角 $C>60°$. 于是, 不改变角 A, 而把边 BC 变成边 B_0C_0 (图 67), 这时我们让顶点 B 向着 A 移动, 直到角 B_0 和 C_0 中有一个变得等于 $60°$ 为止. 我们得到一个有较小面积的外切三角形 AB_0C_0, 因为这时[1]有 $OC<OB$, $OC_0 \leqslant OB_0$, 因而割下的面积 OBB_0 大于添上的面积 OCC_0. 如果得到的三角形还不是等边的, 则再一次重复全部的论证, 我们还可以把它的面积再减小而化成等边三角形. 因此, 外切于已知圆的每一个不等边的三角形, 都有比等边三角形大的面积.

现在我们转到椭圆. 背着椭圆的长轴作这样的伸展, 把它变成原来经过"压缩"而得到它的圆. 在这种伸展下(图 68): (1) 所有外切于椭圆的三角形, 都变成外切于所得到的圆的三角形; (2) 所有图形的面积, 特别是所有这些三角形的面积, 都增大同一个倍数. 由此我们看到, 外切于椭圆的最小面积的三角形, 就是那些由外切于圆的等边三角形变成的三角形, 这种三角形有无穷多个, 它们的重心都在椭圆的中心处, 切点是它们各边的中点. 从刚才提到过的圆出发, 很容易作出每一个这种的三角形(图 68).

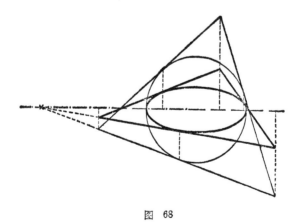

图 68

---

1) 这是易于证明的.

平面向着直线的"压缩"只不过是平面上更一般的所谓仿射变换的一种特殊情形.

一般的仿射变换 我们把从一个公共起点 O 引出的两个不在一条直线上的向量 e_1, e_2, 叫做平面上的坐标"架". 平面上的点 M 对于这种标架 Oe_1e_2 的坐标是指这样的数 x, y, 从原点 O 到点 M, 必须从点 O 放置向量 e_1x 次, 然后放置向量 e_2y 次. 这是平面上的一般的笛卡儿坐标. 同样可以定义空间中的一般的笛卡儿坐标. 我们在这以前所利用的普通所谓的直角笛卡儿坐标是它的一种特殊情形, 相当于坐标向量互相垂直, 而且它们的长度都等于我们取来测量所有线段的长度的尺度单位的长度.

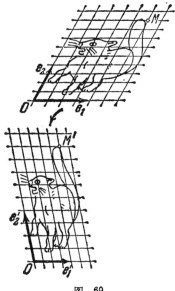

一般的平面仿射变换是这样的一种变换, 它把给定的相等平行四边形的网变成任何别的相等平行四边形的网. 确切地说, 它是这样的平面变换, 它把给定的坐标架 Oe_1e_2 变成一个别的标架(一般地说, 具有另外的"度量", 即其向量有另外的长度和另外的夹角), 而任意点 M 则变成这样的点 M', 点 M' 对于新标架的坐标与点 M 对于旧标架的坐标相同(图 69).

图 69

点 M 则变成这样的点 M', 点 M' 对于新标架的坐标与点 M 对于旧标架的坐标相同(图 69).

向着 Ox 轴的具有系数 k 的压缩是这样一种特殊的仿射变换,

它把直角标架 Oe_1e_2 变成标架 Oe_1ke_2.

很容易可以证明，在一般的仿射变换下也有：直线变成直线，平行直线变成平行直线，而且如果有一个点分一个线段成某个比值，则这点的像也分这线段的像成同一个比值. 此外，可以证明一个值得注意的定理：可以这样地得出任何平面仿射变换，先让平面当做一个刚体沿自身作一次移动，然后向着两条互相垂直的直线作两个"压缩"，这两个"压缩"一般说具有不同的系数 k_1 和 k_2.

为了证明这个断言，我们来察看被变换的平面上一个圆的所有半径(图 70). 设半径 OA 是经过变换后变得最短的半径，设它变成 $O'A'$. 于是 OA 的垂直线 AB 也变成 $O'A'$ 的垂直线 $A'B'$，因为如果另有与 $O'A'$ 不同的垂直线 $O'C'$，则它是倾斜线 OC 的像而且半径 OD 的像 $O'D'$ 是垂直线 $O'C'$ 的一部分，即短于倾斜线 $O'A'$，与假设相违背.

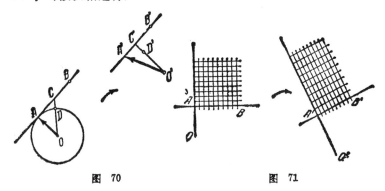

图 70 　　　　　　　　　　　图 71

因而互相垂直的直线 OA 和 AB 变成互相垂直的直线 $O'A'$ 和 $A'B'$. 因此，作在 OA 和 AB 上的正方形网变成一个相等的长方形网(图 71)，而且均匀"压缩"就沿着这个正方形网的直线而进行.

完全同样地可以这样来定义一般的空间仿射变换：它把空间的坐标架 $Oe_1e_2e_3$ 变成另外一个标架 $O'e'_1e'_2e'_3$，后者一般地说具有另外的"度量"，即坐标向量有另外的长度和另外的夹角；它还把任意点 M 变成一个点 M'，点 M' 对于新标架的坐标与点 M 对于旧标架的坐标相同.

空间**仿射变换**也具有我们所列举过的全部性质，只是在最后的定理中，在空间情形提到的是空间作为刚体的移动，然后是向着三个互相垂直的平面的具有某些系数 k_1, k_2, k_3 的三个"压缩".

仿射变换的最重要的应用

1) 在几何学中用来解决有关于图形的仿射性质的问题. 所谓仿射性质是指在仿射变换下保留不变的性质. 关于椭圆直径的定理和关于外切三角形的问题就是这种问题的例子. 为了解决同类的问题，用仿射变换把一个图形变成一个比较简单的图形，在后一个图形中发掘所求的性质，然后再回到原来的图形.

2) 在解析几何学中用来作二次曲线和二次曲面的分类. 事实是：可以证明，不同的椭圆在经过仿射变换可以彼此变换的意义下是彼此同类的（**仿射**的拉丁原文 *affinis* 本来就是同类的意思）. 同样地，所有双曲线是彼此仿射的，所有抛物线也是彼此仿射的. 但是在任何仿射变换下，椭圆决不能变成双曲线或抛物线，双曲线也不能变成抛物线，这就是说，它们彼此是仿射的不同类的. 自然可以把所有二次曲线分成彼此仿射同类的曲线所组成的仿射类. 原来把方程化成标准形状正好给出了这种分类，即二次曲线的仿射类是九个. （我们不预备详细说明为什么虚椭圆和一对虚的平行直线归于不同的仿射类. 严格地说，在平面上根本没有这样两种曲线. 谈到的已经是方程本身的代数性质了.）

同样地，二次曲面按其十七种标准方程的分类也是仿射分类.

让我们来给出一个应用二次曲面仿射分类的例子. 我们来证明，如果在空间中任意地选取这样三条直线 a, b, c；1）其中任何两条都不在一个平面上（即相错）和 2）它们三条不同时平行于同一个平面，则空间中同时与所说三条直线 a, b 和 c 都相交的所有直线 d 的集合（图 72）形成整个一个单叶双曲面.

我们先指出这里谈到的直线 d 的集合是怎样的. 通过直线 a 的任意点 A 可以引包含直线 b 的平面 P 和包含直线 c 的平面 Q，这两个平面 P 和 Q 相交于唯一的直线 d，它通过直线 a 的点 A

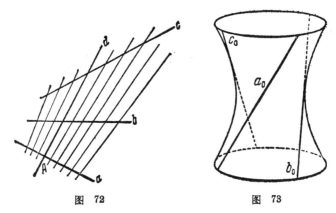

图 72　　　　　　　图 73

而且与直线 b 和 c 相交. 通过直线 a 上的每个点都引这样的直线 d, 我们就得到空间中与所有三条已知直线 a, b 和 c 都相交的直线 d 的集合. 这个直线集合形成一个曲面. 我们注意到, 每一个给定的单叶双曲面都可以这样地得出, 只要取同一族的三条不同的直母线 a_0, b_0, c_0 作为直线 a, b 和 c (图 73), 而取另一族的所有母线作为直线 d. 反过来, 设给了空间中的任意三条两两相错的直线 a, b, c, 它们不同时平行于同一个平面. 那末可以证明, 它们总是某个平行六面体的三条两两的没有公共点的棱所在的直线 (图 74). 对于给定的直线 a, b, c 作出这样的平行六面体, 对于某个单叶双曲面上同一族的三条母线 a_0, b_0, c_0 也这样办, 然后我们来作把平行六面体 a_0, b_0, c_0 变成平行六面体 a, b, c 的空间仿射变换; 它显然把这个双曲面变成我们所讨论的曲面. 但是根据二次曲面的仿射分类, 单叶双曲面的仿射像仍然是单叶双曲面.

3) 应用于密集物质的连续变换的理论, 例如弹性理论、流体理论、电磁场理论等等. 所讨论的密集物质的很小的元素"几乎"是仿射地变换的. 这就是所谓"局部的线性变换"(线性指的是一次式, 而在下一段里我们将会看到, 在解析几何里仿射变换的公式正是一次的). 在图 75 上就可以看出来, 大的正方形网有了显著的变形, "扇子似地"散开了, 等等. 对不大的方块中的很小的正方形网来说, 这一切就表现得很不显著了, 而且这小正方形网"几乎"

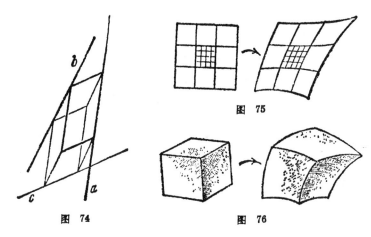

图 74

图 75

图 76

变成一个相等的平行四边形网了．在空间中也可以得到同样的图像(图 76)．由于空间的仿射变换可以化成一个移动和三个互相垂直的"压缩"，由此可知，物体的小块在弹性下所受的变化，首先是作为刚体的移动，此外还经受三个互相垂直的"压缩".

仿射变换的公式

如果 Oe_1e_2 是经受仿射变换的标架，$O'e_1'e_2'$ 是它的像，而且新原点 O' 对于旧标架的坐标是 ξ, η，而向量

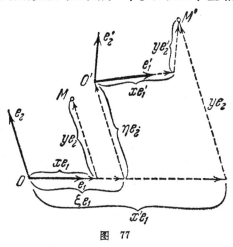

图 77

e_1' 和 e_2' 对于旧标架的坐标是 a_1, a_2 和 b_1, b_2，从图 77 中很容易看出，仿射变换的公式是

$$x' = a_1x + b_1y + \xi,$$
$$y' = a_2x + b_2y + \eta.$$

这公式的意思是这样：如果 x, y 是任意点 M 对于旧标架 Oe_1e_2 的

坐标,则由这两个公式表出的 x', y' 是这个点的像 M' 对于同一个旧标架的坐标.

实际上, 设 Oe_1e_2 是被变换的标架, $O'e_1'e_2'$ 是它的像, M 是平面上任何一个被变换的点, M' 是它的像. 那末根据仿射变换的定义, 如果点 M 对于标架 Oe_1e_2 的坐标是 x, y, 则这点的像 M' 对于这标架的像 $O'e_1'e_2'$ 的坐标是同样的 x, y.

现在我们来考虑从被变换的标架的原点 O 引到点 M 的像 M' 的向量 $\boldsymbol{m'}$. 这时 $\boldsymbol{m'}=x'\boldsymbol{e_1}+y'\boldsymbol{e_2}$. 但是这个向量等于以下的向量和

$$\boldsymbol{m'}=\xi\boldsymbol{e_1}+\eta\boldsymbol{e_2}+x\boldsymbol{e_1'}+y\boldsymbol{e_2'},$$

而向量 $\boldsymbol{e_1'}$ 和 $\boldsymbol{e_2'}$ 又是

$$\boldsymbol{e_1'}=a_1\boldsymbol{e_1}+a_2\boldsymbol{e_2}, \quad \boldsymbol{e_2'}=b_1\boldsymbol{e_1}+b_2\boldsymbol{e_2},$$

因此, $\quad \boldsymbol{m'}=\xi\boldsymbol{e_1}+\eta\boldsymbol{e_2}+a_1x\boldsymbol{e_1}+a_2x\boldsymbol{e_2}+b_1y\boldsymbol{e_1}+b_2y\boldsymbol{e_2},$

或者 $\quad \boldsymbol{m'}=(a_1x+b_1y+\xi)\boldsymbol{e_1}+(a_2x+b_2y+\eta)\boldsymbol{e_2}.$

比较 $\boldsymbol{m'}$ 的这个得到的表达式和上面的第一个表达式, 我们得到

$$\left.\begin{aligned}x'&=a_1x+b_1y+\xi,\\ y'&=a_2x+b_2y+\eta.\end{aligned}\right\} \tag{21}$$

可以证明, 行列式

$$\varDelta=\begin{vmatrix} a_1 & b_1 \\ a_2 & b_2 \end{vmatrix}=a_1b_2-a_2b_1$$

不等于零而等于这样两个平行四边形的面积的比值, 第一个平行四边形是作在新标架的向量上的, 第二个平行四边形是作在旧标架的向量上的.

同样地可以得到空间的公式

$$\left.\begin{aligned}x'&=a_1x+b_1y+c_1z+\xi,\\ y'&=a_2x+b_2y+c_2z+\eta,\\ z'&=a_3x+b_3y+c_3z+\zeta,\end{aligned}\right\} \tag{22}$$

这里 (ξ, η, ζ) 是变换成的标架 $O'e_1'e_2'e_3'$ 的原点 O' 对于被变换的标架 $Oe_1e_2e_3$ 的坐标, (a_1, a_2, a_3), (b_1, b_2, b_3), (c_1, c_2, c_3) 是向量 $\boldsymbol{e_1'}$, $\boldsymbol{e_2'}$, $\boldsymbol{e_3'}$ 的坐标.

行列式[1]

$$\varDelta = \begin{vmatrix} a_1 & b_1 & c_1 \\ a_2 & b_2 & c_2 \\ a_3 & b_3 & c_3 \end{vmatrix} = a_1b_2c_3 + a_2b_3c_1 + a_3b_1c_2 - a_1b_3c_2 - a_2b_1c_3 - a_3b_2c_1$$

不等于零而等于这样两个平行六面体的体积的比值，其中第一个是作在新标架的向量上的, 第二个是作在旧标架的向量上的.

正交变换 平面作为刚体沿着自身的移动, 以及这种移动加上对平面上某条直线的反射, 都叫做平面的正交变换. 空间作为刚体的移动, 以及这种移动加上空间对某个平面的反射, 都叫做空间的正交变换. 明显地, 正交变换是这样的仿射变换, 它不改变标架的"度量", 即它只是经受移动, 或者经受移动加上反射.

我们利用直角坐标来研究正交变换, 即这时原来标架的向量互相垂直而且有长度等于绝对尺度单位, 经过正交变换, 标架的向量依然互相垂直(即它们的数量乘积等于零)而且它们的长度还等于1. 所以[参看第231页公式(14)]在平面的情形我们有

$$a_1b_1 + a_2b_2 = 0, \quad a_1^2 + a_2^2 = 1, \quad b_1^2 + b_2^2 = 1, \tag{21'}$$

而在空间的情形

$$a_1b_1 + a_2b_2 + a_3b_3 = 0, \quad a_1^2 + a_2^2 + a_3^2 = 1,$$
$$a_1c_1 + a_2c_2 + a_3c_3 = 0, \quad b_1^2 + b_2^2 + b_3^2 = 1, \tag{22'}$$
$$b_1c_1 + b_2c_2 + b_3c_3 = 0, \quad c_1^2 + c_2^2 + c_3^2 = 1.$$

所以, 如果原来的标架是直角标架, 则公式(21)在而且只在正交条件(21')成立时才给出平面的正交变换, 而公式(22)在而且只在正交条件(22')成立时才给出空间的正交变换. 可以证明, 如果 $\varDelta > 0$, 则这是移动, 而如果 $\varDelta < 0$, 则这是移动加上反射.

§12. 不变量[2] 理论

不变量观念. 带两个变数的二次方程的不变量 在上一个世

---
1) 关于行列式请参看第三卷第十六章.
2) 拉丁原文 invariant, 意思是不变.

纪的后半还引入了一个重要的新的概念——不变量的概念.

例如我们考虑带两个变数的二次多项式

$$Ax^2 + 2Bxy + Cy^2 + 2Dx + 2Ey + F. \qquad (23)$$

如果把 x, y 看做直角坐标而且作从它们变到新直角坐标轴的变换，则在把(23)式中的 x, y 用它们以新坐标 x', y' 表达的式子代入以后，经过脱括弧和归并同类项，我们得到一个具有另外一些系数的变换成的新多项式

$$A'x'^2 + 2B'x'y' + C'y'^2 + 2D'x' + 2E'y' + F'. \qquad (24)$$

原来，存在着由系数组成的一些式子，它们的数值经过变换并不改变，虽然这些系数本身却改变了. 这种由 A', B', C', D', E', F' 组成的式子，它的数值就与它们是由 A, B, C, D, E, F 组成时相同.

这种式子叫做多项式(23)对于正交变换群的不变量（也就是对于从一组直角坐标 x, y 到任何另一组直角坐标 x', y' 的变换说的不变量）.

下面就是这样的一些不变量：

$$I_1 = A + C,$$

$$I_2 = \begin{vmatrix} A & B \\ B & C \end{vmatrix} = AC - B^2,$$

$$I_3 = \begin{vmatrix} A & B & D \\ B & C & E \\ D & E & F \end{vmatrix} = ACF + 2BDE - AE^2 - CD^2 - FB^2,$$

即

$$A + C = A' + C', \quad AC - B^2 = A'C' - B'^2,$$

$$ACF + 2BDE - AE^2 - CD^2 - FB^2$$

$$= A'C'F' + 2B'D'E' - A'E'^2 - C'D'^2 + F'B'^2.$$

可以证明这样一个重要的定理：多项式(23)的任何一个正交不变量都可以通过这三个基本不变量来表达.

如果让多项式(23)等于零，则我们就得到一条二次曲线的方程. 与这曲线本身有关而与这曲线在平面上的位置无关的每一个量，显然不依赖于它的方程是在那样的坐标里写出的，所以如果它

可以通过系数来表达，则这个表达式就是多项式(23)的正交不变量，因此，根据上面所说的定理，它就可以通过这三个基本的不变量来表达．再有，因为在用任意不是零的已知数 t 去乘所说方程的所有六个系数时，由这方程所表示的曲线依然是原来的，所以通过 I_1, I_2, I_3 来表达每一个只与曲线本身有关的量的式子，一定应该是这样的，当这式子中的 A, B, C, D, E, F 乘上 t 时，t 在这式子中正好能消去．因而可以说，所说的式子对于 A, B, C, D, E, F 应该是齐次的零次式．

我们用例子来验证这一点．譬如设方程

$$Ax^2 + 2Bxy + Cy^2 + 2Dx + 2Ey + F = 0$$

表示一个椭圆．因为这个方程完全决定了这个椭圆，所以利用这个方程，即利用它的系数，可以算出与这个椭圆有关的所有基本的量．例如可以算出它的半轴 a 和 b，即可以用系数来表示这些半轴．这些式子都是不变量，因此就是某些通过 I_1, I_2, I_3 来表达的式子．使用化方程为标准形状的方法和作一些进一步的计算，可以实地得出通过 I_1, I_2, I_3 来表达半轴的下列(十分复杂的)式子：

$$\sqrt{\frac{2|I_3|}{|I_2||I_1 \pm \sqrt{I_1^2 - 4I_2}|}}.$$

从以上所说的知道，由于不变量 I_1, I_2, I_3 虽然是系数的齐次式，但是并不是零次式，所以它们本身并无几何意义——它们只是代数的对象．

可以证明，表达式

$$K_1 = \begin{vmatrix} A & D \\ D & F \end{vmatrix} + \begin{vmatrix} C & E \\ E & F \end{vmatrix} = AF - D^2 + CF - E^2$$

虽然在平行移轴下会改变，但是在已知直角坐标轴的单纯的旋转下却不改变，这是所谓半不变量．

为了举例说明不变量和半不变量的应用，我们列出下面一个表，只要计算 I_1, I_2, I_3 和 K_1，这个表直接告诉我们如何从方程来决定它所表示的二次曲线的仿射类：

类 的 标 志	名　　称	归 范 方 程	标 准 方 程
$I_2>0,\ I_1I_3<0$	椭圆		$\dfrac{x^2}{a^2}+\dfrac{y^2}{b^2}=1$
$I_2>0,\ I_1I_3>0$	虚椭圆		$\dfrac{x^2}{a^2}+\dfrac{y^2}{b^2}=-1$
$I_2>0,\ I_3=0$	点	$\lambda_1x^2+\lambda_2y^2+\dfrac{I_3}{I_2}=0$	$\dfrac{x^2}{a^2}+\dfrac{y^2}{b^2}=0$
$I_2<0,\ I_3\neq0$	双曲线		$\dfrac{x^2}{a^2}-\dfrac{y^2}{b^2}=1$
$I_2<0,\ I_3=0$	一对相交的直线		$\dfrac{x^2}{a^2}-\dfrac{y^2}{b^2}=0$
$I_2=0,\ I_3\neq0$	抛物线	$I_1x^2+2\sqrt{-\dfrac{I_3}{I_1}}\,y=0$	$x^2=2py$
$I_2=0,\ I_3=0,\ K_1<0$	一对平行的直线		$x^2=a^2$
$I_2=0,\ I_3=0,\ K_1>0$	一对虚的平行直线	$I_1x^2+\dfrac{K_1}{I_1}=0$	$x^2=-a^2$
$I_2=0,\ I_3=0,\ K_1=0$	一对重合的直线		$x^2=0$

在这个表里列出了二次曲线的方程将会化成九种标准形状中那一种的必要充分条件(I_1I_3表示I_1和I_3的乘积)．

例如设给了方程 $x^2-6xy+5y^2-2x+4y+3=0$．我们有 $A=1$，$B=-3$，$C=5$，$D=-1$，$E=2$，$F=3$，于是 $I_1=6$，$I_2=-4$，$I_3=-9$．表中第四行的条件成立，$I_2<0$，$I_3\neq0$，即这是双曲线．它的半轴等于

$$\sqrt{\frac{2\cdot9}{4\cdot|6\pm\sqrt{36+16}|}}\approx0.57\text{ 和 }1.93.$$

"归范"方程(I)，(II)和(III)的系数用不变量和半不变量来表示，即

$$\lambda_1x''^2+\lambda_2y''^2+\frac{I_3}{I_2}=0, \tag{I}$$

$$I_1x''^2+2\sqrt{-\frac{I_3}{I_1}}\,y''=0, \tag{II}$$

$$I_1x''^2+\frac{K_1}{I_1}=0, \tag{III}$$

这里 λ_1 和 λ_2 是下列所谓特征方程的根：

$$\lambda^2 - I_1\lambda + I_2 = 0.$$

用公式(I)—(III)可以直接算出椭圆和双曲线的半轴 a 和 b,抛物线的参数 p 和平行直线之间的距离 $2a$. 关于半轴的公式前面已经写出过了. 参数 p 可以得出是等于

$$p = \sqrt{-\frac{I_3}{I_1^3}}, \quad \text{距离 } 2a = 2\sqrt{-\frac{K_1}{I_1^2}}.$$

关于三维空间中的二次曲面,也可以引出完全相类似的不变量和半不变量理论,以及对应的用于决定仿射类和归范方程系数的公式的表.

必须指出,以上的全部叙述只是说明了在解析几何学里所讨论的那些不变量的意义和价值. 然而不变量概念本身却还有非常重大的价值.

一种被研究的对象对于它的一种被考虑的变换的所谓不变量,是指与这个对象有关而在这种变换下不变的每一个量(数量,向量或其他量). 在已经讨论过的问题里,对象是带两个变数的二次多项式(其实是它的系数),变换是在从一组直角坐标过渡到另一组直角坐标而得到的多项式的变换.

另一个例子:对象是在已知温度下的已知气体的已知质量. 变换是这个质量气体的体积或压力的改变. 按照玻义耳-马利奥特定律,体积和压力的乘积就是一个不变量. 可以说空间中的线段的长度或者角的角度是空间的移动群的不变量,点分线段的比值或体积的比值是空间的仿射变换群的不变量,等等.

各种不变量在物理学中有特别重要的价值.

§13. 射 影 几 何

透视投射 古代的画家就已开始研究透视的规律了. 这之所以必须,是因为物体是透视投射到眼睛的网膜上而被人们看到的,这时物体的形状和相互位置要遭受一些异样的歪曲. 举例说,远看过去的电线杆子好像愈来愈小也愈来愈密,平行的铁轨看来像

要逐渐并在一起似的，等等，我们现在不预备讨论空间的透视，即空间对象到平面上的透视投射的性质，而只讨论平面到平面的透视投射的性质。

设有画片(例如电影胶片)P, 幕 P' 和在它们之间的透镜 S (图 78). 于是如果画片是透明的而且从后面照亮了它(如果它不透明，则从前面，即从透镜所在的一面照亮它)，则画片上被照亮的各点发出的光线束，经过透镜聚集，它们还以点的形状被投射到幕 P' 上. 我们认为所发生的情况是这样：就好像画片 P 上的点被投射到幕 P' 上是从通过透镜的光学中心的直线而进行的.

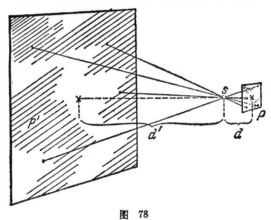

图 78

假如平面 P 和 P' 是平行的，事情是非常简单的. 在这种情形里，在平面 P' 上得到的显然是与平面 P 上所有图形相似的绘像. 这绘像比原物大了些还是小了些，就看比值 $d':d$ (这里 d 和 d' 分别是从透镜中心到平面 P 和 P' 的距离)小于 1 还是大于 1.

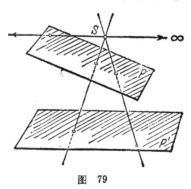

图 79

特别复杂的是平面 P 和 P' 不平行的情形(图 79). 在

这种情形里,在通过 S 的投射下,不但图形的大小改变了,而且它们的形状也歪曲了,这时平行直线可以被投射成不平行的;点分线段的比值可以改变,等等. 一般地说,甚至在任意仿射变换下都不变的一些关系这时也会改变.

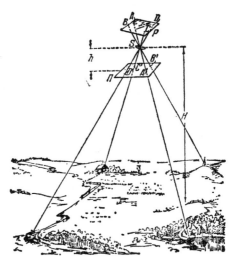

图 80 a

例如在航空摄影时就有这种投射. 飞机在飞行时要动荡,因而牢固地装在飞机上的摄影机 (图 80 a)一般地说并非正好铅垂地从上面对着物体,而是在拍摄时位置时常有些倾斜,因而得到的只是地面的变了形的绘像(我们假定地面是平的).

如何矫正这个绘像呢? 为此必须研究一个平面 P 到另一个平面 Π 的投射的性质. 一般地说这两个平面不平行,而且投射是由通过既不在平面 P 上又不在平面 Π 上的点 S 的直线来实现的. 这种投射叫做透视投射.

我们以后要证明下面的重要定理.

定理 如果有从平面 P 到平面 Π 的这样两个透视投射,在这两个投射下,平面 P 上"一般位置"的四个点 A, B, C, D(即其中任何三个点都不在一条直线上)都被投射成平面 Π 上同样的四个点 A', B', C', D',则平面 P 的任何点在这两个投射下也被投射成平面 Π 的同一个点.

换句话说,如果知道了被投射的图形中任何四个一般位置的点在一个透视投射下变成什么样的点,这个投射的结果就完全决定了.

这就是所谓射影映射理论中的唯一性定理或者说是平面投射的基本定理.

平面投射的基本定理在航空摄影中的应用 我们要来说明这个定理如何给出矫正摄影绘像的适当方法.

如果设想在作航空摄影时有一个水平幕 Π 放在这样的位置:透镜的中心 S 在它之上高度为 h 处 (图80a),则通过 S 投射到这幕上以便由照相底片 D 摄下的绘像显然未经歪曲,而是以比例尺 $h{:}H$ 与水平地区相似的,这里 H 是在摄影时飞机离地面的高度. 为了矫正在底片 P 上得到的绘像而且使它转为正确的,人们这样做:把底片插入装在特殊架子上的投射器里,投射器利用调节螺丝在架子上可以调整离幕布 Π 的距离,而且可以随意改变它的方位.

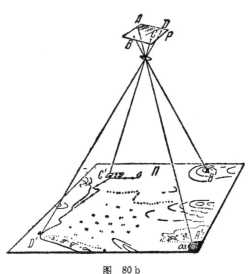

图 80 b

把测量地面而得到的一张地形图(不必是详细的,虽然在照相底片上有着我们所感兴趣的全部细节,但是这些在地图上却并非必需的)装在幕 Π 上 (图80b). 在这装在幕 Π 上的地图上选取四个点 A', B', C', D', 这些点易于在底片上找到(例如交叉道路的一角,房屋的一角,等等),而且在底片 P 上受到感光的对应的点 A, B, C, D 处用针刺成小孔. 在底片 P 后面装一个投射用的灯,因此底片就通过它所插入的投射器的透镜 S 而被投射到幕 Π 上. 运用调节螺丝,使得刺穿的小孔正好对准装在幕 Π 上的地图上对应的点 A', B', C', D'. 做到了这一步以后,把地图换成带照相正片的夹子, 不要更动装置, 在正片上就能得到从飞机所照的底片 P 到幕 Π 上的投影.

根据上面所说的定理, 在正片上得到所摄地区的正确的(即与地面相似的)而不是歪曲的地图.

现在让我们来叙述为证明所说基本定理所必需的理论.

射影平面 空间中通过已知点 S 的全体直线和平面的集合, 叫做具有中心 S 的投射直线和平面丛. 假如让不过丛中心的平面 P 与丛相交, 则对应于平面 P 的每个点, 有丛中与平面 P 相交于这个点的直线, 对应于平面 P 的每条直线, 有丛中与平面 P 相交于这条直线的平面. 然而这样还不能建立从丛中直线和平面的集合到平面 P 上点和直线的集合的一一映射. 问题在于: 丛中平行于平面 P 的直线和平面, 因为不与平面 P 相交, 所以在上述意义下不对应于平面 P 上的任何点和直线. 然而大家约定说: 丛中的这些直线还与平面 P 相交, 只是相交于平面 P 上处在某些方向的非本义的点(或者无穷远的点); 丛中的这个平面也还与平面 P 相交, 只是相交于平面 P 的非本义的直线(或者无穷远的直线). 增添了这些非本义点和非本义直线以后的平面 P, 叫做增广平面或者射影平面. 我们把它记做 P^*. 丛 S 中的直线和平面的集合现在可以一一地映射到这个射影平面 P^* 的点(本义的和非本义的)和直线(本义的和非本义的)的集合了.

此外, 大家还约定, 假如丛中对应的直线处在丛中对应的平面上, 就说射影平面 P^* 的点(本义的或非本义的)处在直线(本义的或非本义的)上. 从这个观点看来, 射影平面的任何两条直线都相交(于本义的点或非本义的点), 因为丛中任何两个平面总相交于一条直线. 由此顺便推出, 非本义的直线正是全部非本义的点的集合.

事情的实质是这样: 平面在增添了它的非本义的元素以后, 我们就可以利用这个平面作为截平面, 来研究通过一个点的全体直线和平面组成的丛.

射影映射; 基本定理 射影映射是指射影平面 P^* 到另一个射

影平面 $P^{*'}$ 的这种映射(平面 $P^{*'}$ 可以与平面 P^* 重合, 那时就说是平面 P^* 的射影变换), 它首先是点的一个一一映射, 其次它把平面 P^* 的共直线的点集合变成平面 $P^{*'}$ 的也共直线的点集合, 反过来也这样.(这时总认为点和直线既指本义的点和直线, 也指非本义的点和直线.)

明显地, 从同一个平面 P^* 到某个平面 Π^* 的任何两个透视投影可以彼此经过射影变换而得到.

事实上: 1° 它们的点(本义的和非本义的)都与射影平面的点(本义的和非本义的)一一对应, 因此它们也彼此一一对应, 2° 第一个投影的共直线的点对应于平面 P^* 的共直线的点, 因而就对应于第二个投影的共直线的点, 反过来也这样. 所以前面所说的透视理论中的定理是关于射影变换的下列定理的直接推论: 如果在射影平面 Π^* 的某个射影变换下, 它的四个一般位置的点 A, B, C, D 留在原地, 则它的所有的点都留在原地.

我们提出利用所谓麦比乌斯网来证明这个定理的想法.

我们注意到: 1) 如果在一个射影变换下有两个点留在原地, 则通过它们的直线变成它自己; 2) 如果有两条直线变成它们自己, 则它们的交点留在原地, 所以由于平面 Π^* 的点 A, B, C, D 留在原地, 顺次地点 E, F, G, H, K, L 等等也留在原地(图 81). 连接已经得到的点, 还可以继续作出这样的点. 这就是所谓麦比乌斯网. 继续这样的作图, 可以使它细密直到无穷. 可以证

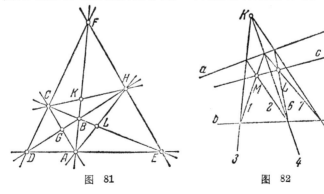

图 81 图 82

明, 这个网的全部交叉点到处稠密地盖在整个平面上. 所以, 如果再假定射影变换的连续性(这虽然可以从其定义推出, 但是不很容易), 那末可以证明, 假如在平面 $\varPi^*$ 的射影变换下点 A, B, C, D 留在原地, 则平面 $\varPi^*$ 的所有的点都留在原地.

射影几何 所谓二维的射影几何, 是指关于射影平面上图形的射影性质的定理全体. 射影平面就是增添了非本义元素的普通平面. 射影性质是指在任何射影变换下不变的那些性质.

这里是射影几何中问题的例子. 给了两条直线 a 和 b 和一个点 M (图 82). 不利用直线 a 和 b 的交点本身(例如当这个交点非常远时, 可以是必需这么办的), 作出通过点 M 和这个交点的直线 c. 通过点 M 引两条割线 1 和 2, 然后通过它们与直线 a 和 b 的交点作直线 3 和 4, 我们得到了点 K. 通过点 K 再引割线 5 并且作出直线 6 和 7, 于是可以证明, 通过直线 6 和 7 的交点 L 和点 M 的直线 c 就是所求的直线.

从圆锥截线的理论得知(图 83), 椭圆、双曲线和抛物线互相成为透视投影, 并且它们都是圆的透视投影.

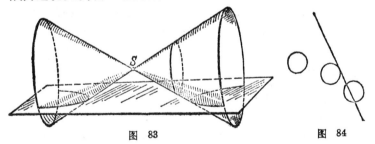

图 83   图 84

如果把透视投射看做射影平面 P^* 和 $P^{*\prime}$ 彼此间的射影映射, 则在把这两个平面合并成一个以后, 我们得知所有椭圆、双曲线和抛物线都是圆周经过射影变换的结果. 不同的是, 对于圆周所经受的射影变换说, 假如它把不与圆周相交的直线变成无穷远直线, 则得到椭圆; 假如它把与圆周相切的直线变成无穷远直线, 则得到抛物线; 假如它把与圆周相交的直线变成无穷远直线, 则得到双曲线(图 84).

射影变换的公式　如果在平面上取普通的笛卡儿坐标，则可以证明，平面的射影变换的公式有形状

$$x' = \frac{a_1x + b_1y + c_1}{a_3x + b_3y + c_3}, \quad y' = \frac{a_2x + b_2y + c_2}{a_3x + b_3y + c_3},$$

这里行列式

$$\begin{vmatrix} a_1 & b_1 & c_1 \\ a_2 & b_2 & c_2 \\ a_3 & b_3 & c_3 \end{vmatrix} \neq 0,$$

反过来也对。

如果对于某个点(x, y)说，分母成为零，则就认为它的像$(x'y')$是非本义点(无穷远点)．方程

$$a_3x + b_3y + c_3 = 0$$

表示一条直线，它在所说的射影变换下变成非本义直线(无穷远直线)．

§14. 罗仑兹变换

从关于光的传播速度的恒定性导出沿直线运动的罗仑兹变换的公式和平面上运动的罗仑兹变换的公式　在十九世纪末，在物理学中发现了一个基本的矛盾．迈开尔逊作了他的著名实验，在地球沿着它的轨道绕日运动(地球的速度大约是每秒30公里)的方向和垂直于这个方向测量光速(大约是每秒300,000公里)，无可争辩地证明了：自然界的所有物体在运动时都要在运动的方向收缩，即使在真空中也是如此．荷兰物理学家罗仑兹详细地研究了这个收缩的理论．原来物体的运动速度愈接近光在真空中的速度，这种收缩就愈厉害，并且当物体的运动速度等于光速时，它就无限制地收缩．罗仑兹写出了这个收缩的公式．然而不久物理学家爱因斯坦以完全另外一种观点提出了这同一个问题，这个观点是庞加来所曾经接触到的．爱因斯坦这样地进行论证：如果认为对于光的传播，也像对于普通的物体运动一样，伽利略的速度相加定律成立，则光的速度$c' = c + v$，这里v是迎着光的传播方向运动

的观察者的速度，而 c 则是对于不动的观察者说的光速。 然而从迈开尔逊的实验得知 $c'=c$。 等式 $c'=c+v$ 以下列变换为根据：

$$x'=x+v_x t,$$
$$t'=t,$$
(25)

这式子联系了一个点对于某个坐标系 I 的坐标 x 与它对于坐标系 II 的坐标 x'，坐标系 II 的轴平行于坐标系 I 的轴，而且坐标系 II 向着 Ox 轴的方向以速度 v_x 相对于坐标系 I 而运动。很明显，正像爱因斯坦所说的，这些公式应该是不变的。

可以证明（例如像亚历山大洛夫最近所做的），只要从两个坐标系 x, y, z, t 和 x', y', z', t' 中的一个光速的等式，就可以知道从坐标 x, y, z, t 到坐标 x', y', z', t' 的变换公式是线性的和齐次的，即有形状

$$x'=a_1 x+b_1 y+c_1 z+d_1 t,$$
$$y'=a_2 x+b_2 y+c_2 z+d_2 t,$$
$$z'=a_3 x+b_3 y+c_3 z+d_3 t,$$
$$t'=a_4 x+b_4 y+c_4 z+d_4 t.$$
(26)

从别的想法可以证明，这个变换公式的行列式[1]等于 1。

如果有一个点在坐标系 I 里以光速 c 向着任意已知方向作等速直线运动，则 $x=v_x t$, $y=v_y t$, $z=v_z t$, 和 $v_x^2+v_y^2+v_z^2=c^2$，于是

$$x^2+y^2+z^2-c^2 t^2=0.$$
(27)

但是按照迈开尔逊的实验，这个点在坐标系 II 里应该以同样的光速 c 而运动，因此还应该有

$$x'^2+y'^2+z'^2-c^2 t'^2=0.$$

因此，公式(26)并不是任意的具有等于 1 的行列式的齐次线性变换，而且还有这样的条件，如果 x, y, z, t 满足方程

$$x^2+y^2+z^2-c^2 t^2=0,$$

则它们经过变换而得到的 x', y', z', t' 也满足这个方程。 这种变换(26)叫做罗仑兹变换。

我们先来讨论当点沿着 Ox 轴运动的最简单的情形。 在这情

---

1) 参看第三卷第十六章。

形里公式(26)有形状

$$\begin{aligned} x' &= a_1x + d_1t, \\ t' &= a_2x + d_2t, \end{aligned} \tag{26'}$$

而方程(27)变成

$$x^2 - c^2t^2 = 0. \tag{27'}$$

引入记号 $ct=u$, 于是公式(26′)和方程(27′)成为

$$\begin{aligned} x' &= a_1x + \frac{d_1}{c}u, \\ u' &= a_2cx + \frac{d_2c}{c}u \end{aligned} \tag{26_1}$$

和

$$x^2 - u^2 = 0. \tag{27_1}$$

我们来求另一种形状的公式(26_1). 我们把 x 和 u 看做平面上的直角坐标, 即我们从几何上来考虑问题, 我们并且认为公式(26_1)是平面 Oxu 的仿射变换的公式(上面说过, 它的行列式等于1), 我们把这个变换记做 L. 如果按照我们的假定, 从 $x^2-u^2=0$ 推出 $x'^2-u'^2=0$, 则这个变换把一对相交的直线

$$x^2 - u^2 = 0$$

变成自己. 因此, 变换 L 是沿着这两条直线作具有相同系数 τ 的压缩和伸展的联合.

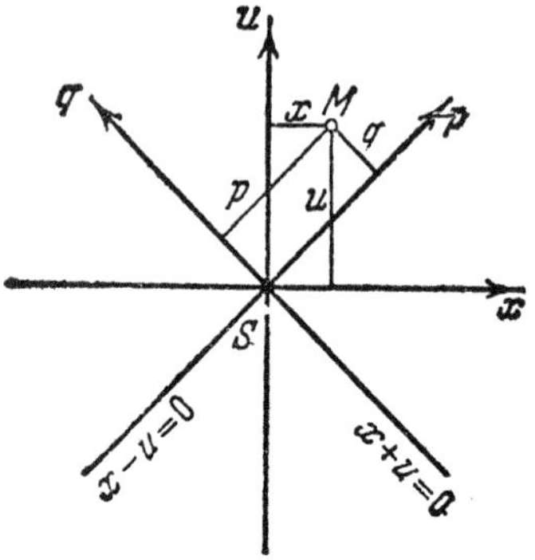

图 85

从图 85 我们得到

$$x = \frac{p}{\sqrt{2}} - \frac{q}{\sqrt{2}},$$

$$u = \frac{p}{\sqrt{2}} + \frac{q}{\sqrt{2}}.$$

而因为经过变换 L 以后, p 和 q 变成 $p'=\frac{p}{\tau}$ 和 $q'=q\tau$, 所以

$$x'\sqrt{2} = \frac{p}{\tau} - q\tau,$$

$$u'\sqrt{2} = \frac{p}{\tau} + q\tau.$$

从第一对方程求出由 x 和 u 表达的 p 和 q, 代入第二对方程, 我们得到

$$x' = \frac{x - \dfrac{\tau^2 - 1}{\tau^2 + 1} ct}{\dfrac{2\tau}{\tau^2 + 1}}, \quad t' = \frac{t - \dfrac{1}{c}\dfrac{\tau^2 - 1}{\tau^2 + 1} x}{\dfrac{2\tau}{\tau^2 + 1}},$$

或者在这时令 $\dfrac{\tau^2 - 1}{\tau^2 + 1} c = v$, 我们得出

$$x' = \frac{x - vt}{\sqrt{1 - \left(\dfrac{v}{c}\right)^2}}, \quad t' = \frac{t - \dfrac{vx}{c^2}}{\sqrt{1 - \left(\dfrac{v}{c}\right)^2}},$$

这就是著名的罗仑兹公式.

如果现在特别取 $x = 0$, 即考虑坐标系 I 的原点的运动, 则我们得到

$$x' = \frac{-vt}{\sqrt{1 - \left(\dfrac{v}{c}\right)^2}}, \quad t' = \frac{t}{\sqrt{1 - \left(\dfrac{v}{c}\right)^2}},$$

或者 $x' = -vt'$. 由此可见, v 是坐标系 II 相对于坐标系 I 的运动速度.

例如设给了 Ox 轴上的在坐标系 I 里具有坐标 x_1 和 x_2 的两个点, 在坐标系 I 里它们之间的距离是 $r = |x_1 - x_2|$. 我们来看一下, 对于处在第二个坐标系里的观察者来说, 它们之间的距离是怎样的. 我们有

$$x_1' = \frac{x_1 - vt}{\sqrt{1 - \left(\dfrac{v}{c}\right)^2}}, \quad x_2' = \frac{x_2 - vt}{\sqrt{1 - \left(\dfrac{v}{c}\right)^2}},$$

于是

$$r' = |x_1' - x_2'| = \frac{|x_1 - x_2|}{\sqrt{1 - \left(\dfrac{v}{c}\right)^2}}.$$

因子 $\sqrt{1 - \left(\dfrac{v}{c}\right)^2}$ 显然正是罗仑兹收缩的系数. 因为 c 非常大, 所以对于不很大的 v, 这个系数非常接近于 1, 因而收缩也就不显著. 然而一些基本的微粒, 例如电子和正电子, 常常以类似于光速的速度而运动, 因而在研究它们的运动时就不能不考虑到这

个事实，也就是不能不考虑到所谓相对论的效果．

现在让我们来研究下列比较复杂的情形：当点在平面 Oxy 上运动的情形．对于这种情形，变换(26)有形状

$$x' = a_1x + b_1y + d_1t,$$
$$y' = a_2x + b_2y + d_2t, \qquad (26'')$$
$$t' = a_3x + b_3y + d_3t,$$

这里
$$\begin{vmatrix} a_1 & b_1 & d_1 \\ a_2 & b_2 & d_2 \\ a_3 & b_3 & d_3 \end{vmatrix} = 1,$$

而方程(27)则是

$$x^2 + y^2 - c^2t^2 = 0. \qquad (27'')$$

这是关于在平面 Oxy 上的运动的罗仑兹公式．

再令 $ct = v$．于是变换(26'')就可以写成：

$$x' = a_1x + b_1y + \frac{d_1}{c}u,$$

$$y' = a_2x + b_2y + \frac{d_2}{c}u, \qquad (26_2)$$

$$u' = a_3cx + b_3cy + \frac{d_3c}{c}u,$$

并且它的行列式还等于1，而方程(27'')则有更简单的形状

$$x^2 + y^2 - u^2 = 0. \qquad (27_2)$$

我们把 x, y, u 看做普通三维空间中点的笛卡儿直角坐标，而且把公式(26₂)看做这个空间的仿射变换的公式．方程(27₂)表示一个顶角是 $90°$ 的正圆锥 K (图86)．

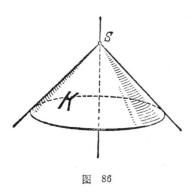

图 86

从罗仑兹变换的这个几何解释(因为我们在这里根本就把 $u = ct$ 看做空间的坐标)看来，平面上的运动不是别的，正是这个空间的把锥面 K 变成自己的所

有等积仿射变换(即不改变体积的仿射变换).

让我们来讨论某些这种特殊的罗仑兹变换.

1. 明显地,空间作为刚体绕锥面 K 的轴转一个角 ω 的任何简单的旋转,是空间的把锥面 K 变成自己的等积仿射变换,即是一些特殊的罗仑兹变换. 我们把它记做 ω.

2. 空间对通过锥面 K 的轴的任何平面的反射,显然也是这种罗仑兹变换. 我们把它记做 π.

3. 最后,让我们来看一下以下的变换(图 87). 设 v 和 w 是锥面 K 的某一对对面的母线, P 和 Q 是沿这两条母线与锥面相切的平面. 这两个平面互相垂直. 我们作空间向着平面 P 的压缩和它背着平面 Q

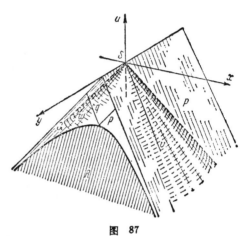

图 87

而具有同一个系数的伸展,或者反之. 例如我们把空间向着平面 P 压缩到三分之一,然后背着平面 Q 把它伸展到三倍. 这种空间变换显然是仿射变换而且是保留所有体积的大小的. 我们把它记做 L. 让我们来证明,这个变换把锥面 K 变成自己. 由于锥面 K 以 u 轴作为旋转轴,总可以把整个图形旋转到使母线 v 和 w 处在例如平面 Sxu 上. 所以只要对于这种特别情形引出证明就成了.

为了证明,我们使平行于平面 Sxu 的任意平面 R 与锥面 K 相交. 这个平面有方程 $y=b$, 这里 b 是常数. 把这个值代入锥面 K 的方程,我们得到

$$x^2-u^2=-b^2.$$

这是双曲线的方程,对于它说,平面 R 与平面 P 和 Q 的交线正是

渐近线. 但是因为刻画这个双曲线的点的是: 它到渐近线(即到平面 P 和 Q)的距离 p 和 q 的乘积是常数, 在变换 L 下, 这种双曲线上的每一个点都留在同一个双曲线上, 因而双曲线就变成了自己, 但是整个锥面 K 就由这种双曲线组成, 所以在空间变换 L 下锥面 K 变成了自己. 因此这个变换 L 也是罗仑兹变换.

因为在仿射变换下直线变成直线, 而且相交直线变成相交直线, 所以直线丛 S 在任何罗仑兹变换下一对一地变成自己. 此外, 因为在空间的仿射变换下每一个平面都变成一个平面, 所以在丛 S 到自己的这种变换下得到的是这个丛的射影变换, 如果用一个垂直于锥面 K 的轴的平面 $\varPi$ 与这个丛相交, 而且认为这个平面完全不参与空间的所说罗仑兹变换, 再把这个平面增补成为射影平面 $\varPi^*$, 来考虑丛 S 的直线与平面 $\varPi^*$ 的交点, 则变换丛 S 的罗仑兹变换, 顺带给出平面 $\varPi^*$ 的一个射影变换 $\varLambda$, 它把由平面 $\varPi^*$ 与锥面 K 的内部相交而成的圆形 α 变成自己. 因此, 为了研究罗仑兹变换的性质, 最简单的是考虑它的所谓把圆 α 变成自己的射影变换 $\varLambda$.

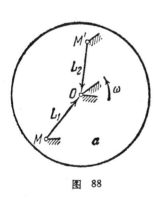

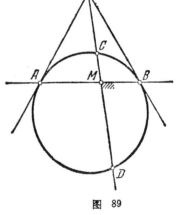

图 88　　　　　　　　　　图 89

把圆变成自己的射影变换　我们把平面 $\varPi^*$ 上的一个点, 由这点引出的一条半直线和以这半直线所在的直线为界的一个半平面, 合称为平面 $\varPi^*$ 的"标架"(不要与 §11 中的坐标架相混). 我们来证明，如果取任意的两个标架 M 和 M'．它们的点都是圆 α 的内点，则可以用变换 L，ω 和 π 把其中第一个标架变成第二个标架．为此只要作变换 $\varLambda = L_1 \cdot \omega \cdot L_2^{-1}$（或者变换 $\varLambda = L_1 \cdot \omega \cdot \pi \cdot L_2^{-1}$）．变换 L_1 把第一个标架 M 变到圆 α 的中心 O，变换 ω 把它旋转到必要的位置，最后变换 L_2^{-1} 把它变到与第二个标架 M' 重合．

此外，让我们来证明，这种把已知标架 M 变成已知标架 M' 的变换 $\varLambda$ 只有一个．为此我们先注意到，如果有两个不同的变换 $\varLambda_1$ 和 $\varLambda_2$ 都把标架 M 变成标架 M'，则变换 $\varLambda = \varLambda_1 \varLambda_2^{-1}$ 就不是恒同变换而把标架 M 变成自己．因此只要能证明：假如有某个变换 $\varLambda$ 把标架 M 变成自己，则它一定是恒同变换，即它保留圆 α 所在平面的全部的点在原地．

我们来证明这一点．设有一个变换 $\varLambda$ 把标架 M 变成自己．那末它就把这个标架中的直线 AB 变成自己，但是因为它把圆 α 的圆周变成自己，所以它保留点 A 和 B 在原地或者交换它们的位置．然而因为它把标架中的半直线变成自己，后一情况不可能发生．在点 A 和 B 处引圆 α 的切线．它们都变成自己，因为假如这种切线变成割线 $A\bar{A}$，则反逆变换就要把圆周 α 的不同的点 A 和 $\bar{A}$ 变成同一个点 A．但是变换 $\varLambda$ 是射影变换，因而是一对一的．一当变换 $\varLambda$ 把这些切线变成自己，那末它们的交点 N 就留在原地，因此直线 MN 变成自己．再由于标架 M 中的半平面变成自己，我们像前面一样得知：点 C 和 D 不改变位置而留在原地．总之，在射影平面 $\varPi^*$ 的所说射影变换 $\varLambda$ 下，它的四个点 A, B, C, D 留在原地，而这四个点中任何三个点都不在一条直线上，因此，根据射影变换的基本定理，这个变换是射影变换．

以后在第十七章§5（第三卷）中将会证明，利用刚才引出的罗仑兹群的性质，很容易实现罗巴切夫斯基的平面几何，而如果对于点在空间中运动的一般情形讨论罗仑兹变换，则还可以实现罗巴切夫斯基的立体几何，因而也就证明了罗巴切夫斯基几何的无矛盾性．

我们看到，罗仑兹变换的理论，射影几何和透视理论，以及欧几里得几何,都彼此有着紧密的联系. 原来,与它们在很多方面有联系的还有复变数函数论里的所谓保角变换的理论, 还解决了数学物理的很多重要问题,例如在受热的棒上温度分布的问题,关于空气对机翼的绕流问题,平面静电场理论的问题,弹性理论的平面问题以及很多别的问题.

结 束 语

解析几何是研究数学其他分支、力学、物理学和其他自然科学所十分必要的数学方法. 所以不仅在大学里要学习它, 而且在所有高等技术学校甚至某些中等技术学校里也要学习它. 现在已经提出了把十分详细的解析几何原理放在中学课程里的问题.

各种坐标 我们看到, 解析几何观念的重要部分是坐标方法和把方程看作联系这些坐标的关系的看法. 除去笛卡儿坐标, 还可以讨论各种别的坐标. 譬如说,在平面上取定一个点 P(所谓极点)和从它引出的一条半直线(所谓极轴)以后,可以用这样两个数来决定一个点 M 的位置,从极点引到这个点的极半径的长度 ρ 和这个半径与极轴组成的角 ω(图 90).

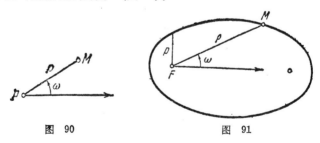

图 90   图 91

特别地,对于椭圆、双曲线或者抛物线,假如取焦点作为极点,而取从焦点沿着对称轴引向与最近的顶点相反一侧的半直线作为极轴(图 91), 则这些曲线就有同一个方程

$$\rho = \frac{p}{1 - \varepsilon \cos \omega},$$

这里 ε 是曲线的离心率,而 p 则是它们的所谓参数. 这个方程在天

文学中有很大的价值. 那是说, 利用这个方程可从研讨如何从惯性定律和万有引力定律推导出行星是以椭圆轨道绕着太阳运行的.

大家都知道, 地理坐标(经纬度)给定了点在球面上的位置.

同样地, 就像在微分几何中所做的(参看第二卷第七章), 可以在任何曲面上引入坐标网以及其他.

多维解析几何和无穷维解析几何. 代数几何 解析几何到十九世纪时已经经历了这样长的发展道路, 我们上面只是写出了大概的轮廓, 而且它居然给出了那么多观念, 看来它应已发展到了尽头吧, 然而事实上却并非如此. 就在现代, 两个新的宽广的数学分支——所谓泛函分析和一般的代数几何还在迅速地发展着. 固然, 它们都只是一半地代表了古典解析几何的直接的延续: 在泛函分析里有许多是分析, 在代数几何里有不少函数论和拓扑学.

让我们来说明上一段话的意思. 还在上一世纪中, 人们已经开始讨论四维的和一般 n 维的解析几何, 这就是说, 开始研究这样的代数问题, 它们是在二维和三维解析几何里所研究的代数问题的直接推广, 即考虑有 4 个或 n 个未知数的情形. 在十九世纪末, 许多卓越的分析学家有了这样一种想法: 为了分析和数学物理的目的, 必须研讨无穷维的解析几何.

初看起来可以认为, 假如 n 维空间甚至四维空间都像是不自然的数学上的虚构, 那末无穷维空间就更是如此了. 然而事实并不是这样. 关于无穷维空间的论证, 完全不是这样的困难. 它们目前成为数学的一大分支——泛函分析(参看第三卷第十九章). 在数学的这个部门里, 苏联学者在最近做出了一些最重要的结果.

在趣的是, 无穷维的解析几何有重要的实际应用而且在现代物理学里占有基本的地位.

至于说到代数几何, 则这是普通解析几何的更直接的推广, 后者本身只不过是代数几何的一部分罢了. 代数几何可以认为是数学的这样一个部门, 它研究在笛卡儿坐标里由代数方程表示的曲线、曲面和超曲面, 这些方程不仅是一次的和二次的, 而且还有高次的. 原来, 在这些研究中最好不仅考虑实数坐标, 而且也考虑复

数坐标，即考虑在所谓复空间里的东西．在这个领域里的最重要

结果早在上一世纪就由黎曼所得出了．作为关于高阶曲线的定理的光辉的例子，我们提出彼得洛夫斯基的因其普遍性而驰名的结果，他的结果是关于 n 阶曲线所能分成的卵状线个数的．彼得洛夫斯基证明了，如果 p 是完全不在别的卵状线内部和在偶数个

图 92

卵状线内部的卵状线的个数，而 m 是在奇数个卵状线内部的卵状线的个数，而且如果我们考虑完全由彼此不相交的卵状线组成的曲线（图 92），则

$$p-m \leqslant \frac{3n^2-6n}{8}+1,$$

这里 n 是曲线的阶数，即是表示它的方程的次数．

上述结果之所以重要，是因为直到今天对于高阶曲线的一般形状几乎是什么也不知道．这恐怕是在解析几何学中最晚得到的重要普遍定理之一．

文　献

通俗小册子

А. И. Маркушевич, Замечательные крнвыт. Гостехиздат, 1952.

А. С. Смогоржевский, Метод координат. Гостехиздат, 1952.

高等技术学校课本

Н. В. 叶菲莫夫，解析几何简明教程，高等教育出版社，1957 年版．

И. И. 普里瓦洛夫，解析几何学，高等教育出版社，1956 年版．

大学课本

Б. Н. 狄隆涅和拉伊可夫合著，解析几何学，第一卷，第一、二分册，高等教育出版社，1956 年版；第二卷，高等教育出版社，1957 年版．

Н. И. 穆斯海里什维里，解析几何教程，高等教育出版社，1954 年版．

袁光明 译

秦元勋 校

第四章 代　　数
（代数方程的理论）

§1. 绪　　论

什么是代数以及它的特征怎样,由于它的初等性,这个问题已被大家所熟知,并且在中学课程里已给出了代数的基本知识. 代数首先是被它自己的方法刻划出其特点,这些方法就是使用字母及字母的表示式,以及对于它们按照确定的法则进行变换. 在初等代数里,字母代表通常的数,所以字母表示式的变换法则是以数的运算法则为依据的[例如, 两数的和与相加的顺序无关, 在代数里则写成 $a+b=b+a$; 用一数乘二数的和与用此数分别乘二数然后将所得到的两个乘积相加是一样的, 即 $(a+b)c=ac+bc$, 等等].

我们考察任一代数定理的证明, 很容易确信它仅与作用于字母的那些运算法则有关,而与字母所代表的数无关.

代数方法, 也就是字母计算的方法贯穿在全部的数学中. 在解决任何数学问题时,其中通常有一部分不是别的,而是一些不同复杂程度的代数计算. 此外, 在数学中还使用了各种不同的字母计算法, 但此时字母已不一定代表数, 而是任何其他对象,因此在这种情况下, 字母的运算法则可能是不同于初等的代数, 例如, 在几何、力学和物理中是使用向量的. 大家都知道向量是有运算法则的,这些法则部分地与数的运算法则相同,但是主要的部分却是不同的.

在近代数学及其应用方面, 代数方法的意义在最近几十年来是强有力地增加了.

第一, 技术需要的增加要求对一些数学分析的困难问题求出数字的解答,而这件事通常仅在将这些问题代数化以后才有可能;这样也就构成了新的代数问题,有时甚至是困难的问题.

第二,一些分析方面的问题,在开始应用代数的方法以后,变成明显的和容易理解的,这些方法是建立在一次方程组理论的深刻推广(对于无穷多的情形)的基础上的.

最后,代数的高深部分在近代物理中找到了应用,即量子力学的基本概念是借助于复杂的并且不初等的代数对象表达的.

代数学史的基本特征如下:

首先必须指出的是:关于什么是代数以及代数的基本问题是什么这两个问题的观念有两次改变,一次是上世纪的前半期,而另一次是在本世纪初. 在三个不同时期内,人们将三个很不相同的东西理解为代数学,代数学的这些历史不同于解析几何、微分学及积分学这三种著名的计算学科的历史,后者是由它的创始人——费尔马、笛卡儿、牛顿、莱布尼茨及其他学者所亲手奠立的,在进一步的蓬勃发展过程中,甚至有时是用大量的新篇章来补充的时候,它们本来面目在原则上却只有较少的改变.

在古代,为了解决某些种类的数学问题而找到的任何法则都是用语句把它记下来,因为那时字母表示法还没有发明. "代数"这个字本身是由九世纪的花剌子模学者的最重要的著作的名称产生的,这个学者叫做穆罕默德·阿里·花剌子模(参看第一章),在他的著作里产生了第一个解一次及二次方程的一般性法则. 然而字母表示法的引进通常是和维耶特的名字相联系的,他不仅用字母表示未知数,并且开始用字母表示给定的量,笛卡儿对于字母表示法的发展也做了不少工作,于是通常的数也可用字母表示. 从这个时候开始,实际上把代数看成是关于字母计算,关于由字母构成的公式的变换以及关于代数方程等等的科学,它与算术的不同在于算术永远是对具体数字的运算. 仅仅从这以后,甚至很复杂的数学想法都易于加以观察和了解,因为在审视字母的式子以后,在大多数的情况下都能够从它上面看出问题的结构及规律,并且能够容易地加以变换,在那时,整个数学,无论是几何学还是无穷小分析都被叫做代数学,这就是关于代数学的第一个观点,也就是所谓维耶特的观点, 它特别明显地表现在有名的《代数学引论》一书中, 这本书是俄罗斯科学院的著名的欧拉院士在十七世纪六十年代写成的,它距离现在已有200年了.

欧拉把代数定义成各种量的计算的理论 他的书的第一部分包含有关于有理整数, 通常的分数, 二次及三次方根的计算的理论,对数. 级数(прогрессия)的理论,多项式的计算理论,牛顿二项式的理论及其应用; 在第二部分里包含有一次方程及一次方程组的理论,二次方程的理论以及用根号解三次与四次方程的理论,并且那里面还有各种整数不定方程的解法这类广泛的题材,例如,证明了费尔马方程 $x^3+y^3=z^3$ 不可能有整数解 x, y, z.

在十八世纪末年及十九世纪初年,代数学中的问题之一, 即代数方程的解法问题渐渐地被人认为是中心问题. 这个问题的根本困难在于一个未知数的 n 次代数方程

$$x^n+a_1x^{n-1}+a_2x^{n-2}+\cdots+a_{n-1}x+a_n=0$$

的解法, 这件事的发生是由于这个问题对于整个数学的重要性以及它的应用, 同时也由于大多数与它相联系的理论的证明的深刻性和困难性.

一般性的公式

$$x=-\frac{p}{2}\pm\sqrt{\frac{p^2}{4}-q}$$

是人人都知道的,任意的二次方程就是借助于它而解决的,十六世纪的意大利代数学家求出了解三次及四次方程的一般法则, 这个法则与上述公式类似,但是却复杂得多,然而对于更高次方程在这件事上的进一步研究却遇到了不可克服的困难. 十六、十七、十八以及十九世纪初年的最伟大的数学家们(塔尔塔里雅、卡尔丹、笛卡儿、牛顿、欧拉、达朗贝尔、奇尔恩豪斯、裴蜀、拉格朗日、高斯、阿贝尔、伽罗华、罗巴切夫斯基、斯图谟等等)创造了与这个问题有关的大规模的复杂理论.在十九世纪中叶,谢尔的两卷代数问世了,在这部书里面代数已经定义成为代数方程理论了(这在当时是一个

创举，因为在这部书中第一次叙述了代数方程理论的顶峰——伽罗华理论）．这就是关于什么是代数的第二个观念．

在上一世纪的后半期，由伽罗华的有关代数方程理论的想法出发，群论[1]和代数数论（俄罗斯数学家佐洛塔辽夫在它们的创立中起了巨大的作用）深刻地发展了．

在第二个时期内，作为与代数方程解法问题相关联，同时也与解析几何中所研究的高次代数流形理论相关联的内容，行列式与矩阵的理论，二次型及线性变换的代数理论，特别是不变量的理论等代数工具在各种目的下发展起来了．在几乎整个十九世纪的后半期内，不变量理论是代数研究的中心之一，在这个时期内群论及不变量论的发展也对几何的发展起了重大的影响[2]．

从根本上说，关于什么是代数的第三个观点是与下述的情况相关联的．那就是在上一世纪的后半期内，开始在力学、物理学以及数学本身里越来越频繁地研究到的一些对象，对于这些对象我们很自然地就要考虑它们的加法及减法运算，有时也考虑乘法和除法，然而这些运算满足一些不同于有理数的其他规律．

我们曾经谈到过向量，至于具有其他运算规律的各种形式的量，我们只能在此说出名字，即矩阵、张量、旋量、超复数等等，所有这些量都是用字母表示的，但是不同形式的量的运算规律也有所不同．如果对于某种对象（用字母表示）的某个集合，给出了一些运算以及这些运算所满足的规律（法则），那末我们就说给出了某一个代数系统．第三个关于什么是代数的观念是说：代数的目的是研究各种代数系统，这就是所谓的公理化的或抽象的代数，它的抽象是由于对所考虑的代数系统是用字母表示，重要之点仅仅是在所考虑的系统里运算满足什么样的公理（规律）．其所以称它为公理化的，是由于使它只服从作为它的基础的那些公理．于是这就回到了第一个（维耶特的）关于什么是代数的观点，即代数是字母计算学的观点，但是已经上升到更高级的形态了．这里对于字

---

1) 参看第三卷第二十章．

2) 参看第三卷第十七章．

母的了解是相同的，重要的事情仅仅是作用于字母的运算所满足的那些规律，并且有趣的是这样的代数系统无论就数学本身或是在它的应用里都具有巨大的意义.

前一时期所累积的大量的代数内容被认为是创造近代抽象代数的事实基础.

二十世纪三十年代里，范·德·瓦尔登的著名的教科书《近世代数》出版了. 它在阐述关于什么是代数的第三个观念上起了巨大的作用. 库洛什在同一方面也写了一本代数教科书.

象我们在上面已经谈到的代数在近代物理学(泛函分析及量子力学)上的应用一样，它在本世纪里对于几何(拓扑学及李群的理论)也有深刻的应用.

最近几年来，提出了应用各种数学计算机，特别是快速电子计算机来使代数计算机械化的特别重要的课题，与这些数学机器相关联的各种课题提出了代数学的新的特殊的问题.

在本书中，除了这一章外还有两章是谈论代数的，即线性代数(第三卷第十六章)，群及其他代数系统(第三卷第二十章).

§2. 方程的代数解

形如

$$x^n + a_1 x^{n-1} + a_2 x^{n-2} + \cdots + a_{n-1} x + a_n = 0$$

的方程叫做一个未知数的 n 次代数方程，式中 $a_1, a_2, \cdots, a_n$ 是一些给定的系数[1).

一次及二次方程　如果方程是一次的，那末它的形状是

$$x + a = 0,$$

而由此求解即得　　　　　　　$x = -a.$

二次方程

$$x^2 + px + q = 0$$

在远古已经解出，它的解法简单，即将 q 移至右边反号，并且在两

---

1) 我们假定方程的所有的项都已移至左边，并且用未知数的最高幂的系数除过.

边都加上 $\frac{p^2}{4}$ 就得到

$$x^2+px+\frac{p^2}{4}=\frac{p^2}{4}-q.$$

但

$$x^2+px+\frac{p^2}{4}=\left(x+\frac{p}{2}\right)^2,$$

因此

$$x+\frac{p}{2}=\pm\sqrt{\frac{p^2}{4}-q},$$

由此就得出熟知的二次方程解的公式

$$x=-\frac{p}{2}\pm\sqrt{\frac{p^2}{4}-q}.$$

三次方程 高于二次的方程则是另外一回事了. 一般的三次方程已往需要远非显然的想法, 这就使古代数学家的努力都归于无效. 直到十六世纪初的意大利文艺复兴时代, 这个问题才被意大利的数学家斯齐波·德尔·菲洛所解决. 按照当时的风气, 菲洛的发明没有发表, 但却向他的一个学生讲过. 菲洛死后, 这个学生用这件事向当时意大利的最大的数学家之一的塔尔塔里雅挑战, 要他解出一系列的三次方程. 塔尔塔里雅(1500—1557)起而应战, 并且用八天的时间结束了这次竞赛, 他得到了解形如 $x^3+px+q=0$ 的任何三次方程的方法.

在两小时之内他解决了对手提出的所有问题. 米兰的数学和物理教授卡尔丹(1501—1576)在得知塔尔塔里雅的发明后, 就央求塔尔塔里雅将秘诀告诉他. 塔尔塔里雅终于在要卡尔丹绝对地保守方法的秘密的条件下同意了. 但是卡尔丹背弃了诺言而将塔尔塔里雅的结果发表在他自己的著作《大法》(Ars magna)里.

三次方程的解的公式虽然应该称为塔尔塔里雅公式, 但是直到现在为止仍然把它叫做卡尔丹公式.

卡尔丹公式是象下面那样得出的.

首先, 解一般三次方程

$$y^3+ay^2+by+c=0 \tag{1}$$

的问题容易归结为解不含未知数的平方项的三次方程

$$x^3+px+q=0 \tag{2}$$

的问题. 为此只须令 $y=x-\dfrac{a}{3}$. 事实上, 将此式代入方程(1)并去掉括号即得

$$\left(x-\frac{a}{3}\right)^3+a\left(x-\frac{a}{3}\right)^2+b\left(x-\frac{a}{3}\right)+c$$

$$=x^3-3x^2\frac{a}{3}+\cdots+ax^2+\cdots,$$

式中"…"表示 x 的一次及零次各项. 由此可见含 x^2 的项是相互抵消了.

现在设给出的方程是

$$x^3+px+q=0.$$

令 $x=u+v$, 即引进 u 及 v 后而使一个未知数的问题变成两个未知数的问题. 于是就有

$$(u+v)^3+p(u+v)+q=0,$$

或 $\qquad u^3+v^3+q+(3uv+p)(u+v)=0.$

无论两数和 $u+v$ 是怎样的, 我们永远可以要求它们的积等于一个预先给定的值. 因为如果给定了 $u+v=A$, 而我们要求 $uv=B$, 那末由 $v=A-u$ 知要求

$$u(A-u)=B,$$

这只要 u 是二次方程

$$u^2-Au+B=0$$

的根就行了. 但由已获得的公式知, 每一个二次方程有实数根或复数根. 在现今的情形下, $u+v$ 等于我们的三次方程的所求根 x, 我们要求

$$uv=-\frac{p}{3},$$

即要求 $3uv+p=0$. 对于这样选择的 u 及 v, 就得到

$$u^3+v^3+q=0,$$
$$3uv+p=0. \qquad (3)$$

因此我们如果能找到适合这组方程的 u 及 v, 那末数 $x=u+v$ 便是原方程的根了.

由方程组容易构成以 u^3 及 v^3 为根的二次方程. 事实上, 它

给出了

$$u^3 + v^3 = -q,$$

$$u^3 v^3 = -\frac{p^3}{27},$$

因此利用上面的定理就知道 u^3 及 v^3 是二次方程

$$z^2 + qz - \frac{p^3}{27} = 0$$

的根. 按照通常的公式解出它来, 就得到

$$u^3 = -\frac{q}{2} + \sqrt{\frac{q^2}{4} + \frac{p^3}{27}}, \quad v^3 = -\frac{q}{2} - \sqrt{\frac{q^2}{4} + \frac{p^3}{27}},$$

故 $\quad x = \sqrt[3]{-\frac{q}{2} + \sqrt{\frac{q^2}{4} + \frac{p^3}{27}}} + \sqrt[3]{-\frac{q}{2} - \sqrt{\frac{q^2}{4} + \frac{p^3}{27}}}.$

这就是卡尔丹公式.

四次方程 在三次方程被解出后, 一般的四次方程很快地就被费拉里(1522—1565)解出. 为了解出三次方程必需事先解出二次辅助方程

$$z^2 + qz - \frac{p^3}{27} = 0,$$

式中 $z = u^3$ 或 v^3, 而四次方程的解出也有赖于事先解出某一个三次辅助方程.

费拉里的方法如下: 设给出的一般四次方程是

$$x^4 + ax^3 + bx^2 + cx + d = 0.$$

将它写成 $\qquad x^4 + ax^3 = -bx^2 - cx - d$

的形式, 并且在两边都加上 $\dfrac{a^2 x^2}{4}$, 于是左边就是一个完全平方式, 即

$$\left(x^2 + \frac{ax}{2}\right)^2 = \left(\frac{a^2}{4} - b\right)x^2 - cx - d.$$

再在这个方程的两边加上

$$\left(x^2 + \frac{ax}{2}\right)y + \frac{y^2}{4},$$

式中 y 是一个新的变数, 下面将对它给出我们所需要的条件. 这样一来, 方程的左边仍然是一个完全平方, 即

$$\left(x^2+\frac{ax}{2}+\frac{y}{2}\right)^2=\left(\frac{a^2}{4}-b+y\right)x^2$$
$$+\left(\frac{ay}{2}-c\right)x+\left(\frac{y^2}{4}-d\right). \qquad (4)$$

于是我们将问题化为两个未知数的问题了. 等式(4)的右边是以与 y 有关的式子作系数的 x 的二次三项式. 我们要取一适当的 y 使得这个三项式是二项式 $\alpha x+\beta$ 的平方.

要使二次三项式 Ax^2+Bx+C 是二项式 $\alpha x+\beta$ 的平方, 只要
$$B^2-4AC=0$$
就够了, 事实上, 如果 $B^2-4AC=0$, 那末
$$Ax^2+Bx+C=(\sqrt{A}\,x+\sqrt{C})^2,$$
即　　　　　　　　$Ax^2+Bx+C=(\alpha x+\beta)^2,$

式中　　　　　　　$\alpha=\sqrt{A},\quad \beta=\sqrt{C}.$

因此如果取 y 的值使它满足条件
$$\left(\frac{ay}{2}-c\right)^2-4\left(\frac{a^2}{4}-b+y\right)\left(\frac{y^2}{4}-d\right)=0,$$

那末方程(4)的右边就是完全平方 $(\alpha x+\beta)^2$. 展开此式, 我们得到 y 的一个三次方程, 即
$$y^3-by^2+(ac-4d)y-[d(a^2-4b)+c^2]=0.$$

解出这个辅助的三次方程后(例如按照卡尔丹公式), 然后由它的根 y_0 求出 α 及 β, 于是就有
$$\left(x^2+\frac{ax}{2}+\frac{y_0}{2}\right)^2=(\alpha x+\beta)^2,$$

由此得到
$$x^2+\frac{ax}{2}+\frac{y_0}{2}=\alpha x+\beta \quad \text{或} \quad x^2+\frac{ax}{2}+\frac{y_0}{2}=-\alpha x-\beta.$$

由这两个二次方程, 我们就求出所给出的四次方程的四个根.

十六世纪的意大利数学家对三次及四次代数方程的解答就是这样.

意大利数学家的成就发生了很大的影响. 在当时, 新时代的科学还是第一次超过了旧时的成就. 整个中世纪只是处于了解古

代著作的潮流影响之下，而终于在这里解决了古代所不能解决的问题．这是在新的计算学科——解析几何、微分学及积分学被发现的前一百年的时候，这些新的计算学科最终地肯定了新的科学比旧的优越．在这些伟大数学家之后，人们并不是不设法继承意大利人的成功而用根号来类似地解出五次、六次以及更高次的方程．

十七世纪杰出的代数学家奇尔恩豪斯(1651—1708)甚至说他终于找到了一般的解法．他的方法是建筑在将一方程变换为更简单的方程的基础上，但这个变换本身需要解某些辅助方程，经过深入地考察以后，发现奇尔恩豪斯的变换方法实际上只给出了二次、三次及四次方程的解答，而对于五次方程则需要事先解出一个还不知如何去解的六次辅助方程．

分解因式及维耶特公式　如果应用所谓的代数基本定理[1]（先不管它的证明），即设

$$f(x) = x^n + a_1 x^{n-1} + \cdots + a_n$$

是任意给定的 x 的 n 次多项式，它的系数 $a_1, a_2, \cdots, a_n$ 是给定的实数或复数，则方程

$$f(x) = 0$$

至少有一实数或复数根，其中复数的计算是按照有理数所适合的规则一样地进行，那末容易证明多项式 $f(x)$ 能够表成一次因式的连乘积的形状，即

$$f(x) = (x-a)(x-b)\cdots(x-l),$$

此处 $a, b, \cdots, l$ 是一些实数或复数，并且只有这一种表示法．

事实上，设 a 是 $f(x)$ 的一根，以 $x-a$ 去除 $f(x)$，由于除式是 1 次的，因此余数就是一个常数 R，即我们有恒等式

$$f(x) = (x-a)f_1(x) + R,$$

式中 $f_1(x)$ 是一个 $n-1$ 次的多项式，而 R 是常数，用数 a 代 x 以后就得到

---

1) 代数基本定理的证明是困难的，并且是在更晚得多的时候给出的，在这里将以 §3 的整个篇幅来完成它，但它的正确性却在严格证明很久以前就料想到了。

$$f(a) = (a-a)f_1(a) + R = R.$$

因为 a 是 $f(x)$ 的一根, 故 $f(a)=0$, 所以 $R=0$. 即 a 如果是一个多项式的根, $x-a$ 就能整除此多项式, 故

$$f(x) = (x-a)f_1(x).$$

如果代数基本定理是正确的话, 那末 $f_1(x)$ 也有一个根 b, 类似地我们就得到

$$f_1(x) = (x-b)f_2(x),$$

式中 $f_2(x)$ 是一个 $n-2$ 次的多项式等等. 这个分解式容易证明是唯一的.

每一个 n 次多项式 $f(x)$ 在这种意义下有 n 个并且有 n 个根 a, b, c, $\cdots$, l. 它们可能全不相等, 也可能有一些是相同的. 当有一些根是相同的时候, 我们就把相互相同的根的个数叫做这个根的重复度.

将式子　　　$(x-a)(x-b)(x-c)\cdots(x-l)$

乘开, 并比较 x 的同次幂的系数, 我们就直接得到

$$-a_1 = a+b+c+\cdots+l,$$
$$a_2 = ab+ac+\cdots+kl,$$
$$-a_3 = abc+abd+\cdots,$$
$$\cdots\cdots\cdots\cdots\cdots\cdots$$
$$\pm a_n = abc\cdots l.$$

这就是维耶特公式.

有关对称多项式的定理　维耶特公式是 n 个字母 a, b, $\cdots$, l 的多项式, 它对这些字母的任何排列不变. 实际上, $a+b+\cdots+k+l = b+a+\cdots+k+l$, 等等, 一般来说对 n 个字母的任何排列不变的 n 个字母的多项式叫做这 n 个字母的对称多项式. 例如, $5x^2+5y^2-7xy$ 是 x 及 y 的对称多项式, 能够证明下面的定理: 每一具有任何系数 A, B, $\cdots$ 的 n 个字母的整对称多项式能够表成这些字母的维耶特多项式及系数 A, B $\cdots$ 的有理整式(即应用加、减、乘诸运算而得到的式子). 如果 a, b, $\cdots$, l 是 n 次方程 $x^n + a_1x^{n-1}+\cdots+a_n = 0$ 的根, 那末具任何系数 A, B, $\cdots$ 的 a, b, $\cdots$, l

的每一对称多项式就是方程的系数 a_1, a_2, $\cdots$, a_n 及系数 A, B, $\cdots$ 的有理整式. 这就是对称多项式的基本定理.

拉格朗日的工作 著名的法兰西数学家拉格朗日在1770—1771年所发表的长文(有200多页)"关于代数方程解法的思考"中,讨论了在他以前为人们所熟知的解二次、三次及四次方程的一切解法, 他并且指出这些成功了的解法所根据的情况对五次及更高次方程是不可能发生的. 从菲洛所处的时代到拉格朗日的这篇文章出版时,中间经过了两个半世纪,在这样长的时间里任何人都没有怀疑过用根号解五次及更高次方程的可能性,也就是说,大家认为可以找到一个表示这些方程的根的公式, 而这个公式象古代的解二次方程及十六世纪意大利人解三次及四次方程一样, 只是对这些方程的系数作加、减、乘、除及求正整数次根诸运算就可得到. 仅仅以为是人们没有能有成效地找到正确的然而看来是很诡秘的道路去得出解法.

拉格朗日在他自己的回忆录(全集第三卷第305页)中曾说"用根号解四次以上的方程的问题是不可能解决的问题之一,虽然关于解法的不可能性什么事情也没有证明",在第307页他补充说"由我们的研讨可以看出用我们所考虑的方法给出五次方程的完全解法是很值得怀疑的".

在拉格朗日的研究中,他引进了式子,

$$a+\varepsilon b+\varepsilon^2 c+\cdots+\varepsilon^{n-1}l,$$

式中 a, b, c, $\cdots$, l 是方程的根, ε 是1的任一 n 次根[1],并且确定了正是这些式子紧密地联系着用根号解方程, 现在我们将这些式子叫做"拉格朗日预解式".

---

1) 即它们的 n 次方等于1的那些数. 例如,1的立方根是

$$1, \quad -\frac{1}{2}+\frac{\sqrt{3}}{2}i, \quad -\frac{1}{2}-\frac{\sqrt{3}}{2}i,$$

式中 $i=\sqrt{-1}$(参看第293页). 事实上,

$$\left(-\frac{1}{2}+\frac{\sqrt{3}}{2}i\right)^3=-\frac{1}{8}-\frac{3}{8}\sqrt{3}\,i+\frac{9}{8}+\frac{3\sqrt{3}}{8}i=1,$$

类似地有 $\left(-\frac{1}{2}-\frac{\sqrt{3}}{2}i\right)^3=1$.

此外，拉格朗日觉察到方程的根的排列理论比方程用根号解的理论有更大的意义，他甚至表达出排列的理论是"整个问题的真正哲学"的看法，正如后来伽罗华的研究所指出的那样，他是完全正确的.

拉格朗日导出二次、三次及四次方程的解并不象意大利人那样，对每种情况都有它某种固有的复杂性并且好象是偶然地找到的一些变换，相反他是十分严格地并且是从一个一般的想法借助于对称多项式的理论、置换的理论及预解式理论的统一的方法导出的.

例如，让我们来考察一下拉格朗日对一般四次方程

$$x^4 + mx^3 + nx^2 + px + q = 0$$

的解法.

设这个方程的根是 a, b, c, d. 我们考虑预解式

$$a + b - c - d,$$

即 $$a + \varepsilon c + \varepsilon^2 b + \varepsilon^3 d,$$

式中 $\varepsilon = -1$. 用 $1 \cdot 2 \cdot 3 \cdot 4 = 24$ 种不同的方法作出 a, b, c, d 的一切排列，我们就得到六个不同的式子

$$a + b - c - d,$$
$$a + c - b - d,$$
$$a + d - c - b,$$
$$c + d - a - b,$$
$$b + d - a - c,$$
$$b + c - a - d.$$

(5)

以这六个式子为根的六次方程的系数是对 a, b, c, d 的所有 24 个排列不变的，因为这 24 个排列中的任何一个仅仅只能将这些式子重新排列一下，而所考虑的六次方程的系数并不依赖于它的根的先后次序. 这样，这些系数就是 a, b, c, d 的对称多项式了，由于对称多项式的基本定理，这些系数可以用方程的系数 m, n, p, q 有整理地表示出来. 此外因为(5)式是成对地具有相反符号的，所以这个六次方程仅仅包含偶数次项. 事实上，如果(5)式

用 α, β, γ, $-\alpha$, $-\beta$, $-\gamma$ 来记，那末所考虑的六次方程的左边就等于

$$(y-\alpha)(y+\alpha)(y-\beta)(y+\beta)(y-\gamma)(y+\gamma)$$
$$=(y^2-\alpha^2)(y^2-\beta^2)(y^2-\gamma^2).$$

由直接的计算就知道这个六次方程是

$$y^6-(3m^2-8n)y^4+3(m^4-16m^2n-16n^2+16mp-64q)y^2$$
$$-(m^3-4m+18p)^2=0.$$

令 $y^2=t$，就得到 t 的三次方程，假设 t', t'', t''' 是它的根，那末

$$a+b-c-d=\sqrt{t'},$$
$$a+c-b-d=\sqrt{t''},$$
$$a+d-b-c=\sqrt{t'''}.$$

此外还有 $\qquad\qquad a+b+c+d=-m.$

用 1, 1, 1, 1, 或 1, -1, -1, 1, 或 -1, 1, -1, 1, 或 -1, -1, 1, 1 依次乘以上四个方程然后逐项相加就得到

$$a=\frac{1}{4}(-m+\sqrt{t'}+\sqrt{t''}+\sqrt{t'''}),$$

$$b=\frac{1}{4}(-m+\sqrt{t'}-\sqrt{t''}-\sqrt{t'''}),$$

$$c=\frac{1}{4}(-m-\sqrt{t'}+\sqrt{t''}-\sqrt{t'''}),$$

$$d=\frac{1}{4}(-m-\sqrt{t'}-\sqrt{t''}+\sqrt{t'''}).$$

这样一来,四次方程的解法就归结为三次方程的解法,类似地可以去解二次及三次方程.

拉格朗日在代数方程的理论方面的成就很多，然而经过他顽强的努力之后，用根号解高于四次的方程的问题仍然悬而未决. 这个几乎费了三个世纪的劳动的问题正如拉格朗日所表述的一样"它好象是在向人类的智慧挑战".

阿贝尔的发现 在 1824 年一个年青的有天才的挪威人阿贝尔(1802—1829)的著作出版时，引起了所有的数学家的惊奇，在这个著作中证明了这样一件事: 如果方程的次数 $n\geqslant5$, 并且系数 a_1,

a_2, $\cdots$, a_n 看成是字母,那末任何一个由这些系数组成的根式不可能是方程的根. 原来一切国家的最伟大的数学家三个世纪以来用根号去解五次或更高次方程之所以不能获得成就,只因为这个问题根本就没有解.

对于二次方程这样的公式是大家都知道的;对于三次及四次方程正如我们所见到的,也有类似的公式,然而对于五次及更高次方程,就没有任何这样的公式存在.

阿贝尔的证明很难,我们将不再在此引用.

伽罗华理论 然而这并不是问题的全部,代数方程的理论的最美妙之处仍然留在前面,问题在于有多少种特殊形式的方程能够用根号解,而这些方程又恰恰在多方面的应用中是重要的. 例如,二项方程 $x^n = A$ 便是这样的方程. 阿贝尔找到很广泛的另一类这样的方程,就是所谓的循环方程及更一般的"阿贝尔"方程. 由于用圆规直尺作正多角形的问题,高斯详尽地考察了所谓的分圆方程,也就是形如

$$x^{p-1} + x^{p-2} + \cdots + x + 1 = 0$$

的方程,其中 p 是素数,证明了它们总能归为解一串较低次的方程,并且他找到了这种方程能用二次根号解出的充分与必要条件(这个条件的必要性的证明只是到伽罗华时才有了严格的基础).

总之,在阿贝尔的工作之后的情况就是这样:虽然阿贝尔证明了高于四次的一般方程是不能用根号解出,但是有多少种不同类型的特殊的任何次方程仍然是可以用根号解出呢?由于这个发现,关于用根号解方程的全部问题是在新的基础上提出来了,应该找出一切能用根号解出的那些方程,换句话说,就是找出方程能用根号解出的充分与必要的条件,这个问题是由天才的法兰西数学家埃瓦里斯特·伽罗华解决的,而问题的答案在某种意义下给出了全部问题的彻底的阐明.

伽罗华(1811—1832)在 20 岁的时候与人决斗而死,在他的生命的最后两年中,因为他热衷于 1830 年革命时的狂风暴雨式的政治生活,由于他反对路易-菲利普的反动制度的言论而坐牢等等,

他不可能对数学这一学科花费很多的时间，然而伽罗华在自己的生命中却在数学的一些不同的部门中给出了远远超过他的时代的发明，特别是给出了代数方程论中最著名的结果．在伽罗华死后所留下的并由刘微尔在 1846 年首次发表的不算长的手稿"关于方程用根号解的条件的记录"中，从很简单的但是很深刻的想法出发，终于解开了环绕着用根号解出方程的困难的症结，而这个困难却是伟大的数学家们所毫无成效地奋斗过的．伽罗华的成就在于他在方程论中第一次引进了非常重要的新的一般概念，这些概念后来在整个数学中起着重要的作用．

我们现在就一种情形来考察伽罗华理论，即考察系数 a_1, a_2, $\cdots$, a_n 是有理数的 n 次方程

$$x^n + a_1 x^{n-1} + \cdots + a_{n-1} x + a_n = 0. \tag{6}$$

这个情形是特别有趣的，并且实际上已经包含了伽罗华一般理论的全部困难．此外，我们假设所考虑的方程的根 $a, b, c, \cdots$ 是不同的．

与拉格朗日所考虑的很类似，伽罗华从考虑关于 $a, b, c, \cdots$ 的某种一次式

$$V = Aa + Bb + Cc + \cdots$$

开始，但他不必假设这个式子的系数 $A, B, C, \cdots$ 是单位根，而取 $A, B, C, \cdots$ 为使得在 V 中对根 $a, b, c, \cdots$ 作一切可能的 $n! = 1 \cdot 2 \cdot 3 \cdots n$ 个排列所得到的 $n!$ 个值 $V, V', V'', \cdots, V^{(n!-1)}$. 不同的某些有理整数，这一点是永远可以办到的．其次，伽罗华作出以 $V, V', V'', \cdots, V^{(n!-1)}$ 为根的方程．借助于关于对称多项式的定理，不难证明这个 $n!$ 次方程 $\Phi(x) = 0$ 的系数是有理数．

到此为止，都很类似于拉格朗日所曾经做过的．

进一步伽罗华引进了第一个新的重要的概念，即在给定的数域上不可约多项式的概念．如果给了 x 的某一个多项式，它的系数比方说是有理数，那末如果这个多项式能表成更低次多项式的乘积的形式，这个多项式就叫做在有理数域上可约．多项式 $x^3 - x^2 - 4x - 6$ 在有理数域上便是可约的，因为它等于 $(x^2 + 2x + 2)(x - 3)$,

但是能够证明多项式 x^3+3x^2+3x-5 在有理数域上不可约.

虽然需要很长的计算, 但是将任一有理系数多项式分解成在有理数域不可约多项式的乘积的方法是存在的.

伽罗华假定我们所得到的多项式 $\Phi(x)$ 已经分解成有理数域上不可约多项式之乘积.

设 $F(x)$ 是这样的不可约因子中任意给定的一个, 并且设它的次数是 m.

此时多项式 $F(x)$ 就是 $n!$ 次多项式 $\Phi(x)$ 的 $n!$ 个一次因子 $x-V$, $x-V'$, $\cdots$, $x-V^{(n!-1)}$ 中的 m 个的乘积, 假设这 m 个因子是 $x-V$, $x-V'$, $\cdots$, $x-V^{(m-1)}$. 将给定的 n 次方程(6)的根 a, b, $\cdots$, l 用数码 1, 2, $\cdots$, n 标出, 那末 V, V', $\cdots$, $V^{(n!-1)}$ 就由根的号码 1, 2, $\cdots$, n 的所有可能的 $n!$ 排列所引出, 而 V, V' $\cdots$, $V^{(m-1)}$ 仅仅是它们中间的 m 个. 号码 1, 2, $\cdots$, n 的这 m 个排列的全体 G 就叫做给定的方程(6)的伽罗华群[1].

伽罗华还引进了一些新的概念, 并且通过它们得到了方程(6)可用根号解出的充分与必要条件是号码 1, 2, $\cdots$, n 的排列群 G 满足某些确定的条件. 这些论证虽然简单, 但的确是美妙的论证.

由此可见拉格朗日指出整个问题是以排列理论为基础的预见是正确的.

特别地, 阿贝尔的关于一般五次方程不能用根号解出的定理现在可以象下面那样证明: 能够证明有任意多个具整系数的五次方程使得它所对应的 120 次的方程 $\Phi(x)$ 是不可约的, 这就是说它们的伽罗华群是号码 1, 2, 3, 4, 5 的所有的 $5!=120$ 个排列的群. 但是能证明这个群不满足伽罗华的判别条件, 所以一般五次方程不能用根号解出.

例如, 若 a 是正整数, 能够证明方程 $x^5+x-a=0$ 大部分不能用根号解出, 例如当 $a=3$, 4, 5, 7, 8, 9, 10, 11, $\cdots$ 时, 它们不能用根号解出.

伽罗华理论对用圆规直尺作几何图形的问题的应用 下面是

---

1) 关于伽罗华群将在第三卷第二十章 §5 中更详细地谈到.

伽罗华理论卓越的应用之一. 很多平面几何的问题能用圆规直尺作图解出, 而另外一些就不行. 例如能用圆规直尺作正三角形, 正方形, 正五角形, 正六角形, 正八角形, 正十角形等等, 但是不能作正七角形, 正九角形, 正十一角形等等. 那末什么样的问题能用圆规及直尺解出, 而什么样的问题又不能呢? 这是一个在伽罗华以前没解决的问题, 而由伽罗华理论就得到它的下列的解答.

两条直线的方程, 一条直线的方程与圆周的方程或者两个圆周的方程的公共解归结为一次或二次方程的解. 对于直线与圆周来说, 这一点是显然的; 而对于两个圆周 $(x-a_1)^2+(y-b_1)^2=r_1$ 及 $(x-a_2)^2+(y-b_2)^2=r_2^2$ 的情形, 如果从一个方程减去另一方程, 那末 x^2 及 y^2 消去了, 而得到一个一次方程, 将它与一个圆周联合求解, 同样得到一个二次方程. 所以每一个能用圆规及直尺解出的问题归结到一次或二次方程, 因此整个问题就归结为一个未知数的代数方程, 而它的解可由一串平方根导出. 反之, 如果一个几何问题归结为这样的代数方程, 那末它就能用圆规及直尺解出, 因为大家所熟知的, 平方根是能用圆规直尺作出来的.

如果给了任意一个几何问题, 就需要作出它所归结到的那个代数方程. 如果这样的代数方程不能造出来, 那末问题不能用圆规及直尺解出就是很明显的事. 如果这样的代数方程存在, 那末就需要分出与问题解答相关联的不可约因子, 并且查明这个不可约方程是否能用平方根号解出. 如伽罗华理论所表明的, 这件事成立的充分与必要条件是组成方程的伽罗华群的排列的个数 m 是2的方幂.

借助这个判别条件, 证明了高斯所表达过的下列定理: 具有素数 p 个边的正多角形可以用圆规直尺作出的充分与必要条件是 p 具有 $2^{2^n}+1$ 的形式, 即对 $p=3, 5, 17, 257$ 等情形能够用圆规直尺作出, 而对 $p=7, 11, 13, 19, 23, 29, 31$ 等等则不可能用圆规直尺作出. 高斯仅仅证明了第一个论断.

用同样的方法还能证明: 用圆规及直尺不能三等分一任何角; 不能解决立方倍积的问题, 即由一给定的立方体的棱出发找出另一立方体的棱使所找出的立方体的体积两倍于给定的立方体的体积; 等等.

化圆为方的不可能性, 即用圆规及直尺不可能由一给定的圆的半径作出一与此圆等面积的正方形的边则是另外证明的. 就是说能够证明这样的正方形的边不可能用任何一个代数方程与圆的半径联系起来, 即如通常所说的, 它对圆的半径是超越的, 因此更谈不到用半径的一串平方根号来表出. 这件事的证明是困难的, 并且它不是从伽罗华理论导出的.

与伽罗华理论有关的两个基本问题 在伽罗华理论中留下了两个基本的进一步的问题, 虽然很多杰出的数学家对它们进行过不倦的努力, 但是到现在为止还不能在一般的形式下解决.

第一个问题就是所谓的希尔伯特-切波塔雷夫预解式(不要与拉格朗日预解式混同起来)问题, 它是用根号解方程的直接推广. 事实上用根号解出方程的说法与方程的解答可以归结为解一串二项方程的说法是相同的, 因为根号 $\sqrt[n]{A}$ 与二项方程 $x^n = A$ 的根是一回事. 很可能的是: 即令方程不能归结为象二项方程这样简单的方程, 但仍然能归结为另一串很简单的方程. 早在十八世纪末人们已经证明了一般的五次方程能够归结为一串二项方程还外加一个形如 $x^5 + x + A = 0$ 的方程, 虽然它不是二项方程, 但它仅有一个参数 A, 也就是说它与二项方程同样只有一个参数.

后来又证明了六次方程不能归结为一串具有一个参数的方程. 这就需要对于每一次数的方程来考虑它能归结为一串什么样的最简单的方程, 即具有最少参数的方程.

如果给定的方程归结为一串具有确定形式的具有一个参数的方程, 那末对每一个这样具有一个参数的方程能够按照它的参数值算出它的根的表. 于是解出给定方程就归结为应用一串这样的表.

第二个问题是伽罗华理论所要求的更深刻的问题. 伽罗华证明方程的解的性质依赖于它的群. 反之, 是否每一排列群一定是某一方程的伽罗华群, 并且以它为群的一切方程是怎么样的.

关于第一个问题,象大家知道的,即令是象克莱茵和希尔伯特这样杰出的数学家对它作了顽强的努力后,也只得到一些个别的结果;第一个一般性定理是著名的苏联代数学家切波塔雷夫所证明的.

在最近几年,苏联数学家莎法列维奇对第二个问题的所谓可解群的情形,即满足伽罗华判别条件的情形,作了肯定的回答.

§3. 代数基本定理

在前一节里,我们考察了曾经经历了三个世纪的想用根号解出 n 次方程的企图. 问题的确是很困难和很深刻的;而且引导到建立了不仅是对代数而且对整个数学都很重要的新的想法. 至于谈到方程的实际解法,那末可以对所有这些巨大的工作作出如下的总结. 已经查明用根号解方程的方法对一切代数方程来讲是远远不够的;并且除了二次方程以外,即令是能用根号解的情形也由于它的复杂性而对应用来说是很少有用的.

由于这个原因,数学家对代数方程理论早就着手在其他三个方向进行工作,即:1)关于根的存在的问题;2)不解出方程而按照它的系数去探索它的根的一些性质,例如它是否有实根的问题,有多少个的问题;8)关于方程的根的近似计算的问题.

首先需要证明的是: 每一实系数或复系数 n 次代数方程永远至少有一实根或复根[1].

这个定理是整个数学中最重要的定理之一,但是很久没有严格的证明. 由于它的证明的困难及具有基本性质,通常叫做"代数基本定理". 而就实质来说, 证明的方法的大部分与其说是代数的,不如说是无穷小分析的. 它的第一个证明是达朗贝尔给出的. 达朗贝尔的证明在后来发现有一点是不充分的. 这是说达朗贝尔应用了数学分析中一条甚为明显的一般性引理,即在一有限闭区间上定义的连续函数一定在某一点取极小值. 这件事是对的,但

---

1) 事实上,有非代数的方程存在,例如 $a^x = 0$,它既没有实根也没有复根.

是需要证明. 这个命题的严格证明在十八世纪的后半期才得到, 即在达朗贝尔的研究一百年以后才得到.

代数基本定理的第一个严格证明通常认为是高斯给出的; 然而在他的证明的某些地方, 为了完全严格所需要作出的补充并不少于达朗贝尔的证明. 现在已经有了这个定理的一系列的不同的完全严格的证明.

在本节里我们考察代数基本定理的基于达朗贝尔引理的证明, 并且引进上面提到的数学分析上的引理的完全证明.

复数的理论 在考察代数基本定理以前, 首先必需回忆我们在中学里已经学过的复数理论. 引导人们去建立复数的困难已经在解二次方程时首次遇到了. 即在二次方程解的公式中, 平方根号下的数 $\frac{p^2}{4}-q$ 是负数时应该怎么办呢? 任何一个实数, 不管是正数还是负数都不可能是负数的平方根, 因为任何实数的平方是正数或零.

经过了一世纪以上的怀疑后, 数学家们得出了必须引进具有下列运算法则的新型的数的结论, 这种数就是复数.

约定所引进的新型的数 $i=\sqrt{-1}$ 使得 $i^2=-1$ 后, 考察形如 $a+bi$ 的数, 此处 a 及 b 是通常的实数. 数 $a+bi$ 叫做复数. 两个这样的数 $a+bi$ 及 $c+di$ 当 $a=c$, $b=d$ 时算作相等. 数 $(a+c)+(b+d)i$ 算作是这样的两数之和, 而 $(a-c)+(b-d)i$ 是差. 对于乘法则将此两数看作是两个二项式相乘, 然后应用 $i^2=-1$, 即

$$(a+bi)(c+di)$$
$$=ac+bci+adi+bdi^2$$
$$=(ac-bd)+(bc+ad)i.$$

如果把 a 与 b 认为是点的直交坐标, 而这个点与复数 $a+bi$ 相对应, 那末我们所指出的复数的加法与减法对应于自原点到具有坐标 (a, b), (c, d) 的点的向量(有向线

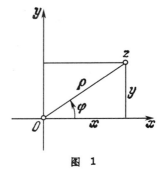

图 1

段)的加法，因为向量的加法是由它们的对应的坐标的加法作成的．至于上述的乘法在这个所谓的复数平面究竟具有什么样的意义，如果我们不考察对应于复数 $z=x+iy$ 的点的笛卡儿坐标 x 和 y，而考察它的极坐标 ρ 与 φ 时，就比较容易看出了，即考察自原点到点 (x, y) 的向量的长(这个长叫做复数 $z=x+iy$ 的模)及这个向量与 Ox 轴所成的角 φ(这个角叫做复数 $z=x+iy$ 的辐角)(图1)．此时 $x=\rho\cos\varphi$, $y=\rho\sin\varphi$，因此复数本身就写成

$$x+iy=\rho(\cos\varphi+i\sin\varphi).$$

如果

$$a+bi=\rho_1(\cos\varphi_1+i\sin\varphi_1), \quad c+di=\rho_2(\cos\varphi_2+i\sin\varphi_2),$$

那末

$$ac-bd=\rho_1\rho_2(\cos\varphi_1\cos\varphi_2-\sin\varphi_1\sin\varphi_2)=\rho_1\rho_2\cos(\varphi_1+\varphi_2),$$

$$bc+ad=\rho_1\rho_2(\sin\varphi_1\cos\varphi_2+\cos\varphi_1\sin\varphi_2)=\rho_1\rho_2\sin(\varphi_1+\varphi_2),$$

由此可见，当两个复数相乘时，它们的模 ρ_1 及 ρ_2 相乘，而辐角 φ_1 及 φ_2 相加．由于除法是乘法的逆运算，所以对于除法是一数的模去除另一数，而辐角相减．即

$$\rho_1(\cos\varphi_1+i\sin\varphi_1)\rho_2(\cos\varphi_2+i\sin\varphi_2)$$

$$=\rho_1\rho_2[\cos(\varphi_1+\varphi_2)+i\sin(\varphi_1+\varphi_2)]$$

及 $\dfrac{\rho_1(\cos\varphi_1+i\sin\varphi_1)}{\rho_2(\cos\varphi_2+i\sin\varphi_2)}=\dfrac{\rho_1}{\rho_2}[\cos(\varphi_1-\varphi_2)+i\sin(\varphi_1-\varphi_2)].$

因此对于正整数次的 n 次幂，它的模就是原来的模的 n 次幂，而辐角是原来辐角的 n 倍，

$$[\rho(\cos\varphi+i\sin\varphi)]^n=\rho^n(\cos n\varphi+i\sin n\varphi).$$

反之对于开方则有

$$\sqrt[n]{\rho(\cos\varphi+i\sin\varphi)}=\sqrt[n]{\rho}\left(\cos\frac{\varphi}{n}+i\sin\frac{\varphi}{n}\right).$$

然而开方毕竟发生了一种特殊情况．设 n 是正整指数，则

$$\sqrt[n]{\rho(\cos\varphi+i\sin\varphi)}$$

等于数 $\qquad\qquad \sqrt[n]{\rho}\left(\cos\dfrac{\varphi}{n}+i\sin\dfrac{\varphi}{n}\right),$

因为这个数的 n 次方给出了被开方的数.

但是这仅仅是根的一个值. 问题在于复数

$$\sqrt[n]{\rho}\left[\cos\left(\frac{\varphi}{n}+\frac{2k\pi}{n}\right)+i\sin\left(\frac{\varphi}{n}+\frac{2k\pi}{n}\right)\right]$$

也是数 $\qquad\qquad \rho(\cos\varphi+i\sin\varphi)$

的 n 次根,式中 k 是 1, 2, $\cdots$, $n-1$ 中的任一数. 事实上, 按照乘方规则将这样的数作 n 次方时得到数

$$(\sqrt[n]{\rho})^n\left[\cos n\left(\frac{\varphi}{n}+\frac{2k\pi}{n}\right)+i\sin n\left(\frac{\varphi}{n}+\frac{2k\pi}{n}\right)\right]$$

$$=\rho[\cos(\varphi+2k\pi)+i\sin(\varphi+2k\pi)],$$

并且在余弦和正弦的符号下的 $2k\pi$ 这一项可以不写, 因为它使正弦及余弦都不变. 这样, 这个数的 n 次幂是数

$$\rho(\cos\varphi+i\sin\varphi),$$

即这个数是 $\qquad\qquad \sqrt[n]{\rho(\cos\varphi+i\sin\varphi)},$

容易看出除了这 n 个数(当 $k=0$, 1, 2, $\cdots$, $n-1$)以外, 其他任何复数不再是

$$\rho(\cos\varphi+i\sin\varphi)$$

的 n 次根. 几何地求 n 次根表述如下. 与数 $\rho(\cos\varphi+i\sin\varphi)$ 的 $\sqrt[n]{}$ 的值对应的复平面上的点是一正 n 角形的顶点, 这些顶点在以原点为心以 $\sqrt[n]{\rho}$ 为半径的圆上, 而这个 n 角形的顶点之一有辐角 $\frac{\varphi}{n}$ (图2).

我们给出下面的注意. 若

$$f(z)=z^n+c_1 z^{n-1}+\cdots+c_{n-1}z+c_n$$

是具有实或复系数 c_1, c_2, $\cdots$, c_n 的 z 的多项式, 并让 z 连续地变动, 即点 $z=x+iy$ 在复平面上连续地移动, 此时复数点 $Z=X+iY=f(z)$ 在复平面上也连续地移动. 这件事由下面的论证就看得出是很明显的: 如果以 $z=x+iy$, $c_1=a_1+b_1 i$, $c_2=a_2+b_2 i$, $\cdots$, $c_n=a_n+b_n i$ 代入 $f(z)$ 并且进行计算, 那末就得到

$$f(z)=X+iY,$$

此处 $\qquad\qquad X=P(x, y), \quad Y=Q(x, y)$

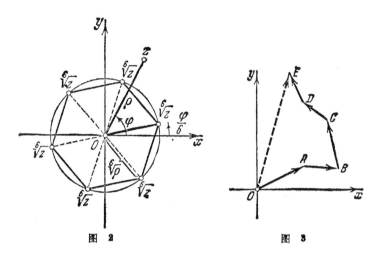

图 2   图 3

是 x 及 y 的实系数多项式, 而系数是由 a_i 及 b_i 表出的, 对于连续的变量 x 与 y, 这些多项式也连续地变动.

我们还指出因为模 $\rho = |f(z)|$ 等于 $\sqrt{X^2+Y^2}$, 所以当点 z 在复平面上连续地移动时, 模 $|f(z)|$ 也连续地变动, 换句话说, 如果点 z 充分地接近点 α, 那末差 $|f(z)| - |f(\alpha)|$ 的绝对值可以小于任何预先给定的正数.

我们还指出若干个复数的和的模永远小于或等于这些数的模的和, 这等价于折线 $OABCDE$ 的封闭直线线段 OE (图 3) 短于该折线, 并且当且仅当折线的所有线段在一条直线上且沿同一方向延伸时相等.

最后, 我们记出"复数等于零"或"它的模等于零"是同义的, 因为复数的模 ρ 是对应的点到零点的距离.

我们现在应用复数的理论去证明代数基本定理, 然而复数理论的意义远远超过代数的范围. 象在代数学里一样, 在数学的很多其他部门里没有它是不行的. 在很多应用中, 例如在交流电的理论中, 一系列的问题是借助于复数得到最简单的解决. 但是复数运用到两个实变数的某些特殊的函数即所谓调和函数的理论上去是最重要的, 这件事实际上就是复变函数理论. 借助于这些函数解决了飞机飞行理论,热运动理论,电场理论的重要问题及弹性理论的某些问题. 关于飞机机翼升力的著名定理是由近代空气动力学的创始人茹可夫斯基借助于复变函数论的研究而得到的[1].

现在转到代数基本定理的证明上来.

定理 以任意给定的实数或复数

$$a_0, a_1, \cdots, a_{n-1}, a_n$$

为系数的多项式

$$f(z) = a_0 z^n + a_1 z^{n-1} + \cdots + a_{n-1} z + a_n,$$

至少有一实数根或复数根.

我们将假定给定的多项式是 n 次的,即 $a_0 \neq 0$.

多项式的模的曲面 我们几何地考察全部问题. 在每一个复数点 z 上安置立坐标(垂线) t, 它的长等于多项式 $f(z)$ 在这一点 z 的模 $|f(z)|$. 这些立坐标的端点形成某一曲面 M, 我们把它叫做多项式 $f(z)$ 的模的曲面, 我们发现这个曲面有下列性质: 1) 无论在什么地方, 它不会降到复平面下面, 这是因为任何复数[目前情况是数 $f(z)$] 的模是非负的; 2) 对于复平面的任何一点 z, 这个曲面上有一点且仅有一点位于这个点的上面或者就是这个点本身; 即曲面 M 在整个复平面上是由一叶构成的, 并且可能某些点与此平面接触; 3) 这个曲面在下述意义下连续, 当点 z 的位置在复平面上连续变动时, 这个曲面的点的立坐标 $t = |f(z)|$ 连续地变动(这一点在前一段已经证明).

代数基本定理的要求就是证明曲面 M 至少在一点接触到复平面, 而不是处处都是在复平面上面的某一高度经过.

离原点渐远多项式的模的递增 我们要证明无论给出一个多么大的数 G, 总能找出一个 R 使得与位于以原点为圆心以 R 为半径的圆外的点 z 对应的曲面 M 上的点的立坐标 t 大于 G.

事实上,将多项式 $f(z)$ 写成

$$a_0 z^n \left[1 + \left(\frac{a_1}{a_0 z} + \frac{a_2}{a_0 z^2} + \cdots + \frac{a_n}{a_0 z^n} \right) \right]$$

---

1) 参照第二卷第九章.

的形式. $\left(\dfrac{a_1}{a_0 z}+\dfrac{a_2}{a_0 z^2}+\cdots+\dfrac{a_n}{a_0 z^n}\right)$ 的 模 不大于各项的模的和 $\left|\dfrac{a_1}{a_0 z}\right|+\left|\dfrac{a_2}{a_0 z^2}\right|+\cdots+\left|\dfrac{a_n}{a_0 z^n}\right|$, 并且当 z 的模增大时, 这个和的每一项就减小, 因此这个和也就减小. 所以对于模大于某一数 R' 的一切 z 来说, 这个括号的模就小于 $\dfrac{1}{2}$.

但是对于一切使得括号 $\varOmega=\left[1+\left(\dfrac{a_1}{a_0 z}+\dfrac{a_2}{a_0 z^2}+\cdots+\dfrac{a^n}{a_0 z^n}\right)\right]$ 的模大于 $1/2$ 的 z 来说, 第一个因子 $a_0 z^n$ 的模 $|a_0|\cdot|z|^n$ 随着 z 的模的增大而可以任意增大, 所以无论给出一个多么大的数 G, 总存在一个正数 R 使得对于模大于 R 的一切 z 来说, $|f(z)|=|a_0|\cdot|z|^n\cdot|\varOmega|$ 大于 G.

曲面 M 的极小值的存在 如果曲面 M 上与复平面上的点 α 对应的点的立坐标的值小于或等于点 α 的某个邻域内一切点 (即以 α 为心的很小的圆内的所有点) 所对应的值, 我们就说曲面 M 在复平面的点 α 处有极小值.

设与复平面的原点 (即 $z=0$ 这一点) 对应的曲面 M 上的点的立坐标是 g, 即 $|f(0)|=g$. 我们取 $G>g$. 曲面 M 的一切点的立坐标 t 是非负的, 且当复平面的 z 连续移动时 t 也连续地变动. 又有一 R 使曲面 M 在以 R 为半径以原点为心的圆外有立坐标 $t>G$, 而在圆心处有立坐标 $t=g<G$. 达朗贝尔认为这一事实包含有下列的显然推论: 即在这个圆内总有一点使得在它那里的立坐标最小, 确切地说, 在它那里的曲面 M 上的点的立坐标 t 小于或等于圆内其他一切点的立坐标, 即曲面 M 至少有一极小值.

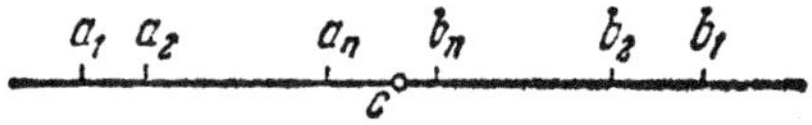

图 4

这个极小值的存在的严格证明基于下列的关于实数集的连续性公理.

如果给定两个实数串: $a_1<a_2<\cdots<a_n<\cdots$ 及 $b_1>b_2>\cdots>b_n>\cdots$, 使得对一切 n 都有 $b_n>a_n$, 且当 $n\to\infty$ 时 $b_n-a_n\to 0$, 那末有且仅有一个实数 c 存在使得对一切 n 都有 $a_n<c<b_n$.

连续性所揭示的几何性质是: 如果在直线上给定一个线段串 $[a_n, b_n]$ (图 4) 使得每一后面的线段包含在前面的里面, 并且线段的长可变到任意小, 那

末有一点 c 存在使得它属于这个线段串的一切线段内，换句话说，线段"收缩"到某一点，而不是"收缩"到"空地"．

由于线段 $[a_n, b_n]$ 之长当 n 增加时趋近于零，这样的点只有一个． 从这个关于实数集(即数轴上一切点的集)的连续性质出发立刻得到关于复数(即平面上的点)的连续性质． 我们给出这个性质的几何说法．

如果在平面给一串边与坐标轴平行的长方形串 $\varDelta_1$, $\varDelta_2$, $\cdots$, $\varDelta_n$, $\cdots$，它们中间每一个后面的都包含在前面的里面，并且它们的对角线无限地减小，那末有且仅有一点是属于这串长方形中的每一个． 这个平面的连续性质由关于直线的连续性质直接得出． 为了证明它，只须将长方形投射到坐标轴上就够了．

现在容易建立所谓的波尔察诺-魏尔斯特拉斯定理．

如果在某一长方形里给出了无限的点串 s_1, s_2, $\cdots$, s_n, $\cdots$，那末在长方形的里面或边界上有点 s_0 存在使得在它的任何一个邻域(即以 s_0 为心的任意充分小的圆)里有点串 s_1, s_2, $\cdots$, s_n, $\cdots$ 中的无穷多个点．

为了证明这个定理，我们用 $\varDelta_1$ 表示给定的长方形，用平行于坐标轴的直线将它分为四个相等的部分，在这四部分中至少有一部分包含给定的点串中的无穷多个点，用 $\varDelta_2$ 记这一部分． 将 $\varDelta_2$ 再分为四个相等的部分，并且取其中含有给定点串中无穷多个点的那一部分为 $\varDelta_3$，等等．

我们得到了对角线无限地减小的一个长方形串，并且它们是一个套一个的． 按照连续性质有一点 s_0 属于一切作出的长方形． 它就是所要求的． 事实上，无论取 s_0 的怎样小的邻域，长方形串 $\varDelta_1$, $\varDelta_2$, $\cdots$, $\varDelta_n$, $\cdots$ 必从某一个开始整个地在这个邻域里面，这仅仅只要对角线小于邻域的半径就够了． 而每一长方形都含有点串 s_1, s_2, $\cdots$, s_n, $\cdots$ 中的无穷多个点． 这样波尔察诺-魏尔斯特拉斯定理就被证明了．

现在容易证明关于多项式的模 $|f(s)|$ 的极小值的定理． 同前面一样，设 $|f(0)|=g$；G 是某一大于 g 的数；R 是使得当 $|s|>R$ 时，$|f(s)|>G$ 的数．

若 $g=0$，即 $f(0)=0$，那末多项式的模 $|f(s)|$ 在点 0 处有极小值，这是因为在一切点上都 >0．

若 $g>0$，且对一切点 s 都有 $|f(s)|\geqslant g$，那末 $|f(s)|$ 也在点 0 有极小值，设 $g>0$ 且存在点 s 使 $|f(s)|<g$；此时在数列

$$0, \quad \frac{g}{n}, \quad \frac{2g}{n}, \quad \cdots, \quad \frac{ng}{n}=g \qquad (*)$$

中，有一最大的 $c_n=\dfrac{ig}{n}$ 使一切的 $|f(s)|>c_n$，而对于列 $(*)$ 中的后一数 $c_n'=\dfrac{i+1}{n}g$，就至少有一点 s_n 使 $|f(s_n)|<c_n'$．

我们使 n 无限地增大. 对于一切 n 都有 $|z_n| \leqslant R$, 因为如果 $|z_n| > R$, 那末 $|f(z)|$ 就大于 G, 因而大于 g.

这样一来, 一切点 z_n 都在以坐标原点为心而边长为 $2R$ 的长方形内. 很可能这些点的某些个有相互重合的现象.

按照波尔察诺-魏尔斯特拉斯定理有点 z_0 存在, 使得在它的任何一个邻域里有点串 z_1, z_2, $\cdots$, z_n, $\cdots$ 中的无穷多个点.

我们来确定恰恰在点 z_0 处 $|f(z)|$ 有极小值.

事实上, 设 z 是任一点. 此时

$$|f(z)| > c_n = c_n' - \frac{g}{n} > |f(z_n)| - \frac{g}{n}$$

$$= |f(z_0)| + (|f(z_n)| - |f(z_0)|) - \frac{g}{n}.$$

这个不等式对任何 n 都是成立的, 如果取一 n 使得 z_n 充分地接近于 z_0, 那末由 $|f(z)|$ 的连续性得出 $|f(z_n)| - |f(z_0)|$ 的绝对值与 $\frac{g}{n}$ 一样可以任意地小.

因此 $|f(z)| > |f(z_0)|$, 即 $|f(z)|$ 在点 z_0 处达到了极小值.

达朗贝尔引理 由于曲面 M 的一切点的立坐标 t 是非负的, 那末多项式 $f(z)$ 的根 (即使得 $f(z)$, 因而也使它的模 $|f(z)|$ 等于零的复平面的点 z) 显然对应于模曲面 M 的一个极小值. 然而如达朗贝尔所证明的, 反过来也是正确的, 即曲面 M 的每一极小值都接触到复平面, 即在极小值处有多项式 $f(z)$ 的根. 换句话说, 曲面 M 没有一个极小值是正的而不是零. 这由所谓达朗贝尔引理推出:

若 α 是任一给定的使得 $f(\alpha) \neq 0$ 的复数, 则总可以找到一个绝对值任意小的复数 h 使 $|f(\alpha+h)| < |f(\alpha)|$.

证 我们考虑多项式

$$f(\alpha+h) = a_0(\alpha+h)^n + a_1(\alpha+h)^{n-1} + \cdots + a_{n-1}(\alpha+h) + a_n,$$

并且将这一具有两个文字 α 及 h 的多项式按 h 的升幂排列. 在这个多项式中不含 h 的项

$$a_0\alpha^n + a_1\alpha^{n-1} + \cdots + a_{n-1}\alpha + a_n = f(\alpha) \neq 0,$$

这是因为我们假设 $f(\alpha) \neq 0$. 又由于我们假设 $a_0 \neq 0$, 因此有含 h^n 的项 $a_0 h^n$, 至于具有 h 的中间方幂的那些项可能一部分或全部不出现. 设在这种写法中所出现的 h 的最低次幂是 m 次的，此处 $1 \leqslant m \leqslant n$，于是这个写法具有形式

$$f(\alpha+h)=f(\alpha)+Ah^m+Bh^{m+1}+Ch^{m+2}+\cdots+a_0h^n.$$

将它写成

$$f(\alpha+h)=f(\alpha)+Ah^m$$
$$+Ah^m\left(\frac{B}{A}h+\frac{C}{A}h^2+\cdots+\frac{a_0}{A}h^{n-m}\right),$$

式中 $A \neq 0$，而 B, C 等数可能等于零也可能不等于零.

经过这些准备以后，达朗贝尔引理的证明粗略地说来是这样进行的. 取 h 是一个使向量 Ah^m 的长小于向量 $f(\alpha)$ 的长而模充分小的复数；并且它具有使向量 Ah^m 的方向与向量 $f(\alpha)$ 的方向相反的辐角，此时向量 $f(\alpha)+Ah^m$ 就比向量 $f(\alpha)$ 短. 但是对模充分小的一切 h 来

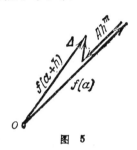

图 5

说，括号 $\left(\frac{B}{A}h+\frac{C}{A}h^2+\cdots+\frac{a_0}{A}h^{n-m}\right)$ 的模可以任意小，比方说小于 1，于是向量 $\varDelta=Ah^m\left(\frac{B}{A}h+\frac{C}{A}h^2+\cdots+\frac{a_0}{A}h^{n-m}\right)$ 的长就比 Ah^m 的长要短. 所以象在图 5 中所看见的那样，哪怕是向量 $\varDelta$ 恰恰与向量 Ah^m 有相反的方向，向量 $f(\alpha+h)=f(\alpha)+Ah^m+\varDelta$ 同样是比向量 $f(\alpha)$ 短.

这个证明的详细情形如下所述：

1. 因为对应于复数的乘法是因子的辐角相加，故 h 的辐角必须满足等式：

$$\arg A+m\cdot\arg h=\arg f(\alpha)+180°,$$

即 $$\arg h=\frac{\arg f(\alpha)-\arg A+180°}{m}.$$

2. 括号 $\left(\frac{B}{A}h+\frac{C}{A}h^2+\cdots+\frac{a_0}{A}h^{n-m}\right)$ 的模不大于它的各项的模的和 $T=\left|\frac{B}{A}h\right|+\left|\frac{C}{A}h^2\right|+\cdots+\left|\frac{a_0}{A}h^{n-m}\right|$，并且当 h 的模任意

减小时,这个和的每一项可以任意减少,因而这个和也可以任意减少.所以如果 h 是有上述辐角的复数,而 h_0 是使得模小于 h_0 的一切 h 都满足条件 $|Ah^m| < |f(\alpha)|$ 及 $T<1$ 的数,那末对于一切具有这个辐角而模小于 h_0 的 h 都有 $|f(\alpha+h)| < |f(\alpha)|$,这就证明了达朗贝尔引理.

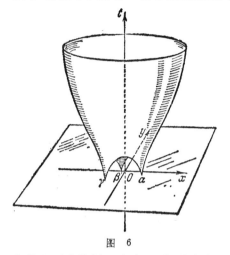

图 6

由达朗贝尔引理直接得出多项式 $f(z)$ 的模的曲面 M 的每一极小值给出它的多项式的根.事实上,如果在点 α 处有 $f(\alpha)\neq 0$,那末由达朗贝尔引理在与它任意接近之处有点 $\alpha+h$ 使 $|f(\alpha+h)| < |f(\alpha)|$,即不存在以点 α 为心的圆使在它内部的一切点上,$f(z)$ 的模都不小于 $f(\alpha)$ 的模,所以 $f(z)$ 的模不可能在点 α 处取极小值,这样高等代数的基本定理就被证明了.

模曲面 M 的一般形式 多项式 $f(z)$ 的模曲面 M 位于复平面 z 之上,它具有图 6 所指出的形式,能够证明曲面在较高的 t 处与由 n 阶抛物线 $t=|a_0||x^n$ 绕 Ot 轴所得的曲面很少不同.但对于小的 t 来说,曲面 M 有极小值,极小值的个数等于方程 $f(z)=0$ 的不同的根数.曲面 M 由所有这些极小值在复平面 z 上支起来.

§4. 多项式的根在复平面上的分布的研究

对于实用很重要的一系列问题是与这样的问题有关联的,即不解出方程而得到关于它的根在复平面上的分布的这些或那些知识,第一个这样的问题是关于确定方程的实数根的个数的问题,就是说,如果给了一个实系数方程,那末不解出它而按照与它的系数有关的某种判别条件来指出它是否有实数根，如果有，有多少；或者有多少正根和有多少负根；或者它在给定的界 a 及 b 之间有多少个实数根.

多项式的导数 多项式的导数在本段中担负着主要的作用. 什么是给定的函数的导数已在第二章中阐明.

如大家所知，多项式 $a_0x^n+a_1x^{n-1}+\cdots+a_{n-1}x+a_n$ 的导数等于多项式 $na_0x^{n-1}+(n-1)a_1x^{n-2}+\cdots+a_{n-1}$.

在第二章中仅仅考虑过实变数函数的导数的概念，在代数里必须认为变数取任意复数值并且引入复系数多项式加以考虑.

然而导数的定义仍然可以保留以前的定义而认为是函数的增量与自变数增量之比的极限，复系数多项式导数计算的公式及基本的微分法则（和、乘积与方幂的微商）仍然如前[1].

多项式的单根和重根 在这一章的 §2 里曾经断定如果数 a 是多项式 $f(x)$ 的根，那末 $f(x)$ 能被 $x-a$ 整除，如果 $f(x)$ 不能被 $(x-a)^2$ 整除，那末数 a 就叫做多项式 $f(x)$ 的单根，一般地，如果多项式 $f(x)$ 能被 $(x-a)^k$ 整除而不能被 $(x-a)^{k+1}$ 整除，那末数 a 叫做 k 重根.

k 重根 a 常常看作是 k 个相等的根. 这种看法的理由是在 $f(x)$ 分解为一次因子的式子中，因子 $(x-a)^k$ 是 k 个相同的因子 $(x-a)$ 的乘积.

如果约定每一个根所算的次数就是它的重数，那末由于每一个 n 次多项式分解为 n 个一次因子的乘积，多项式的根数就等于次数.

下列的定理是正确的：

1. 多项式的单根不是它的导数的根.

2. 多项式的重根是它的导数的根而重数少一.

事实上，设 $f(x)=(x-a)^kf_1(x)$. 并且 $f_1(x)$ 不被 $x-a$ 整除，即 $f_1(a)\neq 0$，则

1) 参看第二卷第九章.

$$f'(x) = k(x-a)^{k-1} f_1(x) + (x-a)^k f_1'(x)$$
$$= (x-a)^{k-1} [kf_1(x) + (x-a)f_1'(x)]$$
$$= (x-a)^{k-1} F(x).$$

多项式 $F(x) = kf_1(x) + (x-a)f_1'(x)$ 不能被 $x-a$ 整除，这是因为 $F(a) = kf_1(a) \neq 0$.

因此当 $k=1$ 时 $f'(x)$ 不能被 $x-a$ 整除，而当 $k>1$ 时，$f'(x)$ 能被 $(x-a)^{k-1}$ 整除，但不能被 $(x-a)^k$ 整除，于是这两个定理获证.

罗尔定理及它的某些推论 由习知的罗尔定理[1] 知如果实数 a 与 b 是实系数多项式的根，那末在 a 与 b 之间有一实数 c 存在，而它是导数的根.

由罗尔定理产生下列有趣的推论.

1. 如果多项式 $f(x) = a_0 x^n + a_1 x^{n-1} + \cdots + a_{n-1} x + a_n$ 的一切根都是实的，那末它的导数的一切根也是实的，在 $f(x)$ 的相邻两根之间有 $f'(x)$ 的一个根并且是一个单根. 事实上，设 $x_1 < x_2 < \cdots < x_k$ 是 $f(x)$ 的根，它们分别具有重数 $m_1, m_2, \cdots, m_k$. 显然 $m_1 + m_2 + \cdots + m_k = n$.

此时按照关于重根的定理，导数 $f'(x)$ 有根 $x_1, x_2, \cdots, x_k$，其重数分别是 $m_1 - 1, m_2 - 1, \cdots, m_k - 1$；又由罗尔定理还至少有根 $y_1, y_2, \cdots, y_{k-1}$ 分别在 $f(x)$ 的相邻两根的区间 $(x_1, x_2), (x_2, x_3), \cdots, (x_{k-1}, x_k)$ 里. 这样 $f'(x)$ 的实根的个数（考虑到重数）至少等于 $(m_1 - 1) + (m_2 - 1) + \cdots + (m_k - 1) + k - 1 = n - 1$. 但 $f'(x)$ 是 $n-1$ 次多项式，所以有 $n-1$ 个根（考虑到重数），因此 $f'(x)$ 的一切根都是实的，$y_1, y_2, \cdots, y_{k-1}$ 是单根，并且除了 $x_1, x_2, \cdots, x_k$ 及 $y_1, y_2, \cdots, y_{k-1}$ 以外，$f'(x)$ 没有其他的根.

2. 如果多项式 $f(x)$ 的一切根都是实的，并且其中有 p 个（考虑到重数）是正的，那末 $f'(x)$ 有 p 个或 $p-1$ 个正根.

事实上，设 $x_1 < x_2 < \cdots < x_k$ 是多项式 $f(x)$ 的一切正根，他们分别具有重数 $m_1, m_2, \cdots, m_k$，则 $m_1 + m_2 + \cdots + m_k = p$. 导数

---

1) 这个定理是中值定理的最简单的情形，已经在第二章第 138 页谈到它.

$f'(x)$ 将有下列正根: $x_1, x_2, \cdots, x_k$ 分别具有重数 $m_1-1, m_2-1, \cdots,$ m_k-1; $y_1, y_2, \cdots, y_{k-1}$ 分别是位于区间 $(x_1, x_2), \cdots, (x_{k-1}, x_k)$ 内的单根, 很可能还有一个单根 y_0 位于区间 (x_0, x_1) 之内, 此处 x_0 是 $f(x)$ 的最大的非正根, 因此 $f'(x)$ 的正根数等于 $(m_1-1)+\cdots+(m_k-1)+k-1=p-1$ 或 $(m_1-1)+\cdots+(m_k-1)+(k-1)+1=p$, 这就是所要证明的.

笛卡儿符号定则 笛卡儿在 1637 年发表的著名的《几何学》一书中第一次阐述了解析几何, 同时顺便给出了第一个著名的代数定理, 这就是关于多项式的根在复平面上的分布理论的"笛卡儿符号定则", 它可以表述如下:

如果方程的系数是实数并且知道它的一切根都是实的, 那末它的正根的个数在将重数计算在内时就等于它的系数序列的变号数, 如果它有复根, 那末正根数就等于这个变号数或比这个变号数小某一个偶数.

首先我们解释方程的系数序列的变号数, 为了得到这个数, 将方程的一切系数按未知数的降幂顺序写下, 其中包括 x^n 的系数及常数项, 但去掉一切等于零的系数. 再考察所得到的序列的一切相邻的数的数对, 如果在这样的数对中, 两数的符号不同, 那末就叫做一个变号, 例如, 如果给了方程

$$x^7+3x^5-5x^4-8x^3+7x+2=0,$$

那末它的系数的序列

$$1,\ 3,\ -5,\ -8,\ 7,\ 2$$

有两个变号.

现在我们来证明定理的第一部分[1].

不失其一般性可以认为多项式 $f(x)=a_0 x^n+\cdots+a_n$ 首系数 a_0 是正的.

我们首先断定: 如果 $f(x)$ 仅有实根, 并且有 p 个(计算重数)是正的, 那末 $(-1)^p$ 是 $f(x)$ 的最后一个不等于零的系数的符号.

事实上, 设

---

1) 可以给出不依赖于导数的另外的直接证明, 但是证明稍长一点.

$$f(x) = a_0 x^n + \cdots + a_k x^{n-k}$$
$$= a_0 x^{n-k}(x - x_1) \cdots (x - x_p)(x - x_{p+1}) \cdots (x - x_{n-k}),$$

式中 $x_1, \cdots, x_p$ 是 $f(x)$ 的正根, $x_{p+1}, \cdots, x_{n-k}$ 是 $f(x)$ 的负根; 而每一个根所算的次数就是它的重数, 此时 $a_k = a_0(-1)^p x_1 \cdots x_p(-x_{p+1}) \cdots (-x_{n-k})$, 而由于 $a_0, x_1, \cdots, x_p, -x_{p+1}, \cdots, -x_{n-k}$ 是正数, a_k 的符号是 $(-1)^{p}$ [1].

今后的证明是应用数学归纳法.

对于一次多项式定理是显然的, 事实上, 一次多项式 $a_0 x + a_1$ 有唯一的根 $-\dfrac{a_1}{a_0}$, 它仅在 a_0 与 a_1 有相反符号的情形才是正数.

现在假设定理对实系数的一切 $n-1$ 次多项式已经证明, 在这个假设下, 我们对 n 次多项式 $f(x) = a_0 x^n + \cdots + a_{n-1}x + a_n$ 来证明它.

1. $a_n = 0$, 考虑多项式 $f_1(x) = a_0 x^{n-1} + \cdots + a_{n-1}$. 多项式 $f(x)$ 与 $f_1(x)$ 的正根是相同的; 而它们的系数序列的变号数也是相同的, 对于多项式 $f_1(x)$, 笛卡儿法则是正确的, 因此对于多项式 $f(x)$, 它也是正确的.

2. $a_n \neq 0$, 我们来考虑导数 $f'(x) = na_0 x^{n-1} + (n-1)a_1 x^{n-2} + \cdots + a_{n-1}$.

显然当 a_n 与导数的最后一个不等于零的系数的符号相同时, 多项式的系数序列的变号数与导数 $f'(x)$ 的相同; 符号相反时, 就多一个.

由在证明开始时所指出的事实知在第一种情形下 $f(x)$ 与 $f'(x)$ 的正根数有相同的奇偶性, 而在第二种情形下则相反. 但是象我们在罗尔定理中所见到的, 多项式(如果它的一切根都是实的)的正根数与它的导数的正根数相等或者多一个, 利用这一点, 我们断言在第一种情形下 $f(x)$ 的正根和 $f'(x)$ 的一样多, 而在第二种情形下就多一个. 由归纳假设知, 笛卡儿定则对于 $f'(x)$ 是正

---

1) 注意这个结论对 $f(x)$ 的根中有复数的情形仍然正确.

确的, 即 $f'(x)$ 的正根数等于它的系数序列的变号数, 因此在两种情形下 $f(x)$ 的正根数等于系数序列的变号数, 这就是所要证明的.

笛卡儿定则的第二部分的建立并不复杂, 但我们不再在此给出它的证明.

注1 笛卡儿定理的第一个论断是特别重要的, 因为在很多的实际问题中明明知道所得到的方程的一切根都是实的. 在这些情况下能够很快地知道多少个是正根, 多少个是负根, 而方程有多少个根是零则可立刻知道.

注2 如果在所考虑的多项式中令 $x=y+a$, 式中 a 是一个任意给定的数, 即写出多项式 $f(y+a)$, 那末这个多项式的正根 y 是且仅仅是由给定的多项式 $f(x)$ 的大于 a 的那些根 x 所得到的, 所以一切根都是实数的多项式 $f(x)$ 的在 a 与 $b(b>a)$ 间的根的个数等于多项式 $f(x+a)$ 的变号数减去多项式 $f(x+b)$ 的变号数; 如果 $f(x)$ 的根不全是实数, 那末可以证明它等于这个差或者比这个差小一个偶数. 这就是所谓的比由当定理.

斯图谟定理 然而笛卡儿符号定则以及比由当定理并没有给出下述问题的答案, 这些问题是: 一个给定的实系数方程是不是有实根. 它总共有多少个实根, 并且在给定的限 a 与 b 之间它有多少个实根, 在两个多世纪的时间内, 数学家们尝试着解决这些问题, 然而毫无结果, 在这个方向下有一大串结果, 它们是属于笛卡儿、牛顿、比由当、西尔维斯特尔、富里哀及其他数学家的, 但是直到 1835 年法兰西数学家斯图谟提出解决这三个问题的方法以前, 他们甚至连第一个问题也解决不了.

斯图谟导出结论的方法其实并不复杂, 但它毕竟是长久以来所寻求的然而却没找到的方法, 斯图谟本人很幸运地解决了这个对实用来说是著名的并且非常重要的代数问题. 当他在讲演中阐述到自己的这些结果时, 他常说:"这就是我负担了它们的名字的那些定理."应该指出斯图谟解决这些问题并非偶然; 他很多年都在思考与它们相邻近的问题.

设 $f(z)$ 是一个具有实系数且没有重根的多项式[1]，$f_1(z)$ 是它的导数 $f'(z)$．用 $f_1(z)$ 除多项式 $f(z)$，并用 $f_2(z)$ 表示由这个除法所得到的余式反号后的多项式．然后，用 $f_2(z)$ 除 $f_1(z)$，并用 $f_3(z)$ 表余式反号后的多项式，等等．

能够证明在所作的序列中，最后一个不等于零的多项式 $f_s(z)$ 是一个常数 c．

斯图谟定理是这样的：如果 $a<b$ 是两个实数，并且不是 $f(z)$ 的根，那末将 $z=a$ 及 $z=b$ 代入多项式

$$f(z), f_1(z), \cdots, f_{s-1}(z), c$$

中，我们得到两串实数

$$f(a), f_1(a), \cdots, f_{s-1}(a), c, \tag{I}$$

$$f(b), f_1(b), \cdots, f_{s-1}(b), c, \tag{II}$$

于是序列(I)的变号数大于或等于序列(II)的变号数，而这两个变号数之差恰恰等于 $f(z)$ 在 a 与 b 间的实根数，换句话说，a 与 b 间的实根数等于序列(I)由 a 变到 b 时所丢掉的变号数．

斯图谟定理的证明并不比笛卡儿定理的证明要难，然而我们不在此处给出．

斯图谟定理给出了计算实系数多项式在实轴上的任何区间内的根数，所以对于任一给定的多项式，应用斯图谟定理足可以查清多项式在实轴上的根的分布的详细情形，特别是根的分离，即求出一组区间，使得每一区间中只含有多项式的一个根．

在很多应用中，对于多项式的复根解决类似的问题有不小的意义，由于复数不能用直线上的点来表示，而能用平面上的点来表示，因此不能说包含在"区间"里的复根；而用区域代替区间来考虑，即考虑用这种或那种所分出的平面的一部分．

因此在应用中提出下列关于复根的问题：

---

1) 原文中没有 $f(z)$ 没有重根这一假定，但是如果没有这一假定，那末多项式串 $f(z), f_1(z), f_2(z), \cdots$ 中最后一个不等于零的多项式 $f_s(z)$ 便不是常数，因此译者在此添上这一假定，至于在这一假定去掉的情况下，斯图谟定理仍然正确，只是将 c 换成 $f_s(z)$ 罢了．——译者注

给了多项式 $f(z)$ 及复平面上的一个区域, 需要知道多项式在这个区域里的根的个数.

我们将假定区域是由一封闭的围道包住的 (图7), 并且在区域的围道上多项式 $f(z)$ 没有根.

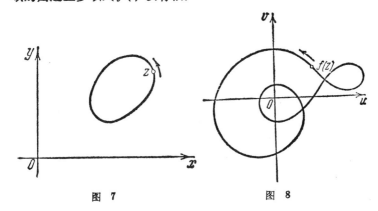

图 7   图 8

设想点 z 沿区域围道的正方向通过一次, 而多项式的每一个值也能用平面的点来表示, 当 z 连续地变动时多项式 $f(z)$ 也连续地变动, 因此在 z 绕区域围道一圈时, $f(z)$ 就描出一条封闭的曲线, 根据假设知 $f(z)$ 在围道上的任何一点都不是零, 所以这条曲线不通过坐标原点 (图8).

下面的定理便是上面所提出的问题的答案:

辐角原理 多项式 $f(z)$ 在一由封闭的围道 C 包住的区域内的根数等于当 z 沿 C 的正方向通过一次时 $f(z)$ 绕坐标原点的圈数.

为了证明这个定理, 我们将 $f(z)$ 分成一次因子的乘积

$$f(z) = a_0 z^n + a_1 z^{n-1} + \cdots + a_n = a_0 (z-z_1)(z-z_2) \cdots (z-z_n).$$

我们知道若干个复数的乘积的辐角等于因子的辐角的和, 因此

$$\arg f(z) = \arg a_0 + \arg(z-z_1) + \arg(z-z_2) + \cdots + \arg(z-z_n).$$

我们用 $\Delta \arg f(z)$ 表示 z 通过围道 C 时 $f(z)$ 的辐角的增量. 显然 $\Delta \arg f(z)$ 是 2π 的一个倍数, 这个倍数就是点 $f(z)$ 绕原点的

次数.

显然
$$\Delta \arg f(z) = \Delta \arg a_0 + \Delta \arg(z - z_1) + \Delta \arg(z - z_2)$$
$$+ \cdots + \Delta \arg(z - z_n).$$

因为 a_0 是一个常数, $\Delta \arg a_0 = 0$. 又 $z - z_1$ 可以用点 z_1 到点 z 的向量来表示. 假设 z_1 位于区域的内部, 从几何来看, 当点 z 通过 C 时, 向量 $z - z_1$ 以 z_1 为原点绕一整周 (图 9), 因此 $\Delta \arg(z - z_1) = 2\pi$. 现在假设点 z_2 位于区域之外, 在这种情形下, 向量在移动后回到原来的位置, 但并没有绕原点一周, 因此 $\Delta \arg(z - z_2) = 0$. 用这样的方法可以考察一切根. 因此 $\Delta \arg f(z)$ 等于 2π 乘以 $f(z)$ 的位于区域内部的根数. 故 $f(z)$ 的位于区域内部的根数等于点 $f(z)$ 绕原点的次数, 这就是所要证明的.

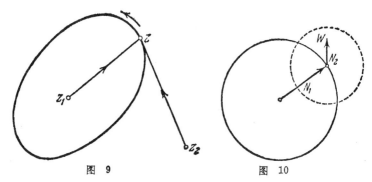

图 9   图 10

以上所证明的定理给出了解决所提出的问题的每一特殊情形的方法, 就是说要精确地画出点 $f(z)$ 所描出的曲线, 为了这一点, 必须在围道 C 上取一组相当稠密的点 z, 计算出与它们相应的 $f(z)$ 的值, 并且用连续的曲线把它们联结起来, 然而在某些情况下, 可能不必进行这些令人厌倦的计算, 我们举出一个数字作为例子来说明这一点.

例 求出多项式 $f(z) = z^{11} + 5z^3 - 2$ 在以一为半径以原点为心的圆内的根数.

在所给出的圆周 $|z| = 1$ 上, 构成多项式 $f(z)$ 的三项之中有一

项（即 $5z^9$）的绝对值大于其余各项的绝对值。事实上 $|5z^9|=5$，而 $|z^{11}-2| \leqslant |z|^{11}+2=3$，这种情况使我们能象下面那样来讨论，我们以 ω 表 $z^{11}+5z^9-2$，以 N_1 表 $5z^9$，以 N_2 表 $z^{11}-2$。当 z 绕单位圆一周时，$N_1=5z^9$ 就绕行半径是 5 的圆周两次，这是因 $|N_1|=5$，$\arg N_1=2\arg z$。而点 w 与 N_1 是由一个长度不超过 $|N_2| \leqslant 3$ 的向量"联系"着，即点 w 到点 N_1 的距离总是小于点 N_1 到坐标原点的距离。

因此，不论点 w 怎样绕着 N_1"转"（图 10），它都不能"独立"地绕原点转，于是它绕原点的次数与点 N_1 绕原点的次数一样，即绕原点两次。因此 $f(z)$ 在所考虑的区域内的根数是 2。

古尔维茨问题 在力学中，即在振动理论及调节理论中，鉴别给定的多项式 $f(z)=a_0z^n+a_1z^{n-1}+\cdots+a_n$（实系数）是否一切根都具有负的实数部分是很重要的，即是否一切根在虚轴的左半平面上。

解决这个问题的一个判别条件很容易由辐角原理导出的一个想法得到。

我们设 $a_0>0$。

设点 z 沿虚轴从上到下地变动，即设 $z=iy$，并且 y 由 $+\infty$ 变到 $-\infty$（图 11），则 $f(z)$ 描绘出某一有无穷远端点的曲线。为了研究时技巧上更方便些，我们将这一条曲线与函数

$$f_1(z)=(i)^{-n}f(z)$$
$$=a_0y^n-a_2y^{n-2}+a_4y^{n-4}+\cdots-i(a_1y^{n-1}-a_3y^{n-3}+\cdots)$$
$$=\varphi(y)-i\psi(y)$$

所描绘的曲线紧密地联系起来，在上式中

$$\varphi(y)=a_0y^n-a_2y^{n-2}+\cdots,$$
$$\psi(y)=a_1y^{n-1}-a_3y^{n-3}+\cdots.$$

因为 $\arg i=\dfrac{\pi}{2}$，于是 $\arg f_1(z)=-\dfrac{n\pi}{2}+\arg f(z)$，因而 $f(z)$ 与 $f_1(z)$ 的辐角的增量相同。

我们来计算当 z 从上到下通过虚轴时点 $f_1(z)$ 的辐角的增量。

设 $f(z) = a_0(z - z_1)(z - z_2) \cdots (z - z_n),$

则

$$\arg f_1(z) = \arg(a_0^{1-n}) + \arg(z - z_1) + \arg(z - z_2)$$
$$+ \cdots + \arg(z - z_n).$$

从几何来看，显然当 z_k 在右半平面时 $\arg(z - z_k)$ 的增量等于 π，当 z_k 在左半平面时 $\arg(z - z_k)$ 的增量等于 $-\pi$（图 11）.

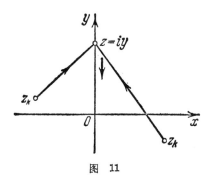

所以 $f_1(z)$ 的辐角的增量等于 $\pi(N_1 - N_2)$，式中 N_1 是 $f(z)$ 在右半平面上的根数，N_2 是在左半平面上的根数. 因此使得一切在左半平面上的必要与充分条件是点 $f_1(z)$ 的辐角的增量等于 $-\pi n$，即点 $f_1(z)$ 沿着时针方向绕坐标原点转 n 个半圈（图 12）.

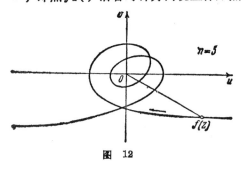

图 12

我们注意当 y 是 $\varphi(y)$ 的根时，点 $f_1(z) = \varphi(y) - i\psi(y)$ 与虚轴相交，当 y 是 $\psi(y)$ 的根时，与实轴相交. 由于 $\varphi(y)$ 的实根数不多于 n，$\psi(y)$ 的实根数不多于 $n-1$，从几何上来看，很容易确信 $f_1(z)$ 能够沿着时针方向转 n 个半圈当且仅当曲线从第四象限开始然后依次与虚轴的负的部分，实轴的负的部分，虚轴的正的部分，实轴的正的部分等等相交，并且与虚轴的交点（每一个半圈上恰有一点）总数等于 n，而与实轴的交点数等于 $n-1$（比半圈的个数少 1）. 所以系数 a_1 应该是正的，而多项式 $\varphi(y)$ 及 $\psi(y)$ 的根应该都是实的并且互相间隔. 所谓互相间隔的意思是如果 $y_1 > y_2 > \cdots > y_n$ 是 $\varphi(y)$ 的根，并且按递降的顺序排列，而 $\eta_1 > \eta_2 > \cdots \eta_{n-1}$ 是 $\psi(y)$ 的根，那末 $y_1 > \eta_1 > y_2 > \eta_2 > \cdots > y_{n-1} > \eta_{n-1} > y_n$.

总之实系数多项式 $f(z) = a_0 z^n + a_1 z^{n-1} + \cdots + a_n$, $a_0 > 0$ 的一切根位于左半平面的充要条件是系数 a_1 是正的，并且多项式 $\varphi(y)$ $= a_0 y^n - a_2 y^{n-2} + a_4 y^{n-4} - \cdots$ 及 $\psi(y) = a_1 y^{n-1} - a_3 y^{n-3} + \cdots$ 的根都是实的且互相间隔。

这个条件与著名的古尔维茨条件等价，就是说行列式

$$a_1, \quad \begin{vmatrix} a_1 & a_0 \\ a_3 & a_2 \end{vmatrix}, \quad \begin{vmatrix} a_1 & a_0 & a_{-1} \\ a_3 & a_2 & a_1 \\ a_5 & a_4 & a_3 \end{vmatrix}, \quad \cdots, \quad \begin{vmatrix} a_1 & a_0 & a_{-1} & \cdots & a_{2-n} \\ a_3 & a_2 & a_1 & \cdots & a_{4-n} \\ \vdots & \vdots & \vdots & \cdots & \vdots \\ a_{2n-1} & a_{2n-2} & a_{2n-3} & \cdots & a_n \end{vmatrix}$$

都是正的，其中足码小于零或大于 n 的 a_i 都是零(关于此类行列式可参看第三卷第十六章 §3).

§5. 根的近似计算法

斯图谟方法结合着界限的应用使我们可以进行实系数多项式的实根的"分离"，即对于每一这样的根，能够指出界限 a 及 b 来，而在它们之间仅有一个实根. 剩下的事就是要指出适当的方法能在线段 $a < b$ 上找出数 $\alpha_1 < \alpha_2 < \alpha_3 < \cdots$ 及 $\beta_1 > \beta_2 > \beta_3 > \cdots$，而他们是很快地愈来愈与所求的根接近，并且前者是它的不足近似值，而后者是过剩近似值. 两个近似值 α_k 及 β_k 中的每一个与所求根 x 之差显然小于它们的差 $\beta_k - \alpha_k$, 这是因为所求的根是在它们之间. 于是如果讨论这些近似值, 显然误差是小于它的.

多项式的图象　假设给定实系数 n 次多项式是

$$f(x) = a_0 x^n + a_1 x^{n-1} + \cdots + a_{n-1} x + a_n.$$

我们来讨论在直角坐标中表示方程 $y = f(x)$ 的曲线，即这个多项式的图象. 这条曲线有时叫做 n 阶抛物线. 首先，对于任一实的 x, 显然有一个且仅有一个确定的实数 $y = f(x)$, 所以 f 的图象向左右延伸至任意远的地方, 此外 $f(x)$ 及 $f'(x)$ 随 x 的连续变化而

连续变化，即没有跳跃，所以 f 的图象是光滑的曲线．对于绝对值充分大的 x 来说，第一项 a_0x^n 的绝对值大于其余一切项的和的绝对值，因为它们都具有较低的次数．由此推出：如果 n 是偶数而 $a_0>0$，那末 f 的图象就向左右方的高处无限伸展（如 $a_0<0$，就向低处）；如果 n 是奇数而 $a_0>0$，那末它就向右方高处无限伸展，而向左方低处伸展（如果 $a_0<0$，则反过来）．

f 的图象与 Ox 轴的交点，即使得 $y=f(x)=0$ 的点是对应于方程 $f(x)=0$ 的实根；它们的个数不大于 n．在图象 $y=f(x)$ 的极大值与极小值处，导数 $f'(x)=0$，因此极大值与极小值的总数不大于 $n-1$．如果在某一段里 $f''(x)>0$，那末在这里一阶导数是上升的，即图象本身是向上凹的；如果 $f''(x)<0$，那末它就向下凹了．如果已经知道 $f'(x)=0$ 的某一根是复的，f 的图象的极大值和极小值的个数就小于 $n-1$．

我们可以举多项式

$$f(x)=x^3-3x+1 \text{（图 13）}，$$
$$f(x)=x^4-x^3-4x^2+4x+1 \text{（图 14）}$$

的图象作为例子．

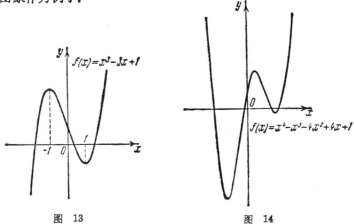

图 13　　　　　　　　　图 14

作出多项式的图象后，很容易找到它的根的近似值．因为根就是图象与 Ox 轴的交点的横坐标．

盈亏法 将任何一个有理整数(例如 3)代入多项式 $f(x)$，然后代入 4, 5, 6, …. 如果 4, 5, 6 代入后所得结果与代入 3 的结果同号，而代入 7 后反号，那末显然在 6 与 7 之间至少有 $f(x)$ 的一个根. 现在我们代入 6; 6.1; 6.2; …, 于是找到两个相邻的数, 例如 6.4 及 6.5, 它们代入后给出了不同的符号. 我们就知道在它们之间至少有一根. 进一步以 6.4; 6.41; 6.42; 6.43; … 代入并且仍然求出最靠近根的界, 例如是 6.42 及 6.43 等等. 这个方法就叫做"盈亏法". 在对每一计算步骤加上适当的多项式变换后, 这个方法还可以大大简化, 使得除开第一步的每一步骤都不代入分数而代入整数, 并且仅代入整数 1, 2, 3, …, 9. 但我们不停留在这些简化上面.

切线方法和弦方法 切线方法就是所谓的牛顿法, 弦方法就是直线插入法, 也叫做虚位法(*regula falsi*). 我们或者单独地使用, 或者为了估计误差而合起来使用, 假设 $a < b$ 并且在 a 与 b 之间仅有多项式 $f(x)$ 的一个实根 [$f(a)$ 与 $f(b)$ 反号], 此外二阶导数 $f''(x)$ 在 a 与 b 之间处处都具有相同的符号. 在这种情形下, f 的图象在 $x=a$ 及 $x=b$ 之间的一部分是四种形式之一 (图 15).

在情形 I 及情形 II 之下, 图象上具有横坐标 a 的点的切线与 Ox 轴相交于具横坐标 α_1 的点, 它位于所求的根与 a 之间. 求出横坐标 α_1 并且进一步考察图象上具有横坐标 α_1 的点的切线, 我们可类似地找到点 α_2, 它位于点 α_1 与根之间; 更进一步可类似地求 α_3 等等, 这样将得到很好的不足近似值. 由图上可以看出这些值很快地接近于所求的根.

在情形 III 及 IV 之下, 应该反过来从横坐标 b 开始, 则得到点 $\beta_1, \beta_2, \beta_3, …$, 即一些很好的过剩近似值. 至于四种情形中哪一种会发生, 按照 $f(a), f(b)$ 及 $f''(x)$, $a < x < b$ 的符号是很容易断定的.

因为曲线 $y=f(x)$ 上具有横坐标 a 的点的切线的方程是
$$y - f(a) = f'(a)(x - a),$$
于是它与 Ox 轴的交点的横坐标 α_1 由等式

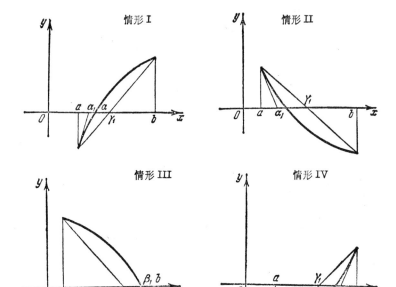

图 15

$$0 - f(a) = f'(a)(\alpha_1 - a)$$

得到, 就是说
$$\alpha_1 = a - \frac{f(a)}{f'(a)}.$$

进一步, $\alpha_2 = \alpha_1 - \dfrac{f(\alpha_1)}{f'(\alpha_1)}$, $\alpha_3 = \alpha_2 - \dfrac{f(\alpha_2)}{f'(\alpha_2)}$

等等.

类似地,
$$\beta_1 = b - \frac{f(b)}{f'(b)}, \quad \beta_2 = \beta_1 - \frac{f(\beta_1)}{f'(\beta_1)}, \quad \beta_3 = \beta_2 - \frac{f(\beta_2)}{f'(\beta_2)}$$

等等.

这就是牛顿法[1].

---

1) 从这些公式也可以给出上面由图形观察而得到的两个结论的严格证明, 因为当 n 增大时, α_n (类似地对于 β_n) 是单调地变化着, 例如在情形 I 中, α_n 是递增并且有界的, 由魏尔斯特拉斯引理知, α_n 趋近于极限 α, 将这个公式中的 α_n 用 α 代入后就得到: $\alpha = \alpha - \dfrac{f(\alpha)}{f'(\alpha)}$, 由此知 $f(\alpha) = 0$, 即 α 是多项式 f 的根.

直线插入法或者是虚位法有如下述：通过两个给定点的弦的方程和通过两点的直线的方程一样，有如下的形式：

$$\frac{x-a}{b-a}=\frac{y-f(a)}{f(b)-f(a)},$$

而它与 Ox 轴的交点的横坐标 γ_1 是由方程

$$\frac{x-a}{b-a}=\frac{0-f(a)}{f(b)-f(a)}$$

得到的，就是说

$$\gamma_1=-\frac{(b-a)f(a)}{f(b)-f(a)}+a=\frac{af(b)-bf(a)}{f(b)-f(a)}.$$

将它算作情形 I 及 II 的新的 b，而算作情形 III 及 IV 的新的 a 以后，我们对情形 I 及 II 就得到

$$\gamma_2=\frac{af(\gamma_1)-\gamma_1 f(a)}{f(\gamma_1)-f(a)},\quad \gamma_3=\frac{af(\gamma_2)-\gamma_2 f(a)}{f(\gamma_2)-f(a)}$$

等等.

在情形 III 及 IV 之下，我们将 γ_1 当作新的 a，就得到

$$\gamma_2=\frac{\gamma_1 f(b)-bf(\gamma_1)}{f(b)-f(\gamma_1)},\quad \gamma_3=\frac{\gamma_2 f(b)-bf(\gamma_2)}{f(b)-f(\gamma_2)}$$

等等.

这两个方法结合起来用是很重要的. 因为（如图中所见）他们可以用来估计近似值的误差，显然，误差不会超过这两种近似值的差，这是由于所求的根在它们之间.

注意 很值得注意的是：$f(x)$ 是多项式而不是 x 的其他任何函数这一情况无论在牛顿法或直线插入法中都不起任何作用，即这两个方法以及它们的结合对于一切适合上述条件的超越方程都能采用.

罗巴切夫斯基方法 现今最通行的计算根（特别是复根）的方法之一是罗巴切夫斯基在他 1834 年发表的《代数》一书中提出的方法[1)，这个方法的基本想法伯努利还提出过.

首先我们指出：如果给定了一个多项式，它的根是 $x_1, x_2, \cdots,$

---

1) 这个方法是由唐代仑(1826)、罗巴切夫斯基(1834)及格雷菲(1837)独立地提出的.

x_n, 那末容易写出一个以 x_1^2, x_2^2, $\cdots$, x_n^2 为根的多项式, 即写出以给定的多项式的根的平方为根的多项式, 事实上, 如果 x_1, x_2, $\cdots$, x_n 是多项式

$$x^n + a_1 x^{n-1} + a_2 x^{n-2} + \cdots a_n$$

的根, 那末它等于

$$(x - x_1)(x - x_2) \cdots (x - x_n);$$

而多项式 $\qquad x^n - a_1 x^{n-1} + a_2 x^{n-2} - \cdots \pm a_n$

的根是给定的多项式的根的负数, 它等于

$$(x + x_1)(x + x_2) \cdots (x + x_n).$$

因此这两个多项式的乘积是

$$(x^2 - x_1^2)(x^2 - x_2^2) \cdots (x^2 - x_n^2),$$

因而只包含 x 的偶次幂项, 如果在它里面令 $x^2 = y$, 那末就得到 y 的 n 次多项式

$$y^n + b_1 y^{n-1} + b_2 y^{n-2} + \cdots + b_n,$$

它等于 $\qquad (y - x_1^2)(y - x_2^2) \cdots (y - x_n^2),$

即它的根是 x_1^2, x_2^2, $\cdots$, x_n^2. 我们现在用列表方法将多项式

$$x^n + a_1 x^{n-1} + a_2 x^{n-2} + \cdots + a_n$$

与多项式 $\qquad x^n - a_1 x^{n-1} + a_2 x^{n-2} - \cdots \pm a_n$

相乘而求出系数 b_k. 我们画一条线, 在线上的一行顺次写下 1, a_1, a_2, $\cdots$, a_n; 再在线下面对准每一系数 a_k, 先写下它的平方 a_k^2, 其次写出它的相邻两系数的乘积的负二倍

$$-2a_{k-1}a_{k+1},$$

然后写出对于 a_k 对称的两系数 a_{k-2}, a_{k+2} 的乘积的正二倍

$$+2a_{k-2}a_{k+2},$$

这样依次写出对于 a_k 对称的系数对的乘积的二倍, 而符号是正负相间, 直到有一边已没有系数为止, 然后在 a_1, a_2, a_3, $\cdots$, a_n 下面的各行的数前面依次加上符号 $-$, $+$, $-$, $\cdots \pm$, 于是系数 b_k 就是写在线下的相应一行的数的和.

在得到以 1, b_1, b_2, $\cdots$, b_n 为系数且其根为 x_1^2, x_2^2, $\cdots$, x_n^2 的多项式后, 我们同样可以得到以多项式

$$y^n + b_1 y^{n-1} + b_2 y^{n-2} + \cdots + b_n$$

的根的平方(即 $\alpha_1^4, \alpha_2^4, \cdots, \alpha_n^4$) 为根的多项式, 它的系数是 1, c_1, c_2, $\cdots$, c_n. 类似地可以进一步得到以 1, d_1, d_2, $\cdots$, d_n 为系数而其根为 $\alpha_1^8, \alpha_2^8, \cdots, \alpha_n^8$ 的多项式, 然后得到以 $\alpha_1^{16}, \alpha_2^{16}, \cdots, \alpha_n^{16}$ 为根的多项式等等.

为了简单起见, 我们只就方程的根全是实数且其绝对值都不相同的情形来考察罗巴切夫斯基方法的基本想法. 设

$$|\alpha_1| > |\alpha_2| > \cdots > |\alpha_n|,$$

即 α_1 是绝对值最大的根, α_2 的绝对值其次, 等等, 设 N 是充分大的正整数, 而多项式

$$X^n + A_1 X^{n-1} + A_2 X^{n-2} + \cdots + A_n$$

的根是给定的多项式的根 $\alpha_1, \alpha_2, \cdots, \alpha_n$ 的 N 次方, 即

$$-A_1 = \alpha_1^N + \alpha_2^N + \cdots + \alpha_n^N,$$
$$A_2 = \alpha_1^N \alpha_2^N + \alpha_2^N \alpha_3^N + \cdots + \alpha_{n-1}^N \alpha_n^N,$$
$$\cdots\cdots\cdots\cdots\cdots\cdots\cdots\cdots\cdots$$
$$\pm A_n = \alpha_1^N \alpha_2^N \cdots \alpha_n^N.$$

于是当 N 充分大时, 在数串 $|\alpha_1^N|$, $|\alpha_2^N|$, $\cdots$, $|\alpha_n^N|$ 中, 每一个后面的数较之前面的数是这样的小, 以致在考虑 $A_1, A_2, \cdots, A_n$ 的式子时, 可以只留下第一项, 而其余各项的和按比值来讲可以忽略不计, 于是我们得到近似公式

$$\alpha_1^N \approx -A_1, \quad \alpha_1^N \alpha_2^N \approx A_2,$$
$$\alpha_1^N \alpha_2^N \alpha_3^N \approx -A_3, \cdots, \quad \alpha_1^N \alpha_2^N \alpha_3^N \cdots \alpha_n^N \approx \pm A_n.$$

将它们成对地逐项相除后开 n 次方, 于是对于 α_k 就得到下列诸公式:

$$\alpha_1 = \sqrt[N]{-A_1}, \quad \alpha_2 = \sqrt[N]{-\frac{A_2}{A_1}}, \quad \alpha_3 = \sqrt[N]{-\frac{A_3}{A_2}}, \cdots,$$
$$\alpha_n = \sqrt[N]{-\frac{A_n}{A_{n-1}}}.$$

能够证明: 在计算了足够多次以后, 得到的多项式的系数在依次加上符号 +, −, +, −, ⋯ 后, 就足够地近似于前一多项式的对应

的系数的平方.

罗巴切夫斯基方法的详细阐述可以在克雷洛夫院士的著名著作《近似计算讲义》中找到.

文　　献

通 俗 小 册 子

А. Г. Курош, Алгебраические уравнения произвольных степеней. Гостехиздат, 1951.

А. И. Маркушевич, Комплексные числа и конформные отображения. Гостехиздат, 1954.

И. Р. Шафаревич, О решении уравнений высших степеней (Метод Штурма). Гостехиздат, 1954.

大 学 教 程

А. Г. 库洛什,高等代数教程,高等教育出版社, 1953 年版.

Л. Я. 奥库涅夫,高等代数,高等教育出版社, 1953 年版.

А. К. Сушкевич, Основы высшей алгебры. Гонти, 1937.

（这些书中的第一本较着重于代数的抽象方面,而其余两本则较多地注意具体的内容.）

严士健 译

秦元勋 校